全国高等中医药教育配套教材

供中药学类专业用

高等数学
学习指导与习题集
第2版

中藥

主　编　杨　洁　尹立群

副主编　宋乃琪　董寒晖　宋伟才　关红阳　陈婷婷　吕鹏举

编　委 （按姓氏笔画排序）

于　芳（北京中医药大学）　　　　杨　洁（北京中医药大学）

尹立群（天津中医药大学）　　　　宋乃琪（北京中医药大学）

付文娇（湖北中医药大学）　　　　宋伟才（江西中医药大学）

白丽霞（山西中医药大学）　　　　陈继红（河南中医药大学）

吕鹏举（哈尔滨医科大学）　　　　陈婷婷（黑龙江中医药大学）

任海玉（哈尔滨医科大学）　　　　林　薇（成都中医药大学）

关红阳（辽宁中医药大学）　　　　洪全兴（福建中医药大学）

孙　健（长春中医药大学）　　　　董寒晖（山东第一医科大学）

秘　书 （兼）

　　　　于　芳（北京中医药大学）

人民卫生出版社
·北　京·

图书在版编目（CIP）数据

高等数学学习指导与习题集 / 杨洁，尹立群主编.
2 版. -- 北京：人民卫生出版社，2025. 6. -- ISBN
978-7-117-38033-1

Ⅰ. O13

中国国家版本馆 CIP 数据核字第 2025Z6M818 号

人卫智网	www.ipmph.com	医学教育、学术、考试、健康，
		购书智慧智能综合服务平台
人卫官网	www.pmph.com	人卫官方资讯发布平台

高等数学学习指导与习题集
Gaodeng Shuxue Xuexi Zhidao yu Xitiji
第 2 版

主　　编：杨　洁　尹立群
出版发行：人民卫生出版社（中继线 010-59780011）
地　　址：北京市朝阳区潘家园南里 19 号
邮　　编：100021
E - mail：pmph @ pmph.com
购书热线：010-59787592　010-59787584　010-65264830
印　　刷：天津科创新彩印刷有限公司
经　　销：新华书店
开　　本：787×1092　1/16　　印张：14
字　　数：349 千字
版　　次：2019 年 1 月第 1 版　　2025 年 6 月第 2 版
印　　次：2025 年 8 月第 1 次印刷
标准书号：ISBN 978-7-117-38033-1
定　　价：52.00 元

打击盗版举报电话：010-59787491　E-mail：WQ @ pmph.com
质量问题联系电话：010-59787234　E-mail：zhiliang @ pmph.com
数字融合服务电话：4001118166　　E-mail：zengzhi @ pmph.com

◇◇ 前 言 ◇◇

　　本书是国家卫生健康委员会"十四五"规划教材《高等数学》(第 3 版)的配套学习辅导书,在《高等数学学习指导与习题集》第 1 版的基础上修订而成。为方便学生在有限的时间内系统掌握高等数学知识,巩固讲课内容,拓展所学的知识点,本书的章节、涉及的主要内容等与《高等数学》(第 3 版)一致。此外,编写了附录,列出所需使用的常用公式,方便使用和查找。每章包括以下五部分内容:内容提要、重难点解析、例题解析、习题与解答、经典考题。

　　内容提要部分,将每章的知识点及注意事项集中列出,便于学生弄清基本概念,掌握基本理论和公式,进行系统的有针对性的学习。

　　重难点解析部分,针对每章的重点和难点,以及学生在学习过程中常问的一些共性问题,予以详细分析和归纳。

　　例题解析部分,与教材互相补充,适当增加了例题的广度与深度,并融入部分有医药类背景的题目,对典型例题,给出详细分析过程和评注。

　　习题与解答部分,给出教材中每章习题详细的解题过程,方便学生在学习过程中进行对照和修正。

　　经典考题部分,根据每一章的教学要求,给出了单项选择题、填空题、计算题、应用题等题型,并配以详细的解答,学生每学一章内容可以及时进行自测。

　　本书编写分工如下:第一章由关红阳编写;第二章由宋乃琪、林薇编写;第三章由孙健、付文娇编写;第四章由宋伟才编写;第五章由陈婷婷、陈继红编写;第六章由尹立群、洪全兴编写;第七章由杨洁、于芳编写;第八章由吕鹏举、任海玉编写;第九章由董寒晖、白丽霞编写。各位老师都积极参与了校稿的工作,本书由杨洁、尹立群统稿。

　　在编写过程中,得到了人民卫生出版社及各参编学校领导和老师的大力支持与帮助,同时借鉴了同类教材的资料,在此一并表示感谢。

　　本书使用过程中,如有疏漏或错误之处,恳请同行和读者给予指正。

编者
2024 年 8 月

◇◇◇ 目　　录 ◇◇◇

第一章

函数与极限

一、内容提要

1. 集合　集合指具有某种特定性质的事物而组成的总体。组成该集合的每个事物称为集合的元素。若 a 是集合 M 中的元素，记为 $a \in M$，读作 a 属于 M；若 a 不是集合 M 中的元素，记作 $a \notin M$，读作 a 不属于 M。

有限集和无限集　由有限个元素组成的集合称为有限集；由无穷多个元素组成的集合称为无限集。

2. 邻域　假设 $a, \delta \in R(\delta > 0)$，数集 $\{x \mid x \in R \text{ 且 } |x-a| < \delta\}$，即数轴上和点 a 的距离小于 δ 的点的全体，称为以点 a 为中心、δ 为半径的**邻域**，记作 $N(a, \delta)$。

$$N(a, \delta) = (a-\delta, a+\delta)$$

空心邻域　数集 $\{x \mid x \in R \text{ 且 } 0 < |x-a| < \delta\}$，称为以点 a 为中心、δ 为半径的**空心邻域**，记为 $N(\hat{a}, \delta)$。

3. 映射　假设 X, Y 为非空集合，若存在从 X 到 Y 的一个对应关系 f：$\forall x \in X$，在 Y 中都有唯一确定的 y 与 x 对应，记为 $y = f(x)$，则称 f 为 X 到 Y 的一个映射，记作 $f: X \rightarrow Y$，其中 $\forall$ 表示任意。

定义中 X 称为映射 f 的定义域；对应关系 f（映射）又称为对应法则。显然，集合 $D_f = \{y \mid y = f(x): \forall x \in X\} \subseteq Y$，这里我们称 D_f 为映射 f 的值域。

4. 函数　设在某一变化过程中有两个变量 x 和 y，变量 x 的取值范围为数集 D，若对于每一个 $x \in D$，按照一定的对应法则 f，变量 y 总有唯一确定的值与 x 对应，则称 y 是 x 的函数，记作 $y = f(x)$。D 称为函数 f 的定义域，x 为自变量，y 为因变量。全体函数值的集合 $D_f = f(D) = \{y \mid y = f(x): \forall x \in D\}$ 称为函数的值域。与 x_0 对应的 y 值称为函数 $y = f(x)$ 在点 x_0 处的函数值。

函数的几个特性：

（1）有界性：设函数 $y = f(x)$ 的定义域为 D，区间 $I \subseteq D$。若存在常数 K，使得

$$f(x) \leqslant K \quad [\text{或} f(x) \geqslant K]$$

对于 $\forall x \in I$ 都成立，则称函数 $f(x)$ 在 I 上有上界（或下界）。

若函数 $f(x)$ 在 I 上既有上界，又有下界，则称函数 $f(x)$ 是 I 上的有界函数。

（2）奇偶性：设 $f(x)$ 的定义域 D 关于原点对称，即 $\forall x \in D$，有 $-x \in D$。

若对于 $\forall x \in D$，$f(-x) = f(x)$ 恒成立，则称 $f(x)$ 为偶函数。

若对于 $\forall x \in D$，$f(-x) = -f(x)$ 恒成立，则称 $f(x)$ 为奇函数。

（3）单调性：设函数 $f(x)$ 的定义域为 D，区间 $I \subseteq D$。若对于 $\forall x_1, x_2 \in I$，当 $x_1 < x_2$ 时，恒有 $f(x_1) < f(x_2)$ [或 $f(x_1) > f(x_2)$]，则称函数 $f(x)$ 在区间 I 上单调增加（或减少）。单调增加或单调减少的函数统称为单调函数。

（4）周期性：设函数 $f(x)$ 的定义域为 D，若存在一个不为零的常数 l，使得对于 $\forall x \in D$，

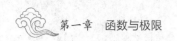

有$(x+l) \in D$,且$f(x+l)=f(x)$恒成立,则称$f(x)$为周期函数,l称为$f(x)$的周期。通常所说的周期函数的周期是指其最小正周期。

5. 反函数 设函数$y=f(x)$的定义域是D,值域是$f(D)$,若对于$\forall y \in f(D)$,通过关系式$y=f(x)$能唯一确定D中的一个x值,这样便可得到定义在$f(D)$上并以y为自变量,x为因变量的函数$x=\phi(y)$,我们称它是$y=f(x)$的反函数,记作$x=f^{-1}(y)$,通常又可以记为$y=f^{-1}(x)$。而$y=f(x)$称为直接函数。

注 (1) $y=f(x)$和$x=f^{-1}(y)$互为反函数。

(2) 严格单调函数都有反函数。

6. 复合函数 设y是u的函数$y=f(u)$,u又是x的函数$u=\phi(x)$,若x在$u=\phi(x)$的定义域(或其一部分)上取值时,对应的u使$y=f(u)$有定义,则y通过u与x建立了函数关系,即$y=f(u)=f[\phi(x)]$,我们称之为由函数$y=f(u)$与$u=\phi(x)$复合而成的复合函数。其中,u称为中间变量,$y=f(u)$称为外层函数,$u=\phi(x)$称为内层函数。

基本初等函数 中学学过的幂函数、指数函数、对数函数、三角函数、反三角函数和常数这六类函数统称为基本初等函数。

初等函数 通常把由基本初等函数经过有限次的四则运算和有限次的函数复合所构成,并能用一个解析式表达的函数称为初等函数。

7. 数列 若按照某一法则,有第一个数x_1,第二个数x_2,…;这样依自然数次序排列的一列数,使得对于任何一个正整数n都有一个确定的数x_n与n对应,则则这一列有次序的数

$$x_1, \quad x_2, \quad \cdots, \quad x_n, \quad \cdots$$

称为数列,记为$\{x_n\}$。数列中的每一个数称为数列的项,第n项x_n称为数列的通项(或称一般项)。

8. 数列的极限 若数列$\{x_n\}$与常数a有下列关系:对于任意给定的正数ε(不论它多么小),总存在正整数N,使得对于$n>N$时的一切x_n,不等式$|x_n-a|<\varepsilon$恒成立,则称常数a是数列$\{x_n\}$的极限,或者称数列$\{x_n\}$收敛于a,记为$\lim\limits_{n \to +\infty} x_n=a$或$x_n \to a(n \to +\infty)$。

定理 1.1 收敛数列的极限是唯一的。

定理 1.2 收敛数列$\{x_n\}$一定有界。

9. 函数当$x \to \infty$时的极限 设函数$f(x)$当$|x|$大于某一正数时有定义,若对任意给定的正数ε(不论它多么小),总存在正数X,使得满足$|x|>X$的一切x,对应的函数值$f(x)$都满足

$$|f(x)-A|<\varepsilon$$

则称常数A为函数$f(x)$当$x \to \infty$时的极限,记作$\lim\limits_{x \to \infty} f(x)=A$或$f(x) \to A(x \to \infty)$。

$$\lim\limits_{x \to \infty} f(x)=A \Leftrightarrow \lim\limits_{x \to +\infty} f(x)=\lim\limits_{x \to -\infty} f(x)=A$$

10. 函数当$x \to x_0$时的极限 设$f(x)$在点x_0的某空心邻域内有定义,若对任意给定的正数ε(不论它多么小),总存在正数δ,对于满足$0<|x-x_0|<\delta$的一切x,函数值$f(x)$恒满足不等式

$$|f(x)-A|<\varepsilon$$

则称常数A为函数$f(x)$当$x \to x_0$时的极限,记作$\lim\limits_{x \to x_0} f(x)=A$或$f(x) \to A(x \to x_0)$。

左极限与右极限 当x从$x=x_0$处的左侧$(x<x_0)$无限趋近于点x_0时,函数$f(x)$无限趋近于常数A,就称常数A是函数$f(x)$在点x_0处的左极限,记作$\lim\limits_{x \to x_0^-} f(x)=A$[或$f(x_0-0)=A$]。

类似地,可定义右极限 $\lim\limits_{x \to x_0^+} f(x) = B \left[\text{或} f(x_0+0) = B \right]$。

定理 1.3 函数 $f(x)$ 在点 x_0 处极限存在的充要条件是 $f(x)$ 在点 x_0 的左、右极限都存在并且相等,即

$$\lim\limits_{x \to x_0} f(x) = A \Leftrightarrow \lim\limits_{x \to x_0^-} f(x) = \lim\limits_{x \to x_0^+} f(x) = A$$

定理 1.4(极限的局部保号性) 若 $\lim\limits_{x \to x_0} f(x) = A$,且 $A > 0 (A < 0)$,则存在点 x_0 的某空心邻域,当 x 在该邻域内时,恒有 $f(x) > 0 \left[f(x) < 0 \right]$。

定理 1.5(唯一性) 若极限 $\lim\limits_{x \to x_0} f(x) = A$ 存在,则 A 必唯一。

定理 1.6(局部有界性) 若极限 $\lim\limits_{x \to x_0} f(x)$ 存在,则必存在点 x_0 的某邻域,使得 $f(x)$ 在该邻域内有界。

11. 无穷小量 设函数 $f(x)$ 在点 x_0 的某空心邻域内或 $|x|$ 大于某一正数时有定义,当 $x \to x_0 (x \to \infty)$ 时,函数 $f(x)$ 以零为极限,则称 $f(x)$ 是当 $x \to x_0 (x \to \infty)$ 时的无穷小量,简称无穷小。

定理 1.7 $\lim\limits_{x \to x_0} f(x) = A \Leftrightarrow f(x) = A + \alpha$,这里 $\lim\limits_{x \to x_0} \alpha = 0$。(当 $x \to \infty$ 时,定理也成立)。

定理 1.8 有限个无穷小的和、差、积仍然是无穷小。

定理 1.9 有界函数与无穷小的乘积是无穷小。从而常数与无穷小的乘积也是无穷小。

12. 无穷大量 设函数 $f(x)$ 在点 x_0 的某空心邻域内有定义,当 $x \to x_0$ 时,函数 $f(x)$ 的绝对值趋向于无穷大,则称 $f(x)$ 是当 $x \to x_0$ 时的无穷大量,简称无穷大,记为 $\lim\limits_{x \to x_0} f(x) = \infty$。(类似地,可以给出 $x \to \infty$ 时无穷大量的定义。)

定理 1.10 在自变量的同一变化过程中,若 $f(x)$ 为无穷大,则 $\dfrac{1}{f(x)}$ 为无穷小;反之,若 $f(x)$ 为无穷小,且 $f(x) \neq 0$,则 $\dfrac{1}{f(x)}$ 必为无穷大。

定理 1.11(极限的四则运算法则) 若 $\lim\limits_{x \to x_0} f(x)$、$\lim\limits_{x \to x_0} g(x)$ 存在,则当 $x \to x_0$ 时 $f(x) \pm g(x), f(x) \cdot g(x), \dfrac{f(x)}{g(x)} \left[\text{此时} \lim\limits_{x \to x_0} g(x) \neq 0 \right]$ 极限都存在,且

(1) $\lim\limits_{x \to x_0} \left[f(x) \pm g(x) \right] = \lim\limits_{x \to x_0} f(x) \pm \lim\limits_{x \to x_0} g(x)$。

(2) $\lim\limits_{x \to x_0} \left[f(x) \cdot g(x) \right] = \lim\limits_{x \to x_0} f(x) \cdot \lim\limits_{x \to x_0} g(x)$;特别的,$\lim\limits_{x \to x_0} \left[kg(x) \right] = k \lim\limits_{x \to x_0} g(x) (k \text{ 为常数})$。

(3) $\lim\limits_{x \to x_0} \dfrac{f(x)}{g(x)} = \dfrac{\lim\limits_{x \to x_0} f(x)}{\lim\limits_{x \to x_0} g(x)}$。

注 对于 $x \to \infty$ 的情况,结论仍然成立。

13. 无穷小量的比较 设 α, β 是当 $x \to x_0$ 时的两个无穷小量,即 $\lim\limits_{x \to x_0} \alpha = 0, \lim\limits_{x \to x_0} \beta = 0$。

若 $\lim\limits_{x \to x_0} \dfrac{\beta}{\alpha} = 0$,则称 β 是较 α 更高阶无穷小,即 $\beta \to 0$ 比 $\alpha \to 0$ 快,记作 $\beta = o(\alpha)$。

若 $\lim\limits_{x \to x_0} \dfrac{\beta}{\alpha} = \infty$,则称 β 是较 α 更低阶无穷小,即 $\beta \to 0$ 比 $\alpha \to 0$ 慢,记作 $\alpha = o(\beta)$。

若 $\lim\limits_{x \to x_0} \dfrac{\beta}{\alpha} = c \neq 0$,则称 β 与 α 是同阶无穷小,即 $\beta \to 0$ 与 $\alpha \to 0$ 快慢相当。

若 $\lim\limits_{x \to x_0} \dfrac{\beta}{\alpha} = 1$，则称 β 与 α 是等价无穷小，即 $\beta \to 0$ 与 $\alpha \to 0$ 快慢一样，记作 $\alpha \sim \beta$。

若 $\lim\limits_{x \to x_0} \dfrac{\beta}{\alpha^k} = c \neq 0,(k > 0)$，则称 β 是关于 α 的 k 阶无穷小。

注　$x \to \infty$ 时定理也成立。

定理 1.12　设 $\alpha, \beta, \alpha', \beta'$ 都是 $x \to x_0$ 时的无穷小量，且 $\alpha \sim \alpha', \beta \sim \beta'$，又极限 $\lim\limits_{x \to x_0} \dfrac{\beta'}{\alpha'}$ 存在，则极限 $\lim\limits_{x \to x_0} \dfrac{\beta}{\alpha}$ 也存在，且 $\lim\limits_{x \to x_0} \dfrac{\beta}{\alpha} = \lim\limits_{x \to x_0} \dfrac{\beta'}{\alpha'}$。

注　$x \to \infty$ 时定理也成立。

准则 1（夹边定理）　设函数 $f(x), g(x), h(x)$ 在点 x_0 的某邻域内有定义，$g(x) \leqslant f(x) \leqslant h(x)$ 且 $\lim\limits_{x \to x_0} g(x) = \lim\limits_{x \to x_0} h(x) = A$，则 $\lim\limits_{x \to x_0} f(x)$ 存在且 $\lim\limits_{x \to x_0} f(x) = A$。

注　$x \to \infty$ 时也成立。

14. 单调数列　若数列 $\{x_n\}$ 对任意 $n \in N$，都有 $x_n \leqslant x_{n+1}(x_n \geqslant x_{n+1})$，则称数列 $\{x_n\}$ 是单调增加（减少）。单调增加和单调减少的数列统称为单调数列。

准则 2　单调有界数列必有极限。

两个重要极限

（1）$\lim\limits_{x \to 0} \dfrac{\sin x}{x} = 1 \left(\text{或} \lim\limits_{\phi(x) \to 0} \dfrac{\sin \phi(x)}{\phi(x)} = 1\right)$

（2）$\lim\limits_{x \to \infty} \left(1 + \dfrac{1}{x}\right)^x = \mathrm{e}\left(\text{或} \lim\limits_{\varphi(x) \to \infty} \left[1 + \dfrac{1}{\varphi(x)}\right]^{\varphi(x)} = \mathrm{e} \text{ 或 } \lim\limits_{\phi(x) \to 0} \left[1 + \phi(x)\right]^{\frac{1}{\phi(x)}} = \mathrm{e}\right)$

15. 函数的改变量　函数 $y = f(x)$ 当自变量 x 在其定义域内由 x_0 变到 x 时，函数值从 $f(x_0)$ 变到 $f(x)$，自变量 x 的差值 $\Delta x = x - x_0$ 称为自变量 x 在 $x = x_0$ 处的改变量；相应地，函数值的差值 $\Delta y = f(x) - f(x_0)$ 称为函数 $y = f(x)$ 在 $x = x_0$ 处的改变量。也称 $\Delta x, \Delta y$ 为 x 和 y 在 $x = x_0$ 处的**增量**。

16. 函数的连续定义　设函数 $y = f(x)$ 在点 x_0 的某邻域内有定义，若当自变量 x 的改变量 $\Delta x = x - x_0$ 趋于零时，对应的函数改变量 $\Delta y = f(x_0 + \Delta x) - f(x_0)$ 也趋于零，则称函数 $y = f(x)$ 在点 x_0 处连续。

设函数 $y = f(x)$ 在点 x_0 的某邻域内有定义，若 $f(x)$ 当 $x \to x_0$ 时极限存在，并且等于 $f(x)$ 在点 x_0 处的函数值 $f(x_0)$，即 $\lim\limits_{x \to x_0} f(x) = f(x_0)$，则函数 $y = f(x)$ 在点 x_0 处连续。

若 $\lim\limits_{x \to x_0^-} f(x) = f(x_0)$，即 $f(x_0 - 0) = f(x_0)$，则称 $y = f(x)$ 在点 x_0 处**左连续**。

若 $\lim\limits_{x \to x_0^+} f(x) = f(x_0)$，即 $f(x_0 + 0) = f(x_0)$，则称 $y = f(x)$ 在点 x_0 处**右连续**。

根据函数的连续定义，函数 $f(x)$ 在点 x_0 处连续必须同时满足下述 3 个条件。

（1）函数 $y = f(x)$ 在点 x_0 处有定义，即 $f(x_0)$ 存在；

（2）$\lim\limits_{x \to x_0} f(x)$ 存在，即 $f(x)$ 在点 x_0 处的左、右极限都存在且相等；

（3）$\lim\limits_{x \to x_0} f(x) = f(x_0)$。

间断　上述条件只要有一个不满足，函数 $f(x)$ 在点 x_0 处就不连续。使函数 $f(x)$ 不连续的点称为函数 $f(x)$ 的间断点。

函数 $f(x)$ 的间断点分为两类　左、右极限都存在的间断点称为函数 $f(x)$ 的第一类间断点。其他情形的间断点都称为 $f(x)$ 的第二类间断点。

定理 1.13　若函数 $f(x),g(x)$ 在点 x_0 处都连续,则 $f(x)$ 与 $g(x)$ 的和、差、积、商(分母不等于零)在点 x_0 处也连续。

定理 1.14　若 $y=f(x)$ 在区间 I_x 上单调增加(减少)且连续,则其反函数 $x=f^{-1}(y)$ 在相应区间 $I_y=\{y\mid y=f(x),x\in I_x\}$ 上也单调增加(减少)且连续。

定理 1.15　若函数 $y=f[\varphi(x)]$ 由 $y=f(u)$ 与 $u=\varphi(x)$ 复合而成,$\lim\limits_{x\to x_0}\varphi(x)=a$,而函数 $y=f(u)$ 在点 $u=a$ 连续,则有

$$\lim_{x\to x_0}f[\varphi(x)]=\lim_{u\to a}f(u)=f(a)=f\left[\lim_{x\to x_0}\varphi(x)\right]$$

定理 1.16　设函数 $u=\varphi(x)$ 在点 $x=x_0$ 处连续,而函数 $y=f(u)$ 在点 $u=u_0$ 连续,这里 $u_0=\varphi(x_0)$,则复合函数 $F(x)=f[\varphi(x)]$ 在点 $x=x_0$ 处也连续。

初等函数的连续性　基本初等函数在其定义域内都连续;一切初等函数在其定义区间内连续。这里的定义区间可以是定义域,也可以是包含在定义域内的区间。

17. 最大(小)值　设函数 $f(x)$ 在闭区间 I 上有定义,若存在 $x_0\in I$,使得对于 $\forall x\in I$ 恒有 $f(x)\le f(x_0)[f(x)\ge f(x_0)]$,则称 $f(x_0)$ 是 $f(x)$ 在闭区间 I 上的最大(小)值,点 x_0 是 $f(x)$ 在闭区间 I 上的最大(小)值点。

定理 1.17(最值定理)　若函数 $f(x)$ 在闭区间 $[a,b]$ 上连续,则函数 $f(x)$ 在 $[a,b]$ 上必有最大值和最小值。

推论 1　若函数 $f(x)$ 在闭区间 $[a,b]$ 上连续,则 $f(x)$ 在 $[a,b]$ 上必有界。

定理 1.18(介值定理)　设函数 $f(x)$ 在闭区间 $[a,b]$ 上连续,且 $f(a)\ne f(b)$,对于 $f(a)$ 和 $f(b)$ 之间的任意实数值 c,则至少存在一点 $\xi\in(a,b)$,使得 $f(\xi)=c$。

推论 2　若函数 $f(x)$ 在闭区间 $[a,b]$ 上连续,且 $f(a)$ 与 $f(b)$ 异号,则在 $[a,b]$ 内至少存在一点 ξ,使得 $f(\xi)=0$。

二、重难点解析

本章重要概念:函数定义,函数的复合,极限,无穷小及其比较,函数的改变量,连续与间断,初等函数的连续性等。

重要法则:极限的唯一性和有界性,极限的四则运算法则,两个重要极限,夹边定理,单调有界数列必有极限,最值定理和介值定理。

本章难点:极限的定义及其理解。

三、例题解析

例 1　设函数

$$y=f(x)=\begin{cases}1-2x^2 & x<-1\\ x^3 & -1\le x\le 2\\ 10x-12 & x>2\end{cases}$$

求 $f(x)$ 的反函数 $g(x)$ 的表达式。

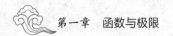

答案: $x = g(y) = \begin{cases} -\sqrt{\dfrac{1-y}{2}} & y < -1 \\ \sqrt[3]{y} & -1 \leqslant y \leqslant 8 \\ \dfrac{1}{10}(y+12) & y > 8 \end{cases}$

解析 当 $x \in (-\infty, -1)$ 时,函数 $y = 1 - 2x^2$ 的值域为 $(-\infty, -1)$,这时反函数为

$$x = -\sqrt{\frac{1-y}{2}}$$

当 $x \in [-1, 2]$ 时,函数 $y = x^3$ 的值域为 $[-1, 8]$,这时反函数为
$$x = \sqrt[3]{y}$$

当 $x \in (2, +\infty)$ 时,函数 $y = 10x - 12$ 的值域为 $(8, +\infty)$,这时反函数为

$$x = \frac{1}{10}(y+12)$$

综上所述,$f(x)$ 的反函数 $g(x)$ 的表达式为

$$x = g(y) = \begin{cases} -\sqrt{\dfrac{1-y}{2}} & y < -1 \\ \sqrt[3]{y} & -1 \leqslant y \leqslant 8 \\ \dfrac{1}{10}(y+12) & y > 8 \end{cases}$$

即

$$g(x) = \begin{cases} -\sqrt{\dfrac{1-x}{2}} & x < -1 \\ \sqrt[3]{x} & -1 \leqslant x \leqslant 8 \\ \dfrac{1}{10}(x+12) & x > 8 \end{cases}$$

例 2 求 $\lim\limits_{x \to +\infty} \cos(\sqrt{x+1} - \sqrt{x})$

答案: $\lim\limits_{x \to +\infty} \cos(\sqrt{x+1} - \sqrt{x}) = 0$

解析 因为

$$\cos(\sqrt{x+1} - \sqrt{x}) = -2\sin\frac{\sqrt{x+1} + \sqrt{x}}{2} \cdot \sin\frac{\sqrt{x+1} - \sqrt{x}}{2}$$

而

$$\left| -2\sin\frac{\sqrt{x+1} + \sqrt{x}}{2} \right| \leqslant 2$$

所以 $2\sin\dfrac{\sqrt{x+1} + \sqrt{x}}{2}$ 为有界函数。

又因为 $|\sin x| \leqslant |x|$

所以 $0 \leqslant \left| \sin\dfrac{\sqrt{x+1} - \sqrt{x}}{2} \right| \leqslant \dfrac{1}{2}\left| \sqrt{x+1} - \sqrt{x} \right| = \dfrac{1}{2(\sqrt{x+1} + \sqrt{x})}$

又 $\lim\limits_{x\to+\infty}\dfrac{1}{2(\sqrt{x+1}+\sqrt{x})}=0$

由夹边定理得

$$\lim\limits_{x\to+\infty}\sin\dfrac{\sqrt{x+1}-\sqrt{x}}{2}=0$$

因此

$$\lim\limits_{x\to+\infty}\cos(\sqrt{x+1}-\sqrt{x})=0$$

例3　求极限 $\lim\limits_{x\to\infty}\left(\dfrac{x^2+1}{x^2-2}\right)^{x^2}$

答案： e^3

解析　$\lim\limits_{x\to\infty}\left(\dfrac{x^2+1}{x^2-2}\right)^{x^2}=\lim\limits_{x\to\infty}\left(1+\dfrac{3}{x^2-2}\right)^{x^2}=\lim\limits_{x\to\infty}\left(1+\dfrac{3}{x^2-2}\right)^{\frac{x^2-2}{3}\cdot3+2}$

$=\lim\limits_{x\to\infty}\left[\left(1+\dfrac{3}{x^2-2}\right)^{\frac{x^2-2}{3}}\right]^3\cdot\lim\limits_{x\to\infty}\left(1+\dfrac{3}{x^2-2}\right)^2=\mathrm{e}^3\cdot1=\mathrm{e}^3$

例4　适当选取 a，使函数

$$f(x)=\begin{cases}\mathrm{e}^x & x<0\\ a+x & x\geq0\end{cases}$$

是连续函数。

答案： $a=1$ 时，$f(x)$ 在其定义域内的任一点都连续。

解析　显然，当 $x<0$ 时，函数 $f(x)=\mathrm{e}^x$ 为连续函数；当 $x\geq0$ 时，函数 $f(x)=a+x$ 也是连续函数。因此，只要考察 $f(x)$ 在 $x=0$ 点处的连续性。

因为 $f(x)$ 在 $x=0$ 左、右两侧表达式不同，故需考察在 $x=0$ 处的左、右极限：

$$\lim\limits_{x\to0^-}f(x)=\lim\limits_{x\to0^-}\mathrm{e}^x=\mathrm{e}^0=1,\quad \lim\limits_{x\to0^+}f(x)=\lim\limits_{x\to0^+}(a+x)=a$$

又 $f(0)=a$，于是，由 $\lim\limits_{x\to0^-}f(x)=\lim\limits_{x\to0^+}f(x)=f(0)=1$

有 $a=1$，这时 $f(x)$ 在 $x=0$ 处连续。

综上所述，$f(x)$ 在其定义域内的任一点都连续。

例5　求极限 $\lim\limits_{n\to+\infty}\left(\dfrac{1}{\sqrt{n^2+1}}+\dfrac{1}{\sqrt{n^2+2}}+\cdots+\dfrac{1}{\sqrt{n^2+n}}\right)$

答案： 1

解析　上式和中的每一项都是无穷小，而无穷小的个数不是有限个，因此不能使用极限的四则运算法则求解。

现在把和式的每一项放大和缩小，即

$$\dfrac{1}{\sqrt{n^2+n}}\leq\dfrac{1}{\sqrt{n^2+i}}\leq\dfrac{1}{\sqrt{n^2+1}}\quad(i=1,2,\cdots,n)$$

于是

$$\dfrac{n}{\sqrt{n^2+n}}\leq\dfrac{1}{\sqrt{n^2+1}}+\dfrac{1}{\sqrt{n^2+2}}+\cdots+\dfrac{1}{\sqrt{n^2+n}}\leq\dfrac{n}{\sqrt{n^2+1}}$$

又因为 $\lim\limits_{n\to+\infty}\dfrac{n}{\sqrt{n^2+1}}=1$，$\lim\limits_{n\to+\infty}\dfrac{n}{\sqrt{n^2+n}}=1$，根据夹边定理，得

$$\lim_{n\to+\infty}\left(\frac{1}{\sqrt{n^2+1}}+\frac{1}{\sqrt{n^2+2}}+\cdots+\frac{1}{\sqrt{n^2+n}}\right)=1$$

本题说明，无限个无穷小相加，其和不是无穷小，这里为1。我们知道有限个无穷小之和仍然是无穷小，因此无限个项的和同有限项的和有着本质的差异。

例 6 证明极限 $\lim\limits_{x\to0}\sin\dfrac{1}{x}$ 不存在。

证 定义：在 $x\to x_0$ 的过程中，如果有数列 $\{x_n\}$，满足 $\lim\limits_{n\to+\infty}x_n=x_0$，则称数列 $\{x_n\}$ 为 $x\to x_0$ 时的 x 的子列，同时数列 $\{f(x_n)\}$ 称为函数 $f(x)$ 当 $x\to x_0$ 时的子列。

引理 $\lim\limits_{x\to x_0}f(x)=A\Leftrightarrow$ 对任意子列 $x_n\to x_0$，恒有子列 $\lim\limits_{n\to+\infty}f(x_n)=A$。

下面证极限 $\lim\limits_{x\to0}\sin\dfrac{1}{x}$ 不存在。

取 $x_n=\dfrac{1}{n\pi}$，$x_n'=\dfrac{1}{2n\pi+\dfrac{\pi}{2}}$，则

$$\lim_{n\to+\infty}x_n=0,\qquad \lim_{n\to+\infty}x_n'=0$$

但是

$$\lim_{n\to+\infty}\sin\frac{1}{x_n}=\lim_{n\to+\infty}\sin(n\pi)=0,\qquad \lim_{n\to+\infty}\sin\frac{1}{x_n'}=\lim_{n\to+\infty}\sin\left(2n\pi+\frac{\pi}{2}\right)=1$$

二者不相等，所以极限 $\lim\limits_{x\to0}\sin\dfrac{1}{x}$ 不存在。

例 7 试确定函数 $f(x)=\dfrac{e^{\frac{1}{x}}-1}{e^{\frac{1}{x}}+1}$ 的间断点及其类型。

答案： $x=0$ 是 $f(x)$ 的跳跃间断点。

解析 $f(x)$ 的定义域为 $(-\infty,0)\cup(0,+\infty)$，故 $x=0$ 是 $f(x)$ 的间断点。

由于 $\lim\limits_{x\to0^-}f(x)=\lim\limits_{x\to0^-}\dfrac{e^{\frac{1}{x}}-1}{e^{\frac{1}{x}}+1}=-1$，$\lim\limits_{x\to0^+}f(x)=\lim\limits_{x\to0^+}\dfrac{e^{\frac{1}{x}}-1}{e^{\frac{1}{x}}+1}=\lim\limits_{x\to0^+}\dfrac{1-e^{-\frac{1}{x}}}{1+e^{-\frac{1}{x}}}=1$，

所以 $x=0$ 是 $f(x)$ 的跳跃间断点，属于第一类间断点。

例 8 求极限 $\lim\limits_{x\to0}\dfrac{\sin x-\tan x}{(\sqrt[3]{1+x^2}-1)(\sqrt{1+\sin x}-1)}$

答案： -3

解析 $\lim\limits_{x\to0}\dfrac{\sin x-\tan x}{(\sqrt[3]{1+x^2}-1)(\sqrt{1+\sin x}-1)}=\lim\limits_{x\to0}\dfrac{\sin x\left(1-\dfrac{1}{\cos x}\right)}{\dfrac{1}{3}x^2\cdot\dfrac{1}{2}\sin x}$

$=\lim\limits_{x\to0}\dfrac{-x(1-\cos x)}{\dfrac{1}{3}x^2\cdot\dfrac{1}{2}x\cdot\cos x}=\lim\limits_{x\to0}\dfrac{-\dfrac{x^2}{2}}{\dfrac{1}{3}x^2\cdot\dfrac{1}{2}\cdot\cos x}=-3$

例9 当 $x \to 0$ 时，$\ln(1+x^2)$ 与 $\sec x - \cos x$ 比较是高阶、低阶、同阶还是等价无穷小？

答案：等价无穷小

解析

$$\lim_{x \to 0} \frac{\ln(1+x^2)}{\sec x - \cos x} = \lim_{x \to 0} \frac{x^2 \cos x}{1 - \cos^2 x} = \lim_{x \to 0} \frac{x^2 \cos x}{(1-\cos x)(1+\cos x)} = \lim_{x \to 0} \frac{x^2 \cos x}{\dfrac{x^2}{2}(1+\cos x)} = 1$$

例10 求极限 $\displaystyle\lim_{x \to 0} \frac{\sqrt{1+\tan x} - \sqrt{1+\sin x}}{x\sqrt{1+\sin^2 x} - x}$

答案：$\dfrac{1}{2}$

解析 $\displaystyle\lim_{x \to 0} \frac{(\sqrt{1+\tan x} - \sqrt{1+\sin x})(\sqrt{1+\tan x} + \sqrt{1+\sin x})}{x(\sqrt{1+\sin^2 x} - 1)(\sqrt{1+\tan x} + \sqrt{1+\sin x})}$

$$= \lim_{x \to 0} \frac{\sin x\left(\dfrac{1}{\cos x} - 1\right)}{x\left(\dfrac{1}{2} \cdot \sin^2 x\right)(\sqrt{1+\tan x} + \sqrt{1+\sin x})} = \lim_{x \to 0} \frac{x(1-\cos x)}{x\left(\dfrac{1}{2} \cdot x^2\right)(\sqrt{1+\tan x} + \sqrt{1+\sin x})\cos x}$$

$$= \lim_{x \to 0} \frac{\dfrac{x^2}{2}}{\left(\dfrac{1}{2} \cdot x^2\right)(\sqrt{1+\tan x} + \sqrt{1+\sin x})\cos x} = \lim_{x \to 0} \frac{1}{(\sqrt{1+\tan x} + \sqrt{1+\sin x})\cos x} = \frac{1}{2}$$

四、习题与解答

1. 指出下列各题中函数 $f(x)$ 和 $g(x)$ 是否相同，并说明理由。

(1) $f(x) = \dfrac{x}{x}$，$g(x) = 1$

解　不相同。$f(x)$ 的定义域为 $(-\infty, 0) \cup (0, +\infty)$，$g(x)$ 的定义域为 $(-\infty, +\infty)$。

(2) $f(x) = \ln x^2$，$g(x) = 2\ln x$

解　不相同。$f(x)$ 的定义域为 $(-\infty, 0) \cup (0, +\infty)$，而 $g(x)$ 的定义域为 $(0, +\infty)$。

(3) $f(x) = x$，$g(x) = \sqrt{x^2}$

解　不相同。$f(x)$，$g(x)$ 的定义域都是 $(-\infty, +\infty)$，但对应关系不同。

(4) $f(x) = |x|$，$g(x) = \sqrt{x^2}$

解　相同。$f(x)$ 和 $g(x)$ 的定义域、对应关系都相同。

(5) $f(x) = \sqrt{\dfrac{1+x^2}{x^2}}$，$g(x) = \dfrac{\sqrt{1+x^2}}{x}$

解　不相同。对应关系不同。

2. 设函数 $y = \dfrac{1}{2x} f(t-x)$，且当 $x = 1$ 时，$y = \dfrac{1}{2} t^2 - t + 5$，求 $f(x)$。

解　因为当 $x = 1$ 时，$y = \dfrac{1}{2} t^2 - t + 5$，所以

$$\frac{1}{2}t^2 - t + 5 = \frac{1}{2}f(t-1)$$

即
$$f(t-1) = t^2 - 2t + 10$$

令 $t-1=u$，$t=1+u$，故
$$f(u) = u^2 + 9$$

即
$$f(x) = x^2 + 9$$

3. 求下列函数的定义域。

(1) $y = \dfrac{1}{x} - \sqrt{1-x^2}$

解 要使函数有意义，只需 $\begin{cases} x \neq 0 \\ 1-x^2 \geqslant 0 \end{cases}$，于是 $f(x)$ 的定义域 $D = [-1, 0) \cup (0, 1]$。

(2) $y = \dfrac{1}{\ln x}$

解 要使函数有意义，只需 $\begin{cases} x > 0 \\ \ln x \neq 0 \end{cases}$，于是 $f(x)$ 的定义域 $D = (0, 1) \cup (1, +\infty)$。

(3) $y = \ln(x + \sqrt{1+x^2})$

解 要使函数有意义，只需 $x + \sqrt{1+x^2} > 0$，于是 $f(x)$ 的定义域 $D = (-\infty, +\infty)$。

(4) $y = \sqrt{\sin x} + \sqrt{16 - x^2}$

解 要使函数有意义，只需 $\begin{cases} \sin x \geqslant 0 \\ 16 - x^2 \geqslant 0 \end{cases}$，于是 $f(x)$ 的定义域 $D = [-4, -\pi] \cup [0, \pi]$。

4. 假设 $f(x) = \begin{cases} 1+x^2, & -\infty < x \leqslant 0 \\ 2^x, & 0 < x < +\infty \end{cases}$；试求 $f(-2), f(0), f(3)$。

解 $f(-2) = 1 + (-2)^2 = 5, f(0) = 1 + 0^2 = 1, f(3) = 2^3 = 8$

5. 求下列函数的反函数及其定义域。

(1) $y = \sqrt{1-x^2}, 0 \leqslant x \leqslant 1$

解 $x = \sqrt{1-y^2}, 0 \leqslant y \leqslant 1$

所以反函数：$y = \sqrt{1-x^2}, 0 \leqslant x \leqslant 1$

(2) $y = 2\sin 3x, x \in \left[-\dfrac{\pi}{6}, \dfrac{\pi}{6}\right]$

解 $x = \dfrac{1}{3}\arcsin\dfrac{y}{2}, -2 \leqslant y \leqslant 2$

所以反函数：$y = \dfrac{1}{3}\arcsin\dfrac{x}{2}, -2 \leqslant x \leqslant 2$

6. 试通过 $y = f(u), u = \phi(x)$，求出 y 关于 x 的复合函数。

(1) $y = e^u, u = \sin x$

解 $y = e^{\sin x}$

(2) $y = \sqrt[3]{u}, u = \lg x$

解 $y = \sqrt[3]{\lg x}$

（3）$y=u^2,u=2^x$

解　$y=2^{2x}=4^x$

（4）$y=\tan u,u=x^2-1$

解　$y=\tan(x^2-1)$

7. 将下列复合函数分解为基本初等函数或基本初等函数作四则运算。

（1）$y=\ln\cos\sqrt{3x^2+\dfrac{\pi}{4}}$

解　$y=\ln u,u=\cos v,v=\sqrt{w},w=3x^2+\dfrac{\pi}{4}$

（2）$y=\sin^3(x^2+1)$

解　$y=u^3,u=\sin v,v=x^2+1$

（3）$y=\arctan(5+2x^3)$

解　$y=\arctan u,u=5+2x^3$

（4）$y=\lg\sqrt{\dfrac{x-1}{x+1}}$

解　$y=\lg u,u=\sqrt{v},v=\dfrac{x-1}{x+1}$

8. 设 $f(x)=\begin{cases}1,&|x|<1\\0,&|x|=1,g(x)=\mathrm{e}^x,求\ f[g(x)],\quad g[f(x)]。\\-1,&|x|>1\end{cases}$

解　$f[g(x)]=f(\mathrm{e}^x)=\begin{cases}1,&\mathrm{e}^x<1\\0,&\mathrm{e}^x=1=\\-1,&\mathrm{e}^x>1\end{cases}\begin{cases}1,&x<0\\0,&x=0;g[f(x)]=\\-1,&x>0\end{cases}\begin{cases}\mathrm{e},&|x|<1\\1,&|x|=1\\\dfrac{1}{\mathrm{e}},&|x|>1\end{cases}$

9. 试求函数 $\mathrm{sgn}x=\begin{cases}-1,&x<0\\0,&x=0\\1,&x>0\end{cases}$ 当 $x\to0$ 时的左、右极限,并说明 $x\to0$ 时,$\mathrm{sgn}x$ 的极限是

否存在?

解　因为 $\lim\limits_{x\to0^-}\mathrm{sgn}x=-1,\lim\limits_{x\to0^+}\mathrm{sgn}x=1$,所以当 $x\to0$ 时,$\mathrm{sgn}x$ 左、右极限不相等,因此 $\mathrm{sgn}x$ 极

限不存在。

10. 指出下列函数哪些是无穷小,哪些是无穷大?

（1）$\dfrac{1+2x^2}{x}(x\to0)$　　（2）$\dfrac{\sin x}{x}(x\to\infty)$　　（3）$\lg x(x\to0^+)$

（4）$2x+5(x\to-\infty)$　　（5）$\dfrac{x+1}{x^2-4}(x\to2)$　　（6）$1-\cos2t(t\to0)$

解　$\lim\limits_{x\to0}\dfrac{1+2x^2}{x}=\infty$

$\lim\limits_{x\to\infty}\dfrac{\sin x}{x}=\lim\limits_{x\to\infty}\left(\dfrac{1}{x}\cdot\sin x\right)=0$

$$\lim_{x \to 0^+} \lg x = -\infty$$

$$\lim_{x \to -\infty} (2x+5) = -\infty$$

$$\lim_{x \to 2} \frac{x+1}{x^2-4} = \infty$$

$$\lim_{t \to 0} (1-\cos 2t) = 0$$

所以(2)和(6)是无穷小，而(1)(3)(4)(5)是无穷大。

11. $x \to 1$ 时，下列函数与 $1-x$ 比较是高阶、同阶还是等价无穷小？

(1) $(1-x)^{\frac{3}{2}}$

解　因 $\lim\limits_{x \to 1} \dfrac{(1-x)^{\frac{3}{2}}}{1-x} = \lim\limits_{x \to 1} (1-x)^{\frac{1}{2}} = 0$，故当 $x \to 1$ 时，$(1-x)^{\frac{3}{2}}$ 较 $1-x$ 为更高阶无穷小。

(2) $\dfrac{1-x}{1+x}$

解　因为 $\lim\limits_{x \to 1} \dfrac{\frac{1-x}{1+x}}{1-x} = \lim\limits_{x \to 1} \dfrac{1}{1+x} = \dfrac{1}{2}$，所以当 $x \to 1$ 时，$\dfrac{1-x}{1+x}$ 与 $1-x$ 是同阶无穷小。

(3) $2(1-\sqrt{x})$

解　因为 $\lim\limits_{x \to 1} \dfrac{2(1-\sqrt{x})}{1-x} = \lim\limits_{x \to 1} \dfrac{2}{(1+\sqrt{x})} = 1$，所以当 $x \to 1$ 时，$2(1-\sqrt{x})$ 与 $1-x$ 是等价无穷

小，即 $2(1-\sqrt{x}) \sim 1-x$。

12. 表达式 $x^2, \dfrac{x^2-1}{x^3}, e^{-x}$ 何时是无穷大？何时是无穷小？

解　因 $\lim\limits_{x \to \infty} x^2 = \infty$，故 $x \to \infty$ 时 x^2 是无穷大。

因 $\lim\limits_{x \to 0} x^2 = 0$，故 $x \to 0$ 时 x^2 是无穷小。

因 $\lim\limits_{x \to 0} \dfrac{x^2-1}{x^3} = \infty$，故 $x \to 0$ 时 $\dfrac{x^2-1}{x^3}$ 是无穷大。

因 $\lim\limits_{x \to \infty} \dfrac{x^2-1}{x^3} = 0$，故 $x \to \infty$ 时 $\dfrac{x^2-1}{x^3}$ 是无穷小。

因 $\lim\limits_{x \to 1} \dfrac{x^2-1}{x^3} = 0$，故 $x \to 1$ 时 $\dfrac{x^2-1}{x^3}$ 是无穷小。

因 $\lim\limits_{x \to -1} \dfrac{x^2-1}{x^3} = 0$，故 $x \to -1$ 时 $\dfrac{x^2-1}{x^3}$ 是无穷小。

因 $\lim\limits_{x \to -\infty} e^{-x} = +\infty$，故 $x \to -\infty$ 时 e^{-x} 是无穷大。

因 $\lim\limits_{x \to +\infty} e^{-x} = 0$，故 $x \to +\infty$ 时 e^{-x} 是无穷小。

13. 设 $\lim\limits_{x \to 1} \dfrac{x^2+ax+b}{x-1} = 3$，求常数 a, b。

解　因为 $\lim\limits_{x \to 1}(x-1) = 0$，而 $\lim\limits_{x \to 1} \dfrac{x^2+ax+b}{x-1} = 3$，所以有

$$\lim_{x \to 1}(x^2+ax+b)=0$$

于是 $a+b+1=0,\quad b=-a-1$

代入

$$\lim_{x \to 1}\frac{x^2+ax+b}{x-1}=\lim_{x \to 1}\frac{x^2+ax+(-a-1)}{x-1}=\lim_{x \to 1}\frac{(x^2-1)+(ax-a)}{x-1}$$

$$=\lim_{x \to 1}\frac{(x-1)(x+1+a)}{x-1}=\lim_{x \to 1}(x+1+a)=3$$

故有

$$a=1,\quad b=-2$$

14. 试求下列函数的极限。

（1）$\lim\limits_{x \to 2}\dfrac{x-1}{x+3}$

解 $\lim\limits_{x \to 2}\dfrac{x-1}{x+3}=\dfrac{1}{5}$

（2）$\lim\limits_{x \to 1}\dfrac{x^2+\ln(2-x)}{4\arctan x}$

解 $\lim\limits_{x \to 1}\dfrac{x^2+\ln(2-x)}{4\arctan x}=\lim\limits_{x \to 1}\dfrac{1}{4\arctan 1}=\dfrac{1}{\pi}$

（3）$\lim\limits_{x \to 1}\dfrac{\arcsin\dfrac{x}{2}}{x+1}$

解 $\lim\limits_{x \to 1}\dfrac{\arcsin\dfrac{x}{2}}{x+1}=\lim\limits_{x \to 1}\dfrac{\arcsin\dfrac{1}{2}}{1+1}=\dfrac{\pi}{12}$

（4）$\lim\limits_{x \to 3}\dfrac{x^2-2x-3}{x-3}$

解 $\lim\limits_{x \to 3}\dfrac{x^2-2x-3}{x-3}=\lim\limits_{x \to 3}\dfrac{(x+1)(x-3)}{x-3}=\lim\limits_{x \to 3}(x+1)=4$

（5）$\lim\limits_{x \to 9}\dfrac{\sqrt[4]{x}-\sqrt{3}}{\sqrt{x}-3}$

解 $\lim\limits_{x \to 9}\dfrac{\sqrt[4]{x}-\sqrt{3}}{\sqrt{x}-3}=\lim\limits_{x \to 9}\dfrac{\sqrt[4]{x}-\sqrt{3}}{(\sqrt[4]{x}-\sqrt{3})(\sqrt[4]{x}+\sqrt{3})}=\lim\limits_{x \to 9}\dfrac{1}{(\sqrt[4]{x}+\sqrt{3})}=\dfrac{1}{2\sqrt{3}}$

（6）$\lim\limits_{x \to 2}\dfrac{\sqrt{2+x}-2}{x-2}$

解 $\lim\limits_{x \to 2}\dfrac{\sqrt{2+x}-2}{x-2}=\lim\limits_{x \to 2}\dfrac{(\sqrt{2+x}-2)(\sqrt{2+x}+2)}{(x-2)(\sqrt{2+x}+2)}=\lim\limits_{x \to 2}\dfrac{(\sqrt{2+x})^2-2^2}{(x-2)(\sqrt{2+x}+2)}=\lim\limits_{x \to 2}\dfrac{1}{\sqrt{2+x}+2}=\dfrac{1}{4}$

（7）$\lim\limits_{x \to 0}\dfrac{x^2\sin\dfrac{1}{x}}{\sin x}$

解 $\lim\limits_{x\to 0}\dfrac{x^2\sin\dfrac{1}{x}}{\sin x}=\lim\limits_{x\to 0}\left(\dfrac{x}{\sin x}\cdot x\sin\dfrac{1}{x}\right)=\lim\limits_{x\to 0}\dfrac{1}{\dfrac{\sin x}{x}}\cdot\lim\limits_{x\to 0}\left(x\sin\dfrac{1}{x}\right)=1\times 0=0$

(8) $\lim\limits_{x\to\infty}\dfrac{2x+2\cos x}{x+\cos 2x}$

解 $\lim\limits_{x\to\infty}\dfrac{2x+2\cos x}{x+\cos 2x}=\lim\limits_{x\to\infty}\dfrac{2+2\times\dfrac{\cos x}{x}}{1+\dfrac{\cos 2x}{x}}=2$

(9) $\lim\limits_{x\to 1}\dfrac{x^m-1}{x^n-1}$

解 $\lim\limits_{x\to 1}\dfrac{x^m-1}{x^n-1}=\lim\limits_{x\to 1}\dfrac{(x-1)(x^{m-1}+x^{m-2}+\cdots+x+1)}{(x-1)(x^{n-1}+x^{n-2}+\cdots+x+1)}=\dfrac{m}{n}$ (m,n 为自然数)

(10) $\lim\limits_{x\to\infty}\dfrac{2x-5}{x^2+1}$

解 $\lim\limits_{x\to\infty}\dfrac{2x-5}{x^2+1}=\lim\limits_{x\to\infty}\dfrac{\dfrac{2}{x}-\dfrac{5}{x^2}}{1+\dfrac{1}{x^2}}=0$

(11) $\lim\limits_{x\to+\infty}\dfrac{\sqrt{x^2+1}}{3x+1}$

解 $\lim\limits_{x\to+\infty}\dfrac{\sqrt{x^2+1}}{3x+1}=\lim\limits_{x\to+\infty}\dfrac{\sqrt{1+\dfrac{1}{x^2}}}{3+\dfrac{1}{x}}=\dfrac{1}{3}$

(12) $\lim\limits_{n\to+\infty}\left(\sqrt{n+1}-\sqrt{n}\right)$

解 $\lim\limits_{n\to+\infty}\left(\sqrt{n+1}-\sqrt{n}\right)=\lim\limits_{n\to+\infty}\dfrac{\left(\sqrt{n+1}-\sqrt{n}\right)\left(\sqrt{n+1}+\sqrt{n}\right)}{\sqrt{n+1}+\sqrt{n}}=\lim\limits_{n\to+\infty}\dfrac{1}{\sqrt{n+1}+\sqrt{n}}=0$

(13) $\lim\limits_{x\to+\infty}x\left(\sqrt{x^2+1}-x\right)$

解 $\lim\limits_{x\to+\infty}x\left(\sqrt{x^2+1}-x\right)=\lim\limits_{x\to+\infty}x\cdot\dfrac{\left(\sqrt{x^2+1}-x\right)\left(\sqrt{x^2+1}+x\right)}{\sqrt{x^2+1}+x}$

$=\lim\limits_{x\to+\infty}\dfrac{x}{\sqrt{x^2+1}+x}=\lim\limits_{x\to+\infty}\dfrac{1}{\sqrt{1+\dfrac{1}{x^2}}+1}=\dfrac{1}{2}$

(14) $\lim\limits_{x\to-1}\left(\dfrac{1}{x+1}-\dfrac{3}{x^3+1}\right)$

解 $\lim\limits_{x\to-1}\left(\dfrac{1}{x+1}-\dfrac{3}{x^3+1}\right)=\lim\limits_{x\to-1}\dfrac{x^2-x+1-3}{x^3+1}=\lim\limits_{x\to-1}\dfrac{x^2-x-2}{x^3+1}$

$$= \lim_{x \to -1} \frac{(x-2)(x+1)}{(x+1)(x^2-x+1)} = \lim_{x \to -1} \frac{x-2}{x^2-x+1} = -1$$

(15) $\displaystyle\lim_{x \to \infty} x^2\left(\frac{1}{x+1} - \frac{1}{x-1}\right)$

解　$\displaystyle\lim_{x \to \infty} x^2\left(\frac{1}{x+1} - \frac{1}{x-1}\right) = \lim_{x \to \infty} -\frac{2x^2}{x^2-1} = \lim_{x \to \infty} -\frac{2}{1-\dfrac{1}{x^2}} = -2$

(16) $\displaystyle\lim_{x \to 0} \frac{\sqrt{x+1}-(x+1)}{\sqrt{x+1}-1}$

解　$\displaystyle\lim_{x \to 0} \frac{\sqrt{x+1}-(x+1)}{\sqrt{x+1}-1} = \lim_{x \to 0} \frac{\sqrt{x+1}(1-\sqrt{x+1})}{\sqrt{x+1}-1} = -\lim_{x \to 0}\sqrt{x+1} = -1$

(17) $\displaystyle\lim_{x \to \infty} \frac{x^2+1}{x^3+x}(100+\cos x)$

解　因为 $\displaystyle\lim_{x \to \infty} \frac{x^2+1}{x^3+x} = 0$，而 $|100+\cos x| \leqslant 101$，即有界，所以有

$$\lim_{x \to \infty} \frac{x^2+1}{x^3+x}(100+\cos x) = 0$$

(18) $\displaystyle\lim_{x \to 0} x^2\left(3-\sin\frac{1}{x}\right)$

解　因为 $\displaystyle\lim_{x \to 0} x^2 = 0$，而 $\left|3-\sin\dfrac{1}{x}\right| \leqslant 3 + \left|\sin\dfrac{1}{x}\right| \leqslant 4$，即有界，所以有

$$\lim_{x \to 0} x^2\left(3-\sin\frac{1}{x}\right) = 0$$

(19) $\displaystyle\lim_{x \to +\infty} \frac{\mathrm{e}^{ax}-1}{\mathrm{e}^{ax}+1}(a>0)$

解　$\displaystyle\lim_{x \to +\infty} \frac{\mathrm{e}^{ax}-1}{\mathrm{e}^{ax}+1} = \lim_{x \to +\infty} \frac{1-\dfrac{1}{\mathrm{e}^{ax}}}{1+\dfrac{1}{\mathrm{e}^{ax}}} = 1\,(a>0)$

(20) $f(x) = \begin{cases} x^2, & x \leqslant 1 \\ 2x-1, & x>1 \end{cases}$，求 $\displaystyle\lim_{x \to 1} f(x)$

解　由于 $\displaystyle\lim_{x \to 1^-} f(x) = \lim_{x \to 1^-} x^2 = 1$，$\displaystyle\lim_{x \to 1^+} f(x) = \lim_{x \to 1^+}(2x-1) = 1$

所以　　　　　　　　　　　　　$\displaystyle\lim_{x \to 1} f(x) = 1$

15. 试求下列函数的极限。

(1) $\displaystyle\lim_{x \to 0} \frac{\tan 3x}{\sin 5x}$

解　$\displaystyle\lim_{x \to 0} \frac{\tan 3x}{\sin 5x} = \lim_{x \to 0} \frac{\dfrac{\sin 3x}{3x} \cdot \dfrac{3x}{\cos 3x}}{\dfrac{\sin 5x}{5x} \cdot 5x} = \lim_{x \to 0} \frac{\dfrac{\sin 3x}{3x}}{\dfrac{\sin 5x}{5x}} \cdot \frac{3}{5\cos 3x} = \frac{3}{5}$

（2）$\lim\limits_{x\to\infty}x\sin\dfrac{1}{x}$

解 $\lim\limits_{x\to\infty}x\sin\dfrac{1}{x}=\lim\limits_{x\to\infty}\dfrac{\sin\dfrac{1}{x}}{\dfrac{1}{x}}=1$

（3）$\lim\limits_{x\to0}\dfrac{1-\cos2x}{x\sin x}$

解 $\lim\limits_{x\to0}\dfrac{1-\cos2x}{x\sin x}=\lim\limits_{x\to0}\dfrac{2\sin^2x}{x\sin x}=\lim\limits_{x\to0}\dfrac{2\sin x}{x}=2$

（4）$\lim\limits_{x\to-\infty}x\sqrt{\sin\dfrac{1}{x^2}}$

解 $\lim\limits_{x\to-\infty}x\sqrt{\sin\dfrac{1}{x^2}}=\lim\limits_{x\to-\infty}\dfrac{-\sqrt{\sin\dfrac{1}{x^2}}}{\sqrt{\dfrac{1}{x^2}}}=-1$

（5）$\lim\limits_{x\to\frac{\pi}{2}}\dfrac{\cos x}{x-\dfrac{\pi}{2}}$

解 令 $t=x-\dfrac{\pi}{2}$，则 $x=t+\dfrac{\pi}{2}$，于是 $x\to\dfrac{\pi}{2}$ 时 $t\to0$，

$$\lim\limits_{x\to\frac{\pi}{2}}\dfrac{\cos x}{x-\dfrac{\pi}{2}}=\lim\limits_{t\to0}\dfrac{\cos\left(t+\dfrac{\pi}{2}\right)}{t}=\lim\limits_{t\to0}\dfrac{-\sin t}{t}=-1$$

（6）$\lim\limits_{x\to0}\dfrac{\cos^2x-\cos x}{2x^2}$

解 $\lim\limits_{x\to0}\dfrac{\cos^2x-\cos x}{2x^2}=-\lim\limits_{x\to0}\left(\cos x\cdot\dfrac{1-\cos x}{2x^2}\right)$

$$=-\lim\limits_{x\to0}\cos x\cdot\lim\limits_{x\to0}\dfrac{1-\cos x}{2x^2}=-\lim\limits_{x\to0}\dfrac{\dfrac{1}{2}x^2}{2x^2}=-\dfrac{1}{4}$$

（7）$\lim\limits_{x\to0}\dfrac{\sqrt{x+4}-2}{\sin3x}$

解 $\lim\limits_{x\to0}\dfrac{\sqrt{x+4}-2}{\sin3x}=\lim\limits_{x\to0}\dfrac{\left(\sqrt{x+4}\right)^2-2^2}{\sin3x\left(\sqrt{x+4}+2\right)}=\dfrac{1}{3}\lim\limits_{x\to0}\dfrac{3x}{\sin3x}\lim\limits_{x\to0}\dfrac{1}{\sqrt{x+4}+2}=\dfrac{1}{12}$

（8）$\lim\limits_{x\to1}\dfrac{\tan(1-x)}{\sqrt{x}-1}$

解 $\lim\limits_{x\to1}\dfrac{\tan(1-x)}{\sqrt{x}-1}=\lim\limits_{x\to1}\dfrac{(\sqrt{x}+1)\tan(1-x)}{x-1}=-2\lim\limits_{x\to1}\dfrac{\sin(1-x)}{1-x}\lim\limits_{x\to1}\dfrac{1}{\cos(1-x)}=-2$

（9） $\lim\limits_{x\to\infty}\left(1+\dfrac{k}{x}\right)^{x}$

解　$\lim\limits_{x\to\infty}\left(1+\dfrac{k}{x}\right)^{x}=\lim\limits_{x\to\infty}\left[\left(1+\dfrac{k}{x}\right)^{\frac{x}{k}}\right]^{k}=\left[\lim\limits_{x\to\infty}\left(1+\dfrac{k}{x}\right)^{\frac{x}{k}}\right]^{k}=\mathrm{e}^{k}$

（10） $\lim\limits_{x\to0}(1-x)^{\frac{k}{x}}$

解　$\lim\limits_{x\to0}(1-x)^{\frac{k}{x}}=\lim\limits_{x\to0}\left[(1-x)^{\frac{1}{-x}}\right]^{-k}=\left[\lim\limits_{x\to0}(1-x)^{\frac{1}{-x}}\right]^{-k}=\mathrm{e}^{-k}$

（11） $\lim\limits_{x\to0}\left(1+\dfrac{x}{2}\right)^{\frac{x-1}{x}}$

解　$\lim\limits_{x\to0}\left(1+\dfrac{x}{2}\right)^{\frac{x-1}{x}}=\lim\limits_{x\to0}\left(1+\dfrac{x}{2}\right)^{1-\frac{1}{x}}=\lim\limits_{x\to0}\left(1+\dfrac{x}{2}\right)\left(1+\dfrac{x}{2}\right)^{-\frac{1}{x}}$

$\qquad=\lim\limits_{x\to0}\left(1+\dfrac{x}{2}\right)\cdot\left[\lim\limits_{x\to0}\left(1+\dfrac{x}{2}\right)^{\frac{2}{x}}\right]^{-\frac{1}{2}}=\mathrm{e}^{-\frac{1}{2}}$

（12） $\lim\limits_{x\to0}(1+3\tan x)^{\cot x}$

解　$\lim\limits_{x\to0}(1+3\tan x)^{\cot x}=\lim\limits_{x\to0}\left[(1+3\tan x)^{\frac{1}{3\tan x}}\right]^{3}=\left[\lim\limits_{x\to0}(1+3\tan x)^{\frac{1}{3\tan x}}\right]^{3}=\mathrm{e}^{3}$

16. 设 $\lim\limits_{x\to\infty}\left(\dfrac{x-k}{x}\right)^{-2x}=\lim\limits_{x\to\infty}x\cdot\sin\dfrac{2}{x}$，求常数 k。

解　因为左端　$\lim\limits_{x\to\infty}\left(\dfrac{x-k}{x}\right)^{-2x}=\lim\limits_{x\to\infty}\left[1+\dfrac{1}{\left(-\dfrac{x}{k}\right)}\right]^{\left(-\frac{x}{k}\right)\times2k}=\mathrm{e}^{2k}$

右端　$\qquad\qquad\qquad\lim\limits_{x\to\infty}x\cdot\sin\dfrac{2}{x}=\lim\limits_{x\to\infty}\dfrac{\sin\dfrac{2}{x}}{\dfrac{2}{x}\cdot\dfrac{1}{2}}=2$

所以有　$\qquad\qquad\qquad\mathrm{e}^{2k}=2,\quad k=\dfrac{1}{2}\ln 2$

17. 试计算函数 $y=\sin x$ 在 $x_0=\dfrac{\pi}{2}$，$\Delta x=\dfrac{\pi}{24}$ 时的改变量 Δy。

解　$\Delta y=f(x+\Delta x)-f(x)=\sin\left(\dfrac{\pi}{2}+\dfrac{\pi}{24}\right)-\sin\dfrac{\pi}{2}=\cos\dfrac{\pi}{24}-1=-0.008\,6$

18. 试计算函数 $y=\sqrt{1+x}$ 在 $x_0=3$，$\Delta x=-0.2$ 时的改变量 Δy。

解　$\Delta y=f(x+\Delta x)-f(x)=\sqrt{1+3-0.2}-\sqrt{1+3}=\sqrt{4-0.2}-2$

$\qquad=2\sqrt{1-0.05}-2\approx2(1-0.025)-2=-0.05$

19. 根据初等函数的连续性，试求下列函数的极限值。

（1） $\lim\limits_{x\to1}(x^2+1)\tan\dfrac{\pi x}{4}$

解　$\lim\limits_{x\to1}(x^2+1)\tan\dfrac{\pi x}{4}=(1^2+1)\tan\dfrac{\pi\cdot1}{4}=2$

（2）$\lim\limits_{x\to\frac{\pi}{2}}\ln\ \sin x$

解 $\lim\limits_{x\to\frac{\pi}{2}}\ln\ \sin x=\ln\ \sin\frac{\pi}{2}=\ln 1=0$

20. 试确定下列函数的间断点。

（1）$y=\tan\left(2x+\dfrac{\pi}{4}\right)$

解 $x=\dfrac{k\pi}{2}+\dfrac{\pi}{8}$ （k 为整数）

（2）$y=\dfrac{\sin x}{x}$

解 $x=0$

（3）$y=\dfrac{1}{x^2-3x+2}$

解 $x=1,x=2$

（4）$y=\begin{cases}1-x^2, & x\geqslant 0\\[2mm] \dfrac{\sin x}{x}, & x<0\end{cases}$

解 没有间断点。

21. 设函数 $f(x)=\begin{cases}\dfrac{\sin x}{x}, & x<0\\[2mm] 2a-x^2, & x\geqslant 0\end{cases}$，试确定常数 a，使函数在点 $x=0$ 连续。

解 要使函数在点 $x=0$ 连续，只需满足

$$\lim\limits_{x\to 0^-}f(x)=\lim\limits_{x\to 0^+}f(x)=f(0)$$

而 $\lim\limits_{x\to 0^-}f(x)=\lim\limits_{x\to 0^-}\dfrac{\sin x}{x}=1,\lim\limits_{x\to 0^+}f(x)=\lim\limits_{x\to 0^+}(2a-x^2)=2a,f(0)=2a$，所以有

$$a=\dfrac{1}{2}$$

22. 求函数 $y=\dfrac{x^2-9}{x^2-7x+12}$ 的定义域，连续区间与间断点；并说明这些间断点是属于哪一类，如何是可去间断点，试补充间断点处函数的定义使之连续。

解 由于 $y=\dfrac{(x-3)(x+3)}{(x-3)(x-4)}$，所以函数的定义域与连续区间为

$$(-\infty,3)\cup(3,4)\cup(4,+\infty)$$

因为 $\lim\limits_{x\to 3}\dfrac{(x-3)(x+3)}{(x-3)(x-4)}=\lim\limits_{x\to 3}\dfrac{x+3}{x-4}=-6$

但是，函数在点 $x=3$ 无定义，因此函数在 $x=3$ 处不连续，$x=3$ 是函数的第一类间断点。若补充定义 $y(3)=-6$，则函数在点 $x=3$ 处连续，因此 $x=3$ 是函数的可去间断点。

又因为 $\lim\limits_{x\to 4}\dfrac{(x-3)(x+3)}{(x-3)(x-4)}=\lim\limits_{x\to 4}\dfrac{x+3}{x-4}=\infty$，所以属于第二类间断点，$x=4$ 是无穷间断点。

23. 已知 $\lim\limits_{x \to \infty}\left(\dfrac{x^2+1}{x+1}-ax-b\right)=0$，试求 a,b 的值。

解 因为 $\lim\limits_{x \to \infty}\left(\dfrac{x^2+1}{x+1}-ax-b\right)=\lim\limits_{x \to \infty}\dfrac{(1-a)x^2-(a+b)x+1-b}{x+1}=0$，所以

$1-a=0,a+b=0$，即 $a=1,b=-1$。

24. 设函数 $f(x)=a^x(a>0,a\neq 1)$，试求 $\lim\limits_{n \to +\infty}\dfrac{1}{n^2}\ln\left[f(1)\cdot f(2)\cdot\cdots\cdot f(n)\right]$。

证 因为

$$\ln\left[f(1)\cdot f(2)\cdot\cdots\cdot f(n)\right]=\ln\left[a^1\cdot a^2\cdot\cdots\cdot a^n\right]=\ln a^{1+2+\cdots+n}=\dfrac{n(n+1)}{2}\ln a$$

所以

$$\lim\limits_{n \to +\infty}\dfrac{1}{n^2}\ln\left[f(1)\cdot f(2)\cdot\cdots\cdot f(n)\right]=\lim\limits_{n \to +\infty}\dfrac{n(n+1)}{2n^2}\ln a=\dfrac{1}{2}\ln a=\ln\sqrt{a}$$

25. 设函数 $f(x)$ 在闭区间 $[0,2a]$ 上连续，且 $f(0)=f(2a)$，证明在 $[0,a]$ 上至少存在一点 x，使得 $f(x)=f(x+a)$。

证 令 $F(x)=f(x+a)-f(x)$。因为 $f(x)$ 在 $[0,2a]$ 上连续，所以 $f(x+a)$ 在 $[0,a]$ 上也连续，于是 $F(x)$ 在 $[0,a]$ 上连续。又 $F(0)=f(a)-f(0)$，

$$F(a)=f(a+a)-f(a)=f(2a)-f(a)=f(0)-f(a)=-(f(a)-f(0))=-F(0)$$

若 $F(0)=0$，则 $F(a)=0$，这时 $f(a+a)=f(a)$，$f(0)=f(a)$ 结论成立。

若 $F(0)\neq 0$，由 $F(a)=-F(0)$，即连续函数 $F(x)$ 在 $[0,a]$ 上两个端点上函数值异号，因此，$F(a)\cdot F(0)<0$，根据介值定理，存在 $\xi\in(0,a)$，满足 $F(\xi)=0$，即 $f(\xi+a)-f(\xi)=0$，用 x 代替其中的 ξ，有 $f(x)=f(x+a)$。

综上所述，结论恒成立。

26. 证明方程 $x^5-3x=1$ 在区间 $(1,2)$ 内至少存在一个根。

证 令 $f(x)=x^5-3x-1$，则函数 $f(x)$ 在 $[1,2]$ 上连续，且 $f(1)=-3<0,f(2)=25>0$；根据推论2：在区间 $(1,2)$ 内至少存在一点 ξ，使得 $f(\xi)=0$；即

$$\xi^5-3\xi=1$$

这就说明，ξ 是已知方程 $x^5-3x=1$ 的一个根。

五、经典考题

1. 单项选择题

（1）设函数 $f(x)$ 的定义域为 $[0,2]$，则 $f(x-1)$ 的定义域为（   ）。

    A. $[0,2]$ B. $[-1,1]$

    C. $[1,3]$ D. $[-1,0]$

（2）设函数 $f(x+2)=3x^2-6x$，则 $f(1-x)=$（   ）。

    A. $3x^2+12x+9$ B. $3(x-1)^2+6(x-1)+8$

    C. $3(1-x^2)+6(1-x)$ D. $3x^2-18x+24$

（3）设 $f(x)$ 在 $(-\infty,+\infty)$ 内有定义，则下列函数必为奇函数的是（   ）。

    A. $y=-|f(x)|$ B. $y=xf(x^2)$

    C. $y=-f(-x)$ D. $y=f(x)+f(-x)$

（4）极限 $\lim\limits_{x\to 0}(1-x)^{\frac{k}{x}}=($ ）。

　　A. e 　　　　　　　　B. e^{-1} 　　　　　　　　C. e^{-k} 　　　　　　　　D. e^{k}

（5）当 $x\to 0$，无穷小量 $e^{x}-1$ 是（   ）。

　　A. x 的高阶无穷小 　　　　　　　　B. x 的低阶无穷小

　　C. 与 x 同阶 　　　　　　　　D. 与 x 等价

（6）函数 $f(x)=|x\sin x|e^{-\cos x}$ 是（   ）。

　　A. 有界函数 　　　　　　　　B. 单调函数

　　C. 周期函数 　　　　　　　　D. 偶函数

（7）设 $f(x)=x^{2}-\sin x$，当 $x\to 0$ 时，下述结论正确的是（   ）。

　　A. $f(x)$ 是比 x 更高阶的无穷小 　　　　B. $f(x)$ 是比 x 更低阶的无穷小

　　C. $f(x)$ 是与 x 同阶但非等价无穷小 　　D. $f(x)$ 与 x 是等价无穷小

（8）$\lim\limits_{x\to 0}\dfrac{x^{2}\sin\dfrac{3}{x}}{\sin x}=($ ）。

　　A. 1 　　　　　　　B. 3 　　　　　　　C. 0 　　　　　　　D. 不存在

（9）设 $f(x)=\begin{cases}\dfrac{|x^{2}-1|}{x-1}, & x\neq 1\\ 2, & x=1\end{cases}$，则在点 $x=1$ 处（   ）。

　　A. 极限存在 　　　　　　　　B. 右连续但不连续

　　C. 左连续但不连续 　　　　　　　　D. 连续

（10）若函数 $f(x)=\begin{cases}(1+4x)^{\frac{2}{x}}, & x\neq 0\\ a, & x=0\end{cases}$ 在点 $x=0$ 处连续，则 $a=($ ）。

　　A. e^{2} 　　　　　　　B. e^{4} 　　　　　　　C. e^{6} 　　　　　　　D. e^{8}

（11）求函数 $f(x)=\begin{cases}\cos\dfrac{\pi x}{2}, & |x|\leqslant 1\\ |x-1|, & |x|>1\end{cases}$ 的间断点为（   ）。

　　A. $x=1$ 　　　　　　B. $x=-1$ 　　　　　　C. $x=0$ 　　　　　　D. $x=1$ 或 $x=-1$

（12）$\lim\limits_{x\to\pi}\left(\dfrac{\sin x}{\pi-x}\right)=($ ）。

　　A. 1 　　　　　　　B. -1 　　　　　　　C. 0 　　　　　　　D. ∞

（13）$\lim\limits_{m\to +\infty}\left(1+\dfrac{3}{m}\right)^{km}=e^{-2}$，则 $k=($ ）。

　　A. $\dfrac{3}{2}$ 　　　　　　　B. $\dfrac{2}{3}$ 　　　　　　　C. $-\dfrac{3}{2}$ 　　　　　　　D. $-\dfrac{2}{3}$

（14）下列极限,值为 0 的是（   ）。

　　A. $\lim\limits_{x\to 0}\left(1-\dfrac{2}{x-3}\right)$ 　　　　　　　　B. $\lim\limits_{x\to 2}\dfrac{x^{2}-3}{x-2}$

　　C. $\lim\limits_{x\to\infty}\dfrac{x^{2}+1}{x^{3}+x}(3+\cos x)$ 　　　　D. $\lim\limits_{x\to 1}\dfrac{x^{2}-3x+2}{1-x^{2}}$

（15）若 $\lim\limits_{x\to\infty}\left(\dfrac{x^2}{2x+1}-ax-b\right)=0$，则（   ）。

     A. $a=-\dfrac{1}{2},b=-\dfrac{1}{4}$ B. $a=\dfrac{1}{2},b=-\dfrac{1}{4}$

     C. $a=-\dfrac{1}{2},b=\dfrac{1}{4}$ D. $a=\dfrac{1}{2},b=\dfrac{1}{4}$

2. 填空题

（1）函数 $y=\arcsin\dfrac{x+1}{2}$ 的定义域是_____。

（2）$\lim\limits_{x\to\infty}\dfrac{2-3x-4x^2}{5+7x+7x^2}=$_____。

（3）函数 $f(x)=\dfrac{e^{2x}-1}{x(x-1)}$ 的间断点为_____。

（4）当 $x\to0$ 时，$e^x(\tan x-\sin x)$ 与 x^a 是同阶无穷小，则 $a=$_____。

（5）已知 $f(x)=e^{x^2}$，$f[\varphi(x)]=1-x$ 且 $\varphi(x)\geqslant0$，则 $\varphi(x)=$_____ 的定义域为_____。

（6）已知函数 $f(x)=\begin{cases}e^x & x<0\\ a+x & x\geqslant0\end{cases}$ 在 $x=0$ 处连续，则 $a=$_____。

（7）设 $f(x-1)=x^2$，则 $f(x+1)=$_____。

（8）若 $f(x)=\left(\dfrac{3+x}{4+x}\right)^{3x}$，则 $\lim\limits_{x\to0}f(x)=$_____，$\lim\limits_{x\to\infty}f(x)=$_____。

（9）$\lim\limits_{n\to+\infty}n\sin\dfrac{x}{n}=$_____。

（10）$\lim\limits_{x\to0}\dfrac{1-\cos x}{\sin^2x}=$_____。

（11）$\lim\limits_{x\to\infty}\dfrac{(2x-1)^{30}(3x-2)^{20}}{(2x+1)^{50}}=$_____。

（12）$\lim\limits_{x\to+\infty}(\sqrt{x^2+x+1}-\sqrt{x^2-x+1})=$_____。

（13）$\lim\limits_{x\to0}\dfrac{2\arcsin x}{3x}=$_____。

（14）$\lim\limits_{x\to+\infty}\dfrac{3-4\cdot2^x}{7-3\cdot2^x}=$_____。

（15）$\lim\limits_{x\to0}\left(x\sin\dfrac{1}{x}+\dfrac{1}{x}\sin x\right)=$_____。

3. 计算题

（1）$\lim\limits_{x\to1}\dfrac{x^3-1}{x-1}$ （2）$\lim\limits_{x\to\infty}\dfrac{x-\sin x}{x+\sin x}$ （3）$\lim\limits_{x\to0}\dfrac{\sqrt{1+x\sin x}-\cos x}{x\sin x}$

（4）$\lim\limits_{x\to+\infty}\dfrac{\sqrt[3]{x+1}-\sqrt[3]{x}}{\sqrt{x+1}-\sqrt{x}}$ （5）$\lim\limits_{x\to\infty}(x^2-\sqrt{x^4-x^2+1})$ （6）$\lim\limits_{x\to+\infty}\dfrac{\sqrt{x^2-x+1}}{3x+1}$

$(7)\ \lim\limits_{x\to0}(1+x)^{\cot2x}$

$(8)\ \lim\limits_{x\to\infty}\left(\dfrac{x^2-1}{x^2+1}\right)^{x^2}$

$(9)\ \lim\limits_{n\to+\infty}\dfrac{1^2+2^2+\cdots+n^2}{n^3}$

$(10)\ \lim\limits_{n\to+\infty}\left(\dfrac{\sin\frac{\pi}{n}}{n+1}+\dfrac{\sin\frac{2\pi}{n}}{n+\frac12}+\cdots+\dfrac{\sin\pi}{n+\frac1n}\right)$

参 考 答 案

1. 单项选择题

(1) C (2) A (3) B (4) C (5) D (6) D (7) C (8) C (9) B (10) D
(11) B (12) A (13) D (14) C (15) B

2. 填空题

(1) $[-3,1]$ (2) $-\dfrac47$ (3) $x=0,x=1$ (4) 3 (5) $\sqrt{\ln(1-x)},(-\infty,0]$ (6) 1

(7) $(x+2)^2$ (8) $1,\mathrm{e}^{-3}$ (9) x (10) $\dfrac12$ (11) 1.5^{20} (12) 1 (13) $\dfrac23$ (14) $\dfrac43$

(15) 1

3. 计算题

$(1)\ \lim\limits_{x\to1}\dfrac{x^3-1}{x-1}=\lim\limits_{x\to1}\dfrac{(x-1)(x^2+x+1)}{x-1}=\lim\limits_{x\to1}(x^2+x+1)=3$

$(2)\ \lim\limits_{x\to\infty}\dfrac{x-\sin x}{x+\sin x}=\lim\limits_{x\to\infty}\dfrac{1-\frac{\sin x}{x}}{1+\frac{\sin x}{x}}=1$

$(3)\ \lim\limits_{x\to0}\dfrac{\sqrt{1+x\sin x}-\cos x}{x\sin x}=\lim\limits_{x\to0}\dfrac{(\sqrt{1+x\sin x}-\cos x)(\sqrt{1+x\sin x}+\cos x)}{x\sin x(\sqrt{1+x\sin x}+\cos x)}$

$=\lim\limits_{x\to0}\dfrac{1+x\sin x-\cos^2x}{x\sin x(\sqrt{1+x\sin x}+\cos x)}=\lim\limits_{x\to0}\dfrac{x\sin x+(1-\cos^2x)}{x\sin x(\sqrt{1+x\sin x}+\cos x)}$

$=\lim\limits_{x\to0}\dfrac{x\sin x+\sin^2x}{x\sin x(\sqrt{1+x\sin x}+\cos x)}=\lim\limits_{x\to0}\dfrac{\sin x(x+\sin x)}{x\sin x(\sqrt{1+x\sin x}+\cos x)}$

$=\lim\limits_{x\to0}\dfrac{1+\frac{\sin x}{x}}{\sqrt{1+x\sin x}+\cos x}=\dfrac22=1$

$(4)\ \lim\limits_{x\to+\infty}\dfrac{\sqrt[3]{x+1}-\sqrt[3]{x}}{\sqrt{x+1}-\sqrt{x}}=\lim\limits_{x\to+\infty}\dfrac{(\sqrt[3]{x+1}-\sqrt[3]{x})(\sqrt{x+1}+\sqrt{x})}{(\sqrt{x+1}-\sqrt{x})(\sqrt{x+1}+\sqrt{x})}$

$=\lim\limits_{x\to+\infty}(\sqrt{x+1}+\sqrt{x})(\sqrt[3]{x+1}-\sqrt[3]{x})$

$=\lim\limits_{x\to+\infty}\dfrac{(\sqrt{x+1}+\sqrt{x})(\sqrt[3]{x+1}-\sqrt[3]{x})(\sqrt[3]{(x+1)^2}+\sqrt[3]{x(x+1)}+\sqrt[3]{x^2})}{\sqrt[3]{(x+1)^2}+\sqrt[3]{x(x+1)}+\sqrt[3]{x^2}}$

$$= \lim_{x \to +\infty} \frac{(\sqrt{x+1}+\sqrt{x})(x+1-x)}{\sqrt[3]{(x+1)^2}+\sqrt[3]{x(x+1)}+\sqrt[3]{x^2}} = \lim_{x \to +\infty} \frac{\sqrt{x+1}+\sqrt{x}}{\sqrt[3]{(x+1)^2}+\sqrt[3]{x(x+1)}+\sqrt[3]{x^2}}$$

$$= \lim_{x \to +\infty} \frac{\dfrac{\sqrt{x+1}+\sqrt{x}}{x^{\frac{2}{3}}}}{\dfrac{\sqrt[3]{(x+1)^2}+\sqrt[3]{x(x+1)}+\sqrt[3]{x^2}}{x^{\frac{2}{3}}}} = \lim_{x \to +\infty} \frac{\dfrac{\sqrt{x+1}}{x^{\frac{1}{2}} \cdot x^{\frac{1}{6}}}+\dfrac{\sqrt{x}}{x^{\frac{2}{3}}}}{\dfrac{\sqrt[3]{x^2+2x+1}}{x^{\frac{2}{3}}}+\dfrac{\sqrt[3]{x^2+x}}{x^{\frac{2}{3}}}+\dfrac{\sqrt[3]{x^2}}{x^{\frac{2}{3}}}}$$

$$= \lim_{x \to +\infty} \frac{\dfrac{\sqrt{1+\dfrac{1}{x}}}{x^{\frac{1}{6}}}+x^{-\frac{1}{6}}}{\sqrt[3]{1+\dfrac{2}{x}+\dfrac{1}{x^2}}+\sqrt[3]{1+\dfrac{1}{x}}+1} = 0$$

(5) $\displaystyle\lim_{x \to \infty}(x^2-\sqrt{x^4-x^2+1}) = \lim_{x \to \infty} \frac{(x^2-\sqrt{x^4-x^2+1})(x^2+\sqrt{x^4-x^2+1})}{(x^2+\sqrt{x^4-x^2+1})}$

$$= \lim_{x \to \infty} \frac{x^4-(x^4-x^2+1)}{x^2+\sqrt{x^4-x^2+1}} = \lim_{x \to \infty} \frac{x^2-1}{x^2+\sqrt{x^4-x^2+1}}$$

$$= \lim_{x \to \infty} \frac{1-\dfrac{1}{x^2}}{1+\sqrt{\dfrac{x^4-x^2+1}{x^4}}} = \lim_{x \to \infty} \frac{1-\dfrac{1}{x^2}}{1+\sqrt{1-\dfrac{1}{x^2}+\dfrac{1}{x^4}}} = \frac{1}{2}$$

(6) $\displaystyle\lim_{x \to +\infty} \frac{\sqrt{x^2-x+1}}{3x+1} = \lim_{x \to +\infty} \frac{\dfrac{\sqrt{x^2-x+1}}{x}}{3+\dfrac{1}{x}} = \lim_{x \to +\infty} \frac{\sqrt{1-\dfrac{1}{x}+\dfrac{1}{x^2}}}{3+\dfrac{1}{x}} = \frac{1}{3}$

(7) $\displaystyle\lim_{x \to 0}(1+x)^{\cot 2x} = \lim_{x \to 0}(1+x)^{\frac{\cos 2x}{\sin 2x}} = \lim_{x \to 0}(1+x)^{\frac{\cos 2x}{2\sin x\cos x}}$

$$= \left[\lim_{x \to 0}(1+x)^{\frac{1}{x}}\right]^{\frac{x}{\sin x} \cdot \frac{1}{2} \cdot \frac{\cos 2x}{\cos x}} = e^{\frac{1}{2}}$$

(8) $\displaystyle\lim_{x \to \infty}\left(\frac{x^2-1}{x^2+1}\right)^{x^2} = \lim_{x \to \infty}\left(1-\frac{2}{x^2+1}\right)^{x^2}$

$$= \left[\lim_{x \to \infty}\left(1-\frac{2}{x^2+1}\right)^{-\frac{x^2+1}{2}}\right]^{-2} \cdot \lim_{x \to \infty}\left(1-\frac{2}{x^2+1}\right)^{-1} = e^{-2} \cdot 1 = e^{-2}$$

(9) $\displaystyle\lim_{n \to +\infty} \frac{1^2+2^2+\cdots+n^2}{n^3} = \lim_{n \to +\infty} \frac{\dfrac{n(n+1)(2n+1)}{6}}{n^3} = \frac{1}{3}$

(10) $\displaystyle\frac{\sin\dfrac{\pi}{n}}{n+1}+\frac{\sin\dfrac{2\pi}{n}}{n+\dfrac{1}{2}}+\cdots+\frac{\sin\pi}{n+\dfrac{1}{n}} = \sum_{i=1}^{n} \frac{\sin\dfrac{i\pi}{n}}{n+\dfrac{1}{i}}$

而 $\dfrac{\sin\dfrac{i\pi}{n}}{n+1} \leqslant \dfrac{\sin\dfrac{i\pi}{n}}{n+\dfrac{1}{i}} < \dfrac{\sin\dfrac{i\pi}{n}}{n}$ $(i=1,2,3\cdots)$

所以 $\displaystyle\sum_{i=1}^{n} \dfrac{\sin\dfrac{i\pi}{n}}{n+1} \leqslant \sum_{i=1}^{n} \dfrac{\sin\dfrac{i\pi}{n}}{n+\dfrac{1}{i}} < \sum_{i=1}^{n} \dfrac{\sin\dfrac{i\pi}{n}}{n}$ $(i=1,2,3\cdots)$

即 $\dfrac{1}{n+1}\displaystyle\sum_{i=1}^{n}\sin\dfrac{i\pi}{n} \leqslant \sum_{i=1}^{n}\dfrac{\sin\dfrac{i\pi}{n}}{n+\dfrac{1}{i}} < \dfrac{1}{n}\sum_{i=1}^{n}\sin\dfrac{i\pi}{n}$ $(i=1,2,3\cdots)$

又 $\displaystyle\lim_{n\to+\infty}\dfrac{1}{n}\sum_{i=1}^{n}\sin\dfrac{i\pi}{n}=\int_0^1\sin\pi x\mathrm{d}x=\dfrac{2}{\pi}$

$$\lim_{n\to+\infty}\dfrac{1}{n+1}\sum_{i=1}^{n}\sin\dfrac{i\pi}{n}=\lim_{n\to+\infty}\left(\dfrac{n}{n+1}\cdot\dfrac{1}{n}\sum_{i=1}^{n}\sin\dfrac{i\pi}{n}\right)=\lim_{n\to+\infty}\dfrac{n}{n+1}\cdot\lim_{n\to+\infty}\left(\dfrac{1}{n}\sum_{i=1}^{n}\sin\dfrac{i\pi}{n}\right)$$

$$=1\cdot\int_0^1\sin\pi x\mathrm{d}x=\dfrac{2}{\pi}$$

由夹边定理,原式 $=\dfrac{2}{\pi}$

（关红阳）

第二章

导数与微分

一、内容提要

1. 导数的概念

（1）函数在某点可导的定义

代数角度：改变量比的极限，$\lim\limits_{\Delta x \to 0}\dfrac{\Delta y}{\Delta x}=\lim\limits_{\Delta x \to 0}\dfrac{f(x_0+\Delta x)-f(x_0)}{\Delta x}$。

几何角度：切线斜率。

记号角度：$\dfrac{\mathrm{d}y}{\mathrm{d}x}\Big|_{x=x_0}$，$\dfrac{\mathrm{d}f(x)}{\mathrm{d}x}\Big|_{x=x_0}$，$y'\big|_{x=x_0}$，$f'(x_0)$。

物理角度：瞬时速度。

其他角度：变化率。

注 若在 x_0 点函数改变量比的极限存在，则函数在 x_0 点可导；若极限不存在，则函数在 x_0 点不可导。例如，在曲线尖点处，函数不可导。

（2）函数在开区间内可导的定义

代数角度：改变量比的极限，$\lim\limits_{\Delta x \to 0}\dfrac{\Delta y}{\Delta x}=\lim\limits_{\Delta x \to 0}\dfrac{f(x+\Delta x)-f(x)}{\Delta x}$，$x\in(a,b)$。

几何角度：切线斜率。

记号角度：$\dfrac{\mathrm{d}y}{\mathrm{d}x}$，$\dfrac{\mathrm{d}f(x)}{\mathrm{d}x}$，$y'$，$f'(x)$。

物理角度：瞬时速度。

其他角度：变化率。

注 函数在开区间内可导的定义，即是函数在开区间内任意一点可导的定义。此时，$f'(x)$ 是导函数，简称导数。易见，导函数 $f'(x)$ 与导函数值 $f'(x_0)$ 的关系为：$f'(x)\big|_{x=x_0}=f'(x_0)$，即可先求出导函数，再求导函数值。

（3）左导数与右导数：左导数是函数改变量比的左极限，右导数是函数改变量比的右极限，左导数与右导数统称为单侧导数。讨论分段函数在分段点的导数，以及函数在区间端点的导数时，需要用到单侧导数。

与左导数和右导数有关的定理如下：函数 $y=f(x)$ 在 x_0 点可导的充要条件是左右导数都存在并且相等，即 $f'_-(x_0)=f'_+(x_0)$。

根据函数在开区间内可导的定义，以及左导数与右导数的定义，可以给出函数在闭区间上可导的定义，即若函数在开区间 (a,b) 内可导，且在左端点存在右导数，在右端点存在左导数，则称函数在闭区间 $[a,b]$ 上可导。

（4）可导与连续的关系：可导一定连续，连续不一定可导。例如，在曲线尖点处，函数连续但不可导。

（5）导数的几何意义：函数 $y=f(x)$ 在 x_0 点的导数 $f'(x_0)$ 的几何意义是，曲线 $y=f(x)$ 上点 $(x_0,f(x_0))$ 处的切线斜率。

若 $f'(x_0)$ 存在，则曲线 $y=f(x)$ 上点 $(x_0,f(x_0))$ 处的切线方程为

$$y-f(x_0)=f'(x_0)(x-x_0)$$

若 $f'(x_0)$ 存在，且 $f'(x_0)\neq 0$，则曲线 $y=f(x)$ 上点 $(x_0,f(x_0))$ 处的法线方程为

$$y-f(x_0)=-\frac{1}{f'(x_0)}(x-x_0)$$

2. 导数的计算

（1）利用定义求导数可分为以下三步。

1）计算改变量　$\Delta y=f(x+\Delta x)-f(x)$

2）计算比值　$\dfrac{\Delta y}{\Delta x}=\dfrac{f(x+\Delta x)-f(x)}{\Delta x}$

3）计算极限　$\lim\limits_{\Delta x\to 0}\dfrac{\Delta y}{\Delta x}$

（2）导数公式

1）$(C)'=0$　（C 是常数）

2）$(x^{\alpha})'=\alpha x^{\alpha-1}$（$\alpha$ 为任意常数）

3）$(a^x)'=a^x\ln a$（$a>0,a\neq 1$），特别的，$(e^x)'=e^x$

4）$(\log_a x)'=\dfrac{1}{x\ln a}$（$a>0,a\neq 1$），特别的，$(\ln x)'=\dfrac{1}{x}$

5）$(\sin x)'=\cos x$

6）$(\cos x)'=-\sin x$

7）$(\tan x)'=\sec^2 x=\dfrac{1}{\cos^2 x}$

8）$(\cot x)'=-\csc^2 x=-\dfrac{1}{\sin^2 x}$

9）$(\sec x)'=\sec x\tan x$

10）$(\csc x)'=-\csc x\cot x$

11）$(\arcsin x)'=\dfrac{1}{\sqrt{1-x^2}}$

12）$(\arccos x)'=-\dfrac{1}{\sqrt{1-x^2}}$

13）$(\arctan x)'=\dfrac{1}{1+x^2}$

14）$(\text{arccot}\,x)'=-\dfrac{1}{1+x^2}$

（3）导数的四则运算法则：若函数 $u(x)$、$v(x)$ 在 x 点可导，则

$$[u(x)\pm v(x)]'=u'(x)\pm v'(x)$$

$$[u(x)v(x)]'=u'(x)v(x)+u(x)v'(x)$$，特别的，$[Cv(x)]'=Cv'(x)$

$$\left[\frac{u(x)}{v(x)}\right]'=\frac{u'(x)v(x)-u(x)v'(x)}{v^2(x)},\quad v(x)\neq 0$$

（4）反函数的求导法则：若函数 $x=\varphi(y)$ 在区间 I_y 内单调可导，且 $\varphi'(y)\neq 0$，则其反函数 $y=f(x)$ 在对应的区间 I_x 内单调可导，且有

$$\frac{\mathrm{d}y}{\mathrm{d}x}=\frac{1}{\dfrac{\mathrm{d}x}{\mathrm{d}y}}\ \text{或}\ f'(x)=\frac{1}{\varphi'(y)}$$

文字语言表述：直接函数的导数和反函数的导数互为倒数。

（5）复合函数的求导法则：若函数 $u=g(x)$ 在 x 点可导，函数 $y=f(u)$ 在相应点 $u(u=g(x))$ 处可导，则复合函数 $y=f[g(x)]$ 在 x 点可导，且

$$\{f[g(x)]\}'=f'(u)g'(x) \text{ 或 } \frac{dy}{dx}=\frac{dy}{du}\cdot\frac{du}{dx}$$

文字语言表述:①复合函数的导数等于外函数的导数乘以内函数的导数(由外向内逐层求导);②复合函数的导数等于外函数对中间变量求导再乘以中间变量对自变量求导(链式法则)。

(6) 几种特殊的求导法

1) 对数求导法:先两边取对数,再两边向自变量求导。

注 对于幂指函数或多个因子相乘/除的情况,用对数求导法比较简便。

2) 隐函数求导法:先在确定隐函数的方程两端对自变量求导,然后解出函数的导数。

3) 参数方程的求导法:设参数方程 $\begin{cases}x=\varphi(t)\\y=\psi(t)\end{cases}$, $a\leq t\leq b$,确定函数 $y=f(x)$,则

$$\frac{dy}{dx}=\frac{dy}{dt}\frac{dt}{dx}=\frac{\dfrac{dy}{dt}}{\dfrac{dx}{dt}}=\frac{\psi'(t)}{\varphi'(t)}, \quad \text{其中 } \varphi'(t)\neq 0$$

文字语言表述:参数方程求导法的要点是,分子为函数对 t 求导,分母为自变量对 t 求导。

(7) 高阶导数:二阶及二阶以上的导数统称为高阶导数。n 阶导数记作:

$$y^{(n)}, \quad f^{(n)}(x), \quad \frac{d^n y}{dx^n}, \quad \frac{d^n f(x)}{dx^n}$$

3. 微分的概念与计算

(1) 定义:若函数在点 x 的改变量 $\Delta y=f(x+\Delta x)-f(x)$ 可以写成:

$$\Delta y=A\Delta x+o(\Delta x),\text{其中},A \text{ 与 } \Delta x \text{ 无关。}$$

则称函数 $y=f(x)$ 在 x 点可微,称 $A\Delta x$ 为函数 $y=f(x)$ 在 x 点的微分,记为 dy;称 Δx 为自变量的微分,记为 dx,即

$$dy=A\Delta x=Adx$$

(2) 定理:可导一定可微,可微一定可导,且 $A=f'(x)$,即

$$dy=f'(x)dx$$

(3) 计算依据:

1) $dy=f'(x)dx$;

2) 微分的四则运算法则;

3) 复合函数的微分和一阶微分形式的不变性。

(4) 利用微分进行近似计算依据:当 $|\Delta x|$ 很小时,$\Delta y\approx dy=f'(x_0)\Delta x$ 或 $f(x_0+\Delta x)\approx f(x_0)+f'(x_0)\Delta x$。

解题步骤见教材及下面的习题解答。

二、重难点解析

1. 本章重点解析

(1) 注重掌握数学概念(如本章导数及微分)的引入,体会其中的数学思想和方法,从而培养创新能力。

（2）注重掌握基本概念的严格表述，以及理论体系的逻辑框架，从而培养抽象严谨的表达能力，以及对各种理论体系包括中医药理论体系的建构能力。

（3）熟练掌握导数和微分的计算，导数计算的题目比较灵活，解题时先分清类型，然后再正确使用方法。

（4）本章简单介绍了一些导数和微分的应用，解题方法和步骤变化不大，书中给出了比较规范的解法，掌握起来并不难。

2. 本章难点解析

（1）利用复合函数求导法求导数时，要分清外层函数和内层函数，在由外向内逐层求导时，不要漏掉也不要增加函数。例如，$\left[\sin^3\dfrac{1}{x}\right]' = 3\sin^2\dfrac{1}{x}\cdot\cos\dfrac{1}{x}\cdot\left(\dfrac{-1}{x^2}\right)$。在含有抽象函数时，要注意记号的含义。例如，$f'(\sin x)$代表函数$f(u)$对$u=\sin x$求导，$[f(\sin x)]'$代表复合函数$f(\sin x)$对$x$求导。

（2）利用隐函数求导法求导数时，隐函数作为内层函数出现，不要误将隐函数当作常数。例如，求由方程$e^y = x^2y + e^x$确定的隐函数$y = f(x)$的导数y'，在已知等式两端同时对x求导，得

$$e^y y' = 2xy + x^2 y' + e^x，因此，y' = \frac{2xy + e^x}{e^y - x^2}$$

（3）利用参数方程求导法求二阶导数时，可以有两种理解方式，详见下面例题解析中的例7。

（4）利用微分进行近似计算时，按照教材及习题解答给出的解题步骤做题比较容易。

三、例题解析

例1　已知函数$f(x)$在x_0点可导，且$\lim\limits_{x\to 0}\dfrac{3x}{f(x_0-6x)-f(x_0)} = -5$，求$f'(x_0)$。

答案：$f'(x_0) = \dfrac{1}{10}$

解析　因为$\lim\limits_{x\to 0}\dfrac{3x}{f(x_0-6x)-f(x_0)} = -5$，所以$-\dfrac{1}{2}\lim\limits_{x\to 0}\dfrac{1}{\dfrac{f(x_0-6x)-f(x_0)}{-6x}} = -5$，即$\dfrac{1}{2}\cdot$

$\dfrac{1}{f'(x_0)} = 5$，故$f'(x_0) = \dfrac{1}{10}$。

注　$\lim\limits_{x\to 0}\dfrac{f(x_0-6x)-f(x_0)}{-6x} = f'(x_0)$，此式中的$-6x$相当于导数定义式中的$\Delta x$。

例2　求函数$f(x) = \begin{cases} x^2, & x\geqslant c \\ ax+b, & x<c \end{cases}$在$c$点处的右导数。并回答，当$a$与$b$取何值时，函数$f(x)$在$c$点可导。

答案：$f'_+(c) = 2c；a = 2c，b = -c^2$

解析　$f'_+(c) = \lim\limits_{\Delta x\to 0^+}\dfrac{(c+\Delta x)^2 - c^2}{\Delta x} = 2c$

$$f'_-(c) = \lim\limits_{\Delta x\to 0^-}\frac{a(c+\Delta x)+b-c^2}{\Delta x} = \lim\limits_{\Delta x\to 0^-}\left(a + \frac{ac+b-c^2}{\Delta x}\right)$$

不难发现，$ac+b-c^2=0 \Leftrightarrow f'_-(c)$ 存在，且有 $f'_-(c)=a$。又已知函数 $f(x)$ 在 c 点处可导 $\Leftrightarrow$ $f'_-(c)=f'_+(c)$。于是，函数 $f(x)$ 在 c 处可导 $\Leftrightarrow a,b$ 应满足如下方程组：

$$\begin{cases} ac+b-c^2=0 \\ 2c=a \end{cases}$$

从中解得 $a=2c,b=-c^2$。

例3 设 $f(x)=\ln\cos 5x$，求 $f''(x)$。

答案：$f''(x)=-25\sec^2 5x$

解析 $f'(x)=\dfrac{1}{\cos 5x}\cdot(-\sin 5x)\cdot 5=-5\tan 5x$

$$f''(x)=-5\sec^2 5x\cdot 5=-25\sec^2 5x$$

注 由外向内逐层求导时，分清外层函数和内层函数，不要漏掉函数。

例4 求 $y=\sqrt{\cos x}\,\mathrm{e}^{\sin\frac{1}{x}}$ 的导数。

答案：$y'=-\sqrt{\cos x}\,\mathrm{e}^{\sin\frac{1}{x}}\left(\dfrac{1}{2}\tan x+\dfrac{1}{x^2}\cos\dfrac{1}{x}\right)$

解析

$$y'=\frac{1}{2\sqrt{\cos x}}(-\sin x)\mathrm{e}^{\sin\frac{1}{x}}+\sqrt{\cos x}\,\mathrm{e}^{\sin\frac{1}{x}}\cos\frac{1}{x}\cdot\left(-\frac{1}{x^2}\right)$$

$$=-\frac{\sin x}{2\sqrt{\cos x}}\mathrm{e}^{\sin\frac{1}{x}}-\frac{\sqrt{\cos x}}{x^2}\cos\frac{1}{x}\mathrm{e}^{\sin\frac{1}{x}}$$

$$=-\sqrt{\cos x}\,\mathrm{e}^{\sin\frac{1}{x}}\left(\frac{1}{2}\tan x+\frac{1}{x^2}\cos\frac{1}{x}\right)$$

例5 设函数 $y=f(\sin^3 x)$，求 y'。

答案：$y'=3\sin^2 x\cos x\cdot f'(\sin^3 x)$

解析 $y'=f'(\sin^3 x)\cdot 3\sin^2 x\cdot\cos x=3\sin^2 x\cos x\cdot f'(\sin^3 x)$

例6 求 $y=\dfrac{\sqrt{x+3}\,(2+x^2)^4}{(x+1)^2}$ 的导数。

答案：$y'=\dfrac{\sqrt{x+3}\,(2+x^2)^4}{(x+1)^2}\left[\dfrac{1}{2(x+3)}+\dfrac{8x}{2-x^2}-\dfrac{1}{x+1}\right]$

解析 采用对数求导法：

两边取对数，得 $\qquad \ln y=\dfrac{1}{2}\ln(x+3)+4\ln(2+x^2)-2\ln(x+1)$

两边对 x 求导，得 $\qquad \dfrac{y'}{y}=\dfrac{1}{2}\dfrac{1}{x+3}+4\dfrac{2x}{2+x^2}-\dfrac{2}{x+1}$

故 $\qquad y'=y\left[\dfrac{1}{2(x+3)}+\dfrac{8x}{2-x^2}-\dfrac{1}{x+1}\right]=\dfrac{\sqrt{x+3}\,(2+x^2)^4}{(x+1)^2}\left[\dfrac{1}{2(x+3)}+\dfrac{8x}{2-x^2}-\dfrac{1}{x+1}\right]$

例7 设 $y=y(x)$ 是由摆线方程 $x=a(t-\sin t),y=a(1-\cos t)$ 所确定的函数，求 $\dfrac{\mathrm{d}^2y}{\mathrm{d}x^2}$。

答案：$\dfrac{\mathrm{d}^2y}{\mathrm{d}x^2}=\dfrac{-1}{a\,(1-\cos t)^2}$

解析　$\dfrac{\mathrm{d}y}{\mathrm{d}x}=\dfrac{\dfrac{\mathrm{d}y}{\mathrm{d}t}}{\dfrac{\mathrm{d}x}{\mathrm{d}t}}=\dfrac{[a(1-\cos t)]'}{[a(t-\sin t)]'}=\dfrac{a\sin t}{a(1-\cos t)}=\dfrac{\sin t}{1-\cos t}$

$$\dfrac{\mathrm{d}^2y}{\mathrm{d}x^2}=\dfrac{\mathrm{d}y'}{\mathrm{d}x}=\dfrac{\dfrac{\mathrm{d}y'}{\mathrm{d}t}}{\dfrac{\mathrm{d}x}{\mathrm{d}t}}=\dfrac{\left(\dfrac{\sin t}{1-\cos t}\right)'}{[a(t-\sin t)]'}=\dfrac{\dfrac{\cos t(1-\cos t)-\sin^2 t}{(1-\cos t)^2}}{a(1-\cos t)}=\dfrac{-1}{a(1-\cos t)^2}$$

注　求出一阶导 $y'=\dfrac{\sin t}{1-\cos t}$ 之后,求二阶导时可以有两种理解方式:①因为 $\dfrac{\mathrm{d}^2y}{\mathrm{d}x^2}=\dfrac{\mathrm{d}y'}{\mathrm{d}x}$,所

以分子分母同除以 $\mathrm{d}t$ 得 $\dfrac{\mathrm{d}^2y}{\mathrm{d}x^2}=\dfrac{\mathrm{d}y'}{\mathrm{d}x}=\dfrac{\dfrac{\mathrm{d}y'}{\mathrm{d}t}}{\dfrac{\mathrm{d}x}{\mathrm{d}t}}$;②因为导函数 y' 是 t 的函数,所以求二阶导仍然是

参数方程求导问题,即已知 $\begin{cases}y'=\dfrac{\sin t}{1-\cos t}\\x=a(1-\cos t)\end{cases}$,求 $\dfrac{\mathrm{d}y'}{\mathrm{d}x}$;因此有 $\dfrac{\mathrm{d}^2y}{\mathrm{d}x^2}=\dfrac{\mathrm{d}y'}{\mathrm{d}x}=\dfrac{\dfrac{\mathrm{d}y'}{\mathrm{d}t}}{\dfrac{\mathrm{d}x}{\mathrm{d}t}}$。

例 8　一个截面为倒置等边三角形水槽,长为 20 米,若以每秒 3 立方米的速度将水注入,求在水高为 4 米时,水面上升的速度。

答案:$\dfrac{3\sqrt{3}}{160}$(m/s)

解析　注意到注入的水量等于水槽内容纳的水量,设注水时间变量为 t,水槽内的水面高度为 $h(t)$,则可以列出方程:

$$\dfrac{1}{2}\cdot\dfrac{h^2(t)}{\dfrac{\sqrt{3}}{2}}\cdot 20=3t\Leftrightarrow 20h^2(t)=3\sqrt{3}\,t$$

这是一个隐函数,可在函数两端对 t 求导,得

$$40\cdot h(t)\cdot h'(t)=3\sqrt{3}$$

当 $h(t)=4$ 时,代入上式得到,$h'(t)=\dfrac{3\sqrt{3}}{160}$(m/s)。

例 9　求 $y=\mathrm{e}^{2-2x}\cos x$ 的微分。

答案:$\mathrm{d}y=-\mathrm{e}^{2-2x}(2\cos x+\sin x)\mathrm{d}x$

解析　$\mathrm{d}y=[\mathrm{e}^{2-2x}\cos x]'\mathrm{d}x=[\mathrm{e}^{2-2x}(-2)\cos x+\mathrm{e}^{2-2x}(-\sin x)]\mathrm{d}x$
　　　　　$=-\mathrm{e}^{2-2x}(2\cos x+\sin x)\mathrm{d}x$

另解　利用微分的运算法则,得

$$\mathrm{d}y=\mathrm{d}(\mathrm{e}^{2-2x}\cos x)=\cos x\mathrm{d}(\mathrm{e}^{2-2x})+\mathrm{e}^{2-2x}\mathrm{d}(\cos x)$$
$$=\cos x\mathrm{e}^{2-2x}\mathrm{d}(2-2x)+\mathrm{e}^{2-2x}(-\sin x)\mathrm{d}x$$
$$=\cos x\mathrm{e}^{2-2x}(-2)\mathrm{d}x+\mathrm{e}^{2-2x}(-\sin x)\mathrm{d}x$$
$$=-\mathrm{e}^{2-2x}(2\cos x+\sin x)\mathrm{d}x$$

注 比较上面两种解法,第一种解法使用了一次微分公式,求导较为复杂,但是由于前面求导练习的题目较多,所以求导较为复杂不会成为解题的障碍。第二种解法利用了微分的四则运算法则及一阶微分形式的不变性,每次求导较为简单,但是步骤较多。

例10 证明:当$|x|$充分小,$a>0$,n是自然数,有近似公式

$$\sqrt[n]{a^n+x} \approx a+\frac{x}{na^{n-1}}$$

证 设$f(x)=\left(1+\dfrac{x}{a^n}\right)^{\frac{1}{n}}$,$f(0)=1$,$f'(x)=\dfrac{1}{n}\left(1+\dfrac{x}{a^n}\right)^{\frac{1}{n}-1}\cdot\dfrac{1}{a^n}$。当$|x|$充分小时,由公式

$f(x)\approx f(0)+f'(0)x$,有$\left(1+\dfrac{x}{a^n}\right)^{\frac{1}{n}}\approx 1+\dfrac{x}{na^n}$。于是,当$|x|$充分小时,有

$$\sqrt[n]{a^n+x}=a\left(1+\frac{x}{a^n}\right)^{\frac{1}{n}}\approx a\left(1+\frac{x}{na^n}\right)=a+\frac{x}{na^{n-1}}$$

四、习题与解答

1. 设质点作直线运动,路程与时间的关系为$s=5t^2+3$,求:(1)质点在$t\in[1,2]$内的平均速度。(2)质点在$t=1$时的瞬时速度。

解 (1) $\bar{v}=\dfrac{\Delta s}{\Delta t}=\dfrac{s(2)-s(1)}{2-1}=\dfrac{5\times 2^2+3-(5\times 1^2+3)}{1}=15$

(2) $s'=10t$,$s'|_{t=1}=10t|_{t=1}=10$

2. 设曲线方程为$y=2x^2-3$,求曲线在点$(1,-1)$处的切线斜率及切线方程。

解 $y'=4x$,$k=4\times 1=4$,$y+1=4(x-1)$,即$y=4x-5$。

3. 利用定义求函数$y=xe^x$在点$x=0$处的导数。

解 $y'|_{x=0}=\lim\limits_{\Delta x\to 0}\dfrac{\Delta y}{\Delta x}=\lim\limits_{\Delta x\to 0}\dfrac{f(0+\Delta x)-f(0)}{\Delta x}=\lim\limits_{\Delta x\to 0}\dfrac{\Delta x e^{\Delta x}-0}{\Delta x}=\lim\limits_{\Delta x\to 0}e^{\Delta x}=1$

4. 讨论下列函数在点$x=0$处的连续性和可导性。

(1) $f(x)=\sqrt{1-x}$

解 先讨论连续性。

因为$\lim\limits_{x\to 0}f(x)=\lim\limits_{x\to 0}\sqrt{1-x}=1=f(0)$,所以函数在点$x=0$处连续。

或:因为$\Delta y=f(0+\Delta x)-f(0)=\sqrt{1-\Delta x}-1$,则$\lim\limits_{\Delta x\to 0}\Delta y=\lim\limits_{\Delta x\to 0}(\sqrt{1-\Delta x}-1)=0$,所以函数在点$x=0$处连续。

再讨论可导性。

因为$\lim\limits_{\Delta x\to 0}\dfrac{\Delta y}{\Delta x}=\lim\limits_{\Delta x\to 0}\dfrac{\sqrt{1-\Delta x}-1}{\Delta x}=\lim\limits_{\Delta x\to 0}\dfrac{-\Delta x}{\Delta x(\sqrt{1-\Delta x}+1)}=\lim\limits_{\Delta x\to 0}\dfrac{-1}{\sqrt{1-\Delta x}+1}=-\dfrac{1}{2}$,所以$f(x)$在点

$x=0$处可导,且$f'(0)=-\dfrac{1}{2}$。

(2) $f(x)=\begin{cases}x\sin\dfrac{1}{x}, & x\neq 0 \\ 0, & x=0\end{cases}$

解 先讨论连续性。

因为 $\lim\limits_{x \to 0} f(x) = \lim\limits_{x \to 0} x\sin\dfrac{1}{x} = 0$，又 $f(0) = 0$，所以 $\lim\limits_{x \to 0} f(x) = f(0)$。因此 $f(x)$ 在点 $x = 0$ 处连续。

再讨论可导性。

$$\lim_{\Delta x \to 0}\frac{\Delta y}{\Delta x} = \lim_{\Delta x \to 0}\frac{f(0+\Delta x) - f(0)}{\Delta x} = \lim_{\Delta x \to 0}\frac{\Delta x\sin\dfrac{1}{\Delta x}}{\Delta x} = \lim_{\Delta x \to 0}\sin\frac{1}{\Delta x}$$

该极限不存在，故 $f(x)$ 在点 $x = 0$ 处不可导。

(3) $f(x) = \begin{cases} e^x, & x < 0 \\ x+1, & x \geqslant 0 \end{cases}$

解 先讨论连续性。

因为 $\lim\limits_{x \to 0^-} f(x) = \lim\limits_{x \to 0^-} e^x = 1$，$\lim\limits_{x \to 0^+} f(x) = \lim\limits_{x \to 0^+} x + 1 = 1$，所以 $\lim\limits_{x \to 0} f(x) = 1$，又因 $f(0) = 1$，故 $\lim\limits_{x \to 0} f(x) = f(0)$，因此 $f(x)$ 在点 $x = 0$ 处连续。

再讨论可导性。

因为 $\lim\limits_{\Delta x \to 0^-}\dfrac{\Delta y}{\Delta x} = \lim\limits_{\Delta x \to 0^-}\dfrac{f(0+\Delta x) - f(0)}{\Delta x} = \lim\limits_{\Delta x \to 0^-}\dfrac{e^{\Delta x} - 1}{\Delta x} = \lim\limits_{\Delta x \to 0^-}\dfrac{\Delta x}{\Delta x} = 1$，

$$\lim_{\Delta x \to 0^+}\frac{\Delta y}{\Delta x} = \lim_{\Delta x \to 0^+}\frac{f(0+\Delta x) - f(0)}{\Delta x} = \lim_{\Delta x \to 0^+}\frac{\Delta x + 1 - 1}{\Delta x} = \lim_{\Delta x \to 0^+}\frac{\Delta x}{\Delta x} = 1,$$

所以 $\lim\limits_{\Delta x \to 0}\dfrac{\Delta y}{\Delta x} = 1$。

因此 $f(x)$ 在 $x = 0$ 点可导，且 $f'(0) = 1$。

5. 已知函数 $f(x)$ 在点 x_0 可导，且 $\lim\limits_{x \to x_0}\dfrac{\Delta x}{f(x_0 + 5\Delta x) - f(x_0)} = 1$，求 $f'(x_0)$。

解 由 $\lim\limits_{x \to x_0}\dfrac{\Delta x}{f(x_0 + 5\Delta x) - f(x_0)} = 1$，得到 $\dfrac{1}{5}\lim\limits_{\Delta x \to 0}\dfrac{1}{\dfrac{f(x_0 + 5\Delta x) - f(x_0)}{5\Delta x}} = 1$，即 $\dfrac{1}{5} \cdot \dfrac{1}{f'(x_0)} = 1$，

故 $f'(x_0) = \dfrac{1}{5}$。

6. 设函数 $f(x)$ 在点 $x = 0$ 及点 $x = x_0$ 处可导，分别求出下列等式中的 A 与 $f'(0)$ 或 $f'(x_0)$ 的关系。

(1) $\lim\limits_{x \to 0}\dfrac{f(x)}{x} = A$，且 $f(0) = 0$

解 $A = \lim\limits_{x \to 0}\dfrac{f(x)}{x} = \lim\limits_{x \to 0}\dfrac{f(0+x) - f(0)}{x} = f'(0)$

(2) $\lim\limits_{x \to 0}\dfrac{f(0) - f(5x)}{x} = A$

解 $A = \lim\limits_{x \to 0}\dfrac{f(0) - f(5x)}{x} = -5\lim\limits_{x \to 0}\dfrac{f(5x) - f(0)}{5x} = -5f'(0)$

(3) $\lim\limits_{\Delta x \to 0}\dfrac{f(x_0 - 2\Delta x) - f(x_0)}{\Delta x} = A$

解　$A=-2\lim\limits_{\Delta x\to0}\dfrac{f(x_0-2\Delta x)-f(x_0)}{-2\Delta x}=-2f'(x_0)$

（4）$\lim\limits_{h\to0}\dfrac{6h}{f(x_0-3h)-f(x_0)}=A$

解　$A=-\lim\limits_{h\to0}\dfrac{2}{\dfrac{f(x_0-3h)-f(x_0)}{-3h}}=-\dfrac{2}{f'(x_0)}$

7. 求下列函数的导数。

（1）$y=x^4+\dfrac{5}{x^2}-6\sqrt{x}+x+100$

解　$y'=4x^3-\dfrac{10}{x^3}-\dfrac{3}{\sqrt{x}}+1$

（2）$y=\dfrac{a-b}{ax+b}$，（a 和 b 为常数）

解　$y'=\dfrac{0\cdot(ax+b)-(a-b)\cdot a}{(ax+b)^2}=\dfrac{ab-a^2}{(ax+b)^2}$

（3）$y=\log_2x-5\ln x+3\mathrm{e}^x-2^x$

解　$y'=\dfrac{1}{x\ln2}-\dfrac{5}{x}+3\mathrm{e}^x-2^x\ln2$

（4）$y=2\mathrm{e}^x\sin x$

解　$y'=2(\mathrm{e}^x\sin x+\mathrm{e}^x\cos x)=2\mathrm{e}^x(\sin x+\cos x)$

（5）$y=(1+\sqrt{x})\left(1-\dfrac{1}{\sqrt{x}}\right)$

解　$y'=\left(\sqrt{x}-\dfrac{1}{\sqrt{x}}\right)'=\dfrac{1}{2}x^{-\frac{1}{2}}-\left(-\dfrac{1}{2}\right)\cdot x^{-\frac{3}{2}}=\dfrac{1}{2}\left(\dfrac{1}{\sqrt{x}}+\dfrac{1}{\sqrt{x^3}}\right)$

（6）$y=\sin x\cos x+\tan x-\cot x$

解　$y'=\cos x\cdot\cos x+\sin x(-\sin x)+\sec^2x+\csc^2x$

$\qquad=\cos^2x-\sin^2x+\dfrac{1}{\cos^2x\sin^2x}=\cos2x+\dfrac{4}{\sin^22x}$

（7）$y=\dfrac{a^x}{x^2}+x\ln x$（$a>0$）

解　$y'=a^x\ln a\cdot\dfrac{1}{x^2}+a^x\cdot(-2)\dfrac{1}{x^3}+1\cdot\ln x+x\cdot\dfrac{1}{x}=\dfrac{a^x}{x^2}\left(\ln a-\dfrac{2}{x}\right)+\ln x+1$

（8）$y=\dfrac{\ln x}{\sqrt{x}}-\arcsin x$

解　$y'=\dfrac{1}{x}\cdot\dfrac{1}{\sqrt{x}}+\ln x\cdot\left(-\dfrac{1}{2}\dfrac{1}{\sqrt{x^3}}\right)-\dfrac{1}{\sqrt{1-x^2}}=\dfrac{1}{x\sqrt{x}}-\dfrac{1}{2\sqrt{x^3}}\ln x-\dfrac{1}{\sqrt{1-x^2}}$

或：$y'=\dfrac{\dfrac{1}{x}\sqrt{x}-\ln x\dfrac{1}{2\sqrt{x}}}{(\sqrt{x})^2}-\dfrac{1}{\sqrt{1-x^2}}=\dfrac{1}{x\sqrt{x}}-\dfrac{1}{2\sqrt{x^3}}\ln x-\dfrac{1}{\sqrt{1-x^2}}$

（9）$y = \dfrac{6}{x\sqrt{x}} + 5\arctan x$

解　$y' = 6\left(x^{-\frac{3}{2}}\right)' + 5\left(\arctan x\right)' = 6\left(-\dfrac{3}{2}\right)x^{-\frac{5}{2}} + \dfrac{5}{1+x^2} = \dfrac{5}{1+x^2} - \dfrac{9}{\sqrt{x^5}}$

（10）$y = x^5 \sec x \ln x$

解　$y' = \left(x^5\right)'\sec x\ln x + x^5\left(\sec x\right)'\ln x + x^5\sec x\left(\ln x\right)'$

$\qquad = 5x^4\sec x\ln x + x^5\sec x\tan x\ln x + x^5\sec x \cdot \dfrac{1}{x} = x^4\sec x\left(5\ln x + x\tan x\ln x + 1\right)$

（11）$y = \dfrac{x-1}{x^2+2x+3}$

解　$y' = \dfrac{\left(x-1\right)'\left(x^2+2x+3\right) - \left(x-1\right)\left(x^2+2x+3\right)'}{\left(x^2+2x+3\right)^2}$

$\qquad = \dfrac{x^2+2x+3 - \left(x-1\right)\left(2x+2\right)}{\left(x^2+2x+3\right)^2} = \dfrac{-x^2+2x+5}{\left(x^2+2x+3\right)^2}$

（12）$y = \dfrac{x\sin x}{1+\cos x}$

解　$y' = \dfrac{\left(x\sin x\right)'\left(1+\cos x\right) - x\sin x\left(1+\cos x\right)'}{\left(1+\cos x\right)^2}$

$\qquad = \dfrac{\left(\sin x + x\cos x\right)\left(1+\cos x\right) - x\sin x\left(-\sin x\right)}{\left(1+\cos x\right)^2} = \dfrac{x+\sin x}{1+\cos x}$

8. 求下列函数的导数值。

（1）已知 $f(x) = x\cos x + 2\tan x$，求 $f'(0)$，$f'(\pi)$。

解　$f'(x) = 1 \cdot \cos x + x\left(-\sin x\right) + 2\sec^2 x = \cos x - x\sin x + \dfrac{2}{\cos^2 x}$

代入得 $f'(0) = 3$，$f'(\pi) = 1$。

（2）已知 $y = 2\arctan x - x\sqrt{x}$，求 $y'\big|_{x=1}$。

解　$y' = \dfrac{2}{1+x^2} - \left(\sqrt{x} + \dfrac{x}{2\sqrt{x}}\right) = \dfrac{2}{1+x^2} - \dfrac{3}{2}\sqrt{x}$

$\qquad y'\big|_{x=1} = -\dfrac{1}{2}$

（3）已知 $f(x) = x(x-1)(x-2)\cdots(x-100)$，求 $f'(0)$，$f'(1)$。

解　$y' = x'(x-1)(x-2)\cdots(x-100) + x(x-1)'(x-2)\cdots(x-100) + \cdots +$

$\qquad x(x-1)(x-2)\cdots(x-100)'$

$\qquad = (x-1)(x-2)\cdots(x-100) + x(x-2)\cdots(x-100) + \cdots +$

$\qquad x(x-1)(x-2)\cdots(x-99)$

$\quad f'(0) = (-1)(-2)\cdots(-100) = 100!$，$f'(1) = 1 \cdot (-1)(-2)\cdots(-99) = -99!$

9. 求下列函数的导数。

（1）$y = \sin\ln(e^x+1)$

解　$y' = \cos\ln(e^x+1) \cdot \dfrac{1}{e^x+1} \cdot (e^x+1)' = \dfrac{e^x}{e^x+1}\cos\ln(e^x+1)$

（2）$y = \arctan \dfrac{1}{ax+b}$（$a$ 和 b 为常数）

解　$y' = \dfrac{1}{1+\left(\dfrac{1}{ax+b}\right)^2} \left(\dfrac{1}{ax+b}\right)' = \dfrac{(ax+b)^2}{(ax+b)^2+1} \cdot \dfrac{-a}{(ax+b)^2} = -\dfrac{a}{(ax+b)^2+1}$

（3）$y = \ln \dfrac{1+x}{1-x}$

解　$y' = \dfrac{1-x}{1+x} \cdot \left(\dfrac{1+x}{1-x}\right)' = \dfrac{1-x}{1+x} \cdot \dfrac{1 \cdot (1-x) - (1+x) \cdot (-1)}{(1-x)^2} = \dfrac{2}{1-x^2}$

（4）$y = \sqrt{x^2-1} + \dfrac{1}{\sqrt{x^2-1}}$

解　$y' = \dfrac{1}{2\sqrt{x^2-1}} \cdot 2x - \dfrac{1}{2}(x^2-1)^{-\frac{3}{2}} \cdot 2x = \dfrac{x}{\sqrt{x^2-1}} - \dfrac{x}{\sqrt{(x^2-1)^3}}$

（5）$y = \dfrac{1}{5}(3x^3+x-1)^5$

解　$y' = \dfrac{1}{5} \cdot 5(3x^3+x-1)^4 \cdot (9x^2+1) = (3x^3+x-1)^4 \cdot (9x^2+1)$

（6）$y = \left(\dfrac{x}{x+1}\right)^9$

解　$y' = 9\left(\dfrac{x}{x+1}\right)^8 \left(\dfrac{x}{x+1}\right)' = 9\left(\dfrac{x}{x+1}\right)^8 \dfrac{(x+1)-x}{(x+1)^2} = \dfrac{9x^8}{(x+1)^{10}}$

（7）$y = \ln(x+\mathrm{e}^{2x+1})$

解　$y' = \dfrac{1}{x+\mathrm{e}^{2x+1}} \cdot (1+\mathrm{e}^{2x+1} \cdot 2) = \dfrac{1+2\mathrm{e}^{2x+1}}{x+\mathrm{e}^{2x+1}}$

（8）$y = \dfrac{\mathrm{e}^t - \mathrm{e}^{-t}}{\mathrm{e}^t + \mathrm{e}^{-t}}$

解　$y' = \dfrac{[\mathrm{e}^t - \mathrm{e}^{-t} \cdot (-1)](\mathrm{e}^t + \mathrm{e}^{-t}) - (\mathrm{e}^t - \mathrm{e}^{-t})[\mathrm{e}^t + \mathrm{e}^{-t} \cdot (-1)]}{(\mathrm{e}^t + \mathrm{e}^{-t})^2} = \dfrac{4}{(\mathrm{e}^t + \mathrm{e}^{-t})^2}$

（9）$y = \sqrt{x + \sqrt{x + \sqrt{x}}}$

解　$y' = \dfrac{1}{2\sqrt{x+\sqrt{x+\sqrt{x}}}} (x+\sqrt{x+\sqrt{x}})'$

$= \dfrac{1}{2\sqrt{x+\sqrt{x+\sqrt{x}}}}\left[1 + \dfrac{1}{2\sqrt{x+\sqrt{x}}}(x+\sqrt{x})'\right]$

$= \dfrac{1}{2\sqrt{x+\sqrt{x+\sqrt{x}}}}\left[1 + \dfrac{1}{2\sqrt{x+\sqrt{x}}}\left(1 + \dfrac{1}{2\sqrt{x}}\right)\right]$

（10）$y = \ln\ln\ln x$

解　$y' = \dfrac{1}{\ln\ln x} \cdot (\ln\ln x)' = \dfrac{1}{\ln\ln x} \cdot \dfrac{1}{\ln x} \cdot (\ln x)' = \dfrac{1}{\ln\ln x} \cdot \dfrac{1}{\ln x} \cdot \dfrac{1}{x} = \dfrac{1}{x\ln x\ln\ln x}$

（11）$y = \ln(x + \sqrt{1+x^2})$

解　$y' = \dfrac{1}{x+\sqrt{1+x^2}}(x+\sqrt{1+x^2})' = \dfrac{1}{x+\sqrt{1+x^2}}\left(1+\dfrac{2x}{2\sqrt{1+x^2}}\right) = \dfrac{1}{\sqrt{1+x^2}}$

（12）$y = e^{\sin x^2}$

解　$y' = e^{\sin x^2} \cdot \cos x^2 \cdot 2x = 2x e^{\sin x^2}\cos x^2$

（13）$y = \sin^2\left(\dfrac{x^2+1}{2}\right)$

解　$y' = 2\sin\left(\dfrac{x^2+1}{2}\right)\cos\left(\dfrac{x^2+1}{2}\right)\cdot x = x\sin(x^2+1)$

（14）$y = \arcsin\sqrt{\dfrac{1-x}{1+x}}$

解　$y' = \dfrac{1}{\sqrt{1-\dfrac{1-x}{1+x}}}\left(\sqrt{\dfrac{1-x}{1+x}}\right)' = \dfrac{1}{\sqrt{\dfrac{2x}{1+x}}}\cdot\dfrac{1}{2\cdot\sqrt{\dfrac{1-x}{1+x}}}\left(\dfrac{1-x}{1+x}\right)'$

$\qquad = \dfrac{1}{\sqrt{\dfrac{2x}{1+x}}}\cdot\dfrac{1}{2\cdot\sqrt{\dfrac{1-x}{1+x}}}\cdot\dfrac{-(1+x)-(1-x)}{(1+x)^2} = -\dfrac{1}{(1+x)\sqrt{2x(1-x)}}$

10. 设 $f(x)$ 和 $g(x)$ 可导，求下列函数的导数。

（1）$y = e^{f(x)+g(x)} + 3$

解　$y' = e^{f(x)+g(x)}\left[f(x)+g(x)\right]' = \left[f'(x)+g'(x)\right]e^{f(x)+g(x)}$

（2）$y = f(x^2+2x+1) + g\left(\dfrac{1}{x}+x\right)$

解　$y' = f'(x^2+2x+1)\cdot(x^2+2x+1)' + g'\left(\dfrac{1}{x}+x\right)\cdot\left(\dfrac{1}{x}+x\right)'$

$\qquad = (2x+2)f'(x^2+2x+1) + \left(1-\dfrac{1}{x^2}\right)g'\left(\dfrac{1}{x}+x\right)$

（3）$y = f(\sin^2 x) + g(\cos^2 x)$

解　$y' = f'(\sin^2 x)\cdot 2\sin x\cos x + g'(\cos^2 x)\cdot 2\cos x\cdot(-\sin x)$

$\qquad = \sin 2x\left[f'(\sin^2 x) - g'(\cos^2 x)\right]$

（4）$y = f\left[g(2^x)\right]$

解　$y' = f'\left[g(2^x)\right]\cdot g'(2^x)\cdot(2^x)' = 2^x\ln 2 f'\left[g(2^x)\right]\cdot g'(2^x)$

（5）$y = f\left[g(x)\right]g\left[f(x)\right]$

解　$y' = (f\left[g(x)\right])'g\left[f(x)\right] + f\left[g(x)\right](g\left[f(x)\right])'$

$\qquad = f'\left[g(x)\right]g'(x)g\left[f(x)\right] + f\left[g(x)\right]g'\left[f(x)\right]f'(x)$

（6）$y = \sqrt{f^2(x)+g^2(x)}\quad(f^2(x)+g^2(x)\neq 0)$

解　$y' = \dfrac{1}{2\sqrt{f^2(x)+g^2(x)}}\left[2f(x)f'(x)+2g(x)g'(x)\right] = \dfrac{f(x)f'(x)+g(x)g'(x)}{\sqrt{f^2(x)+g^2(x)}}$

11. 证明可导奇函数的导函数为偶函数，可导偶函数的导函数为奇函数。

证　（1）设 $f(x)$ 为可导奇函数，则 $f(-x) = -f(x)$，两边对 x 求导，可得到 $f'(-x)\cdot(-1) =$

$-f'(x)$，即 $f'(-x)=f'(x)$，因此导函数 $f'(x)$ 为偶函数。

（2）设 $f(x)$ 为可导偶函数，则 $f(-x)=f(x)$，两边对 x 求导，则可以得到 $f'(-x)\cdot(-1)=f'(x)$，即 $f'(-x)=-f'(x)$，因此导函数 $f'(x)$ 为奇函数。

12. 利用对数求导法求下列函数的导数。

（1）$y=\left(\dfrac{x}{1+x}\right)^x$

解 两边取对数：$\ln y=x[\ln x-\ln(1+x)]$，两边对 x 求导，有

$\dfrac{1}{y}y'=\ln x-\ln(1+x)+x\left(\dfrac{1}{x}-\dfrac{1}{1+x}\right)$，　故 $y'=y\left(\ln\dfrac{x}{1+x}+\dfrac{1}{1+x}\right)$，　即 $y'=\left(\dfrac{x}{1+x}\right)^x\left(\ln\dfrac{x}{1+x}+\dfrac{1}{1+x}\right)$。

（2）$y=(2+x^2)^{\sin x}$

解 两边取对数：$\ln y=\sin x\ln(2+x^2)$，两边对 x 求导，有

$$\dfrac{1}{y}y'=\cos x\ln(2+x^2)+\sin x\cdot\dfrac{1}{2+x^2}\cdot 2x,$$

故 $\quad y'=y\left[\cos\ln(2+x^2)+\dfrac{2x\sin x}{2+x^2}\right]=(2+x^2)^{\sin x}\left[\cos\ln(2+x^2)+\dfrac{2x\sin x}{2+x^2}\right]$。

（3）$y=\sqrt{x\sin x\sqrt{1-\mathrm{e}^x}}$

解 两边取对数：$\ln y=\dfrac{1}{2}\left[\ln x+\ln\sin x+\dfrac{1}{2}\ln(1-\mathrm{e}^x)\right]$，两边对 x 求导，有

$$\dfrac{1}{y}y'=\dfrac{1}{2}\left[\dfrac{1}{x}+\dfrac{1}{\sin x}\cdot\cos x+\dfrac{1}{2}\cdot\dfrac{1}{1-\mathrm{e}^x}\cdot(-\mathrm{e}^x)\right],$$

故 $\quad y'=\dfrac{y}{2}\left[\dfrac{1}{x}+\cot x-\dfrac{\mathrm{e}^x}{2(1-\mathrm{e}^x)}\right]=\dfrac{1}{2}\sqrt{x\sin x\sqrt{1-\mathrm{e}^x}}\left[\dfrac{1}{x}+\cot x-\dfrac{\mathrm{e}^x}{2(1-\mathrm{e}^x)}\right]$。

（4）$y=\sqrt[3]{\dfrac{(3x-2)^2}{(5-2x)(x-1)}}$

解 两边取对数：$\ln y=\dfrac{1}{3}[2\ln(3x-2)-\ln(5-2x)-\ln(x-1)]$，两边对 x 求导，

有 $\dfrac{1}{y}y'=\dfrac{1}{3}\left[2\cdot\dfrac{1}{3x-2}\cdot 3-\dfrac{1}{5-2x}\cdot(-2)-\dfrac{1}{x-1}\right]$，故

$$y'=\dfrac{y}{3}\left(\dfrac{6}{3x-2}+\dfrac{2}{5-2x}-\dfrac{1}{x-1}\right)=\dfrac{1}{3}\left[\dfrac{(3x-2)^2}{(5-2x)(x-1)}\right]^{\frac{1}{3}}\left(\dfrac{6}{3x-2}+\dfrac{2}{5-2x}-\dfrac{1}{x-1}\right)。$$

13. 求下列方程所确定的隐函数 $y=f(x)$ 的导数。

（1）$y^2=9x+2$

解 两边对 x 求导：$2y\cdot y'=9$，故 $y'=\dfrac{9}{2y}$。

（2）$x^2+y^2-xy=1$

解 两边对 x 求导：$2x+2y\cdot y'-(1\cdot y+xy')=0$，故 $y'=\dfrac{y-2x}{2y-x}$。

（3）$xy=\mathrm{e}^{x+y}$

解 两边对 x 求导：$1\cdot y+xy'=\mathrm{e}^{x+y}(1+y')$，故 $y'=\dfrac{\mathrm{e}^{x+y}-y}{x-\mathrm{e}^{x+y}}$。

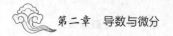

（4）$ye^x + \ln y = 3$

解 两边对 x 求导：$y'e^x + ye^x + \dfrac{1}{y}y' = 0$，故 $y' = -\dfrac{y^2 e^x}{ye^x + 1}$。

（5）$y^2 = \cos(xy)$

解 两边对 x 求导：$2yy' = -\sin(xy) \cdot (y + xy')$，故 $y' = -\dfrac{y\sin(xy)}{2y + x\sin(xy)}$。

（6）$\ln\sqrt{x^2 + y^2} = \arctan\dfrac{y}{x}$

解 两边对 x 求导：$\dfrac{1}{\sqrt{x^2 + y^2}}(\sqrt{x^2 + y^2})' = \dfrac{1}{1 + \left(\dfrac{y}{x}\right)^2} \cdot \left(\dfrac{y}{x}\right)'$，故

$$\dfrac{1}{\sqrt{x^2 + y^2}} \cdot \dfrac{2x + 2yy'}{2\sqrt{x^2 + y^2}} = \dfrac{1}{1 + \left(\dfrac{y}{x}\right)^2} \cdot \dfrac{y'x - y}{x^2}, \quad 即 \dfrac{x + yy'}{x^2 + y^2} = \dfrac{y'x - y}{x^2 + y^2}, \quad 解得 y' = \dfrac{x + y}{x - y}。$$

14. 求下列参数方程所确定函数的 $y = f(x)$ 的导数或导数值。

（1）$\begin{cases} x = a\cos^3\theta \\ y = a\sin^3\theta \end{cases}$

解 $\dfrac{\mathrm{d}y}{\mathrm{d}x} = \dfrac{\dfrac{\mathrm{d}y}{\mathrm{d}\theta}}{\dfrac{\mathrm{d}x}{\mathrm{d}\theta}} = \dfrac{a \cdot 3\sin^2\theta\cos\theta}{a \cdot 3\cos^2\theta(-\sin\theta)} = -\tan\theta$

（2）$\begin{cases} x = \ln(1 + t^2) \\ y = t - \arctan t \end{cases}$

解 $\dfrac{\mathrm{d}y}{\mathrm{d}x} = \dfrac{y_t'}{x_t'} = \dfrac{1 - \dfrac{1}{1 + t^2}}{\dfrac{1}{1 + t^2} \cdot 2t} = \dfrac{t}{2}$

（3）$\begin{cases} x = \sin t \\ y = \cos 2t \end{cases}$，求 $\dfrac{\mathrm{d}y}{\mathrm{d}x}\bigg|_{t = \frac{\pi}{4}}$。

解 $\dfrac{\mathrm{d}y}{\mathrm{d}x} = \dfrac{y_t'}{x_t'} = \dfrac{-\sin 2t \cdot 2}{\cos t} = -4\sin t$，$\dfrac{\mathrm{d}y}{\mathrm{d}x}\bigg|_{t = \frac{\pi}{4}} = -2\sqrt{2}$

（4）$\begin{cases} x = \dfrac{3at}{1 + t^2} \\ y = \dfrac{3at^2}{1 + t^2} \end{cases}$，求 $\dfrac{\mathrm{d}y}{\mathrm{d}x}\bigg|_{t = 2}$。

解 $\dfrac{\mathrm{d}y}{\mathrm{d}x} = \dfrac{y_t'}{x_t'} = \dfrac{\dfrac{6at(1 + t^2) - 3at^2 \cdot 2t}{(1 + t^2)^2}}{\dfrac{3a(1 + t^2) - 3at \cdot 2t}{(1 + t^2)^2}} = \dfrac{2t}{1 - t^2}$，$\dfrac{\mathrm{d}y}{\mathrm{d}x}\bigg|_{t = 2} = -\dfrac{4}{3}$

15. 求下列函数的二阶导数。

（1）$y=2xe^{-x}$

解　$y'=2e^{-x}-2xe^{-x},y''=-2e^{-x}-(2e^{-x}-2xe^{-x})=2e^{-x}(x-2)$

（2）$y=x^2+\sin2x$

解　$y'=2x+2\cos2x,y''=2+2(-\sin2x)\cdot2=2-4\sin2x$

（3）求由方程 $y=1+xe^y$ 确定的隐函数的 y''。

解　两边对 x 求导：$y'=1\cdot e^y+xe^yy'$，故 $y'=\dfrac{e^y}{1-xe^y}$，故

$$y''=\frac{e^yy'(1-xe^y)-e^y(-e^y-xe^yy')}{(1-xe^y)^2}=\frac{e^yy'+e^{2y}}{(2-y)^2}=\frac{(3-y)e^{2y}}{(2-y)^3}$$

（4）设 $\begin{cases}x=\sin t\\y=\cos2t\end{cases}$，求 $\dfrac{d^2y}{dx^2}$。

解　$\dfrac{dy}{dx}=\dfrac{y'_t}{x'_t}=\dfrac{-\sin2t\cdot2}{\cos t}=-4\sin t,\dfrac{d^2y}{dx^2}=\dfrac{dy'}{dx}=\dfrac{\dfrac{dy'}{dt}}{\dfrac{dx}{dt}}=\dfrac{-4\cos t}{\cos t}=-4$

16. 求下列函数的 n 阶导数。

（1）$y=a^x,a>0$

解　$y'=a^x\ln a,y''=a^x\ln a\cdot\ln a=a^x(\ln a)^2,\cdots,y^{(n)}=a^x(\ln a)^n$

（2）$y=\sin x$

解　$y'=\cos x=\sin\left(x+\dfrac{\pi}{2}\right),y''=\cos\left(x+\dfrac{\pi}{2}\right)=\sin\left(x+2\cdot\dfrac{\pi}{2}\right),\cdots,$

$$y^{(n)}=\sin\left(x+n\cdot\frac{\pi}{2}\right)$$

（3）$y=xe^x$

解　$y'=e^x+xe^x=(1+x)e^x,y''=e^x+(1+x)e^x=(2+x)e^x,\cdots,$

$$y^{(n)}=(n+x)e^x$$

（4）$y=\ln(1+x)$

解　$y'=\dfrac{1}{1+x}=(1+x)^{-1},y''=-(1+x)^{-2},y'''=2(1+x)^{-3},\cdots,$

$$y^{(n)}=(-1)^{n+1}(n-1)!(1+x)^{-n}$$

（5）$y=x^m$（m 为正整数）

解　当 $m\geq n$ 时，$y'=mx^{m-1},y''=m(m-1)x^{m-2},\cdots,$

$$y^{(n)}=m(m-1)\cdots(m-n+1)x^{m-n}$$

当 $m<n$ 时，$y'=mx^{m-1},y''=m(m-1)x^{m-2},\cdots,y^{(m)}=m!,$

$$y^{(m+1)}=\cdots=y^{(n)}=0$$

17. 求曲线的切线方程和法线方程。

（1）求曲线 $y=3x^2+x-2$ 在点 $(1,2)$ 处的切线方程和法线方程。

解　$y'=6x+1,k=6\times1+1=7$，所求切线方程：$y-2=7(x-1)$，即 $y=7x-5$；所求法线方程：

$y-2=-\dfrac{1}{7}(x-1)$，即 $y=-\dfrac{1}{7}x+\dfrac{15}{7}$。

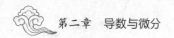

（2）求曲线 $x^{\frac{2}{3}}+y^{\frac{2}{3}}=a^{\frac{2}{3}}$ 在点 $\left(\dfrac{\sqrt{2}}{4}a,\dfrac{\sqrt{2}}{4}a\right)$ 处的切线方程和法线方程。

解 两边对 x 求导：$\dfrac{2}{3}x^{-\frac{1}{3}}+\dfrac{2}{3}y^{-\frac{1}{3}}y'=0$，代入点坐标 $\left(\dfrac{\sqrt{2}}{4}a,\dfrac{\sqrt{2}}{4}a\right)$，得到曲线在该点的

切线斜率为 $k=-1$。于是所求切线方程为 $y-\dfrac{\sqrt{2}}{4}a=-\left(x-\dfrac{\sqrt{2}}{4}a\right)$，即 $y=-x+\dfrac{\sqrt{2}}{2}a$。所求法

线方程为 $y-\dfrac{\sqrt{2}}{4}a=x-\dfrac{\sqrt{2}}{4}a$，即 $y=x$。

（3）求曲线 $\begin{cases}x=2^{t}\mathrm{e}\\ y=\mathrm{e}^{-t}\end{cases}$ 在 $t=0$ 处的切线方程和法线方程。

解 $\dfrac{\mathrm{d}y}{\mathrm{d}x}=\dfrac{y'_t}{x'_t}=\dfrac{-\mathrm{e}^{-t}}{\mathrm{e}\cdot 2^{t}\ln 2}=-\dfrac{1}{\mathrm{e}\cdot\ln 2}\left(\dfrac{\mathrm{e}}{2}\right)^{t}$，$k=y'\mid_{t=0}=-\dfrac{1}{\mathrm{e}\ln 2}$，当 $t=0$ 时，$x=\mathrm{e},y=1$，即曲线

过 $(\mathrm{e},1)$ 点，因此所求切线方程为 $y-1=-\dfrac{1}{\mathrm{e}\ln 2}(x-\mathrm{e})$，整理后得到 $y=-\dfrac{1}{\mathrm{e}\ln 2}x+\dfrac{1}{\ln 2}+1$，所求法

线方程为 $y-1=\mathrm{e}\ln 2(x-\mathrm{e})$，整理后得到 $y=\mathrm{e}\ln 2\cdot x+1-\mathrm{e}^{2}\ln 2$。

18. 设曲线 $y=2x^{2}+4x-3$ 在 M 点的切线斜率为 8，求 M 点的坐标。

解 $y'=4x+4$，由题意知，$8=4x+4$，故 $x=1$，代入曲线得 $y=3$，故 M 点的坐标为 $(1,3)$。

19. 物体的运动方程为 $s=\sqrt{t}-\sin 3t$，求该物体在任意时刻的瞬时速度。

解 $s'=\dfrac{1}{2\sqrt{t}}-3\cos 3t$。

20. 求下列函数的微分。

（1）$y=\dfrac{1}{x}-3\sqrt{x}$

解 $y'=-\dfrac{1}{x^{2}}-\dfrac{3}{2\sqrt{x}}$，$\mathrm{d}y=-\left(\dfrac{1}{x^{2}}+\dfrac{3}{2\sqrt{x}}\right)\mathrm{d}x$

（2）$y=2\sin(5x+6)$

解 $y'=2\cos(5x+6)\cdot 5=10\cos(5x+6)$，$\mathrm{d}y=10\cos(5x+6)\mathrm{d}x$

另解 $\mathrm{d}y=2\cos(5x+6)\mathrm{d}(5x+6)=10\cos(5x+6)\mathrm{d}x$

（3）$y=\ln(1+x\mathrm{e}^{-x})$

解 $y'=\dfrac{1}{1+x\mathrm{e}^{-x}}(\mathrm{e}^{-x}-x\mathrm{e}^{-x})=\dfrac{(1-x)\mathrm{e}^{-x}}{1+x\mathrm{e}^{-x}}$，$\mathrm{d}y=\dfrac{(1-x)\mathrm{e}^{-x}}{1+x\mathrm{e}^{-x}}\mathrm{d}x$

（4）$y=\dfrac{\sqrt{1+x}-\sqrt{1-x}}{\sqrt{1+x}+\sqrt{1-x}}$

解 $y=\dfrac{\left(\sqrt{1+x}-\sqrt{1-x}\right)^{2}}{\left(\sqrt{1+x}+\sqrt{1-x}\right)\left(\sqrt{1+x}-\sqrt{1-x}\right)}=\dfrac{1-\sqrt{1-x^{2}}}{x}$

$$y'=\dfrac{-\dfrac{1}{2\sqrt{1-x^{2}}}\cdot(-2x)\cdot x-(1-\sqrt{1-x^{2}})\cdot 1}{x^{2}}=\dfrac{1}{x^{2}}\left(\dfrac{1}{\sqrt{1-x^{2}}}-1\right)$$

$$dy = \frac{1}{x^2}\left(\frac{1}{\sqrt{1-x^2}} - 1\right)dx$$

（5）$y = \operatorname{arccot}(-x^2) - \csc(3-x)$

解 $y' = -\dfrac{1}{1+(-x^2)^2} \cdot (-2x) - \left[-\csc(3-x)\cot(3-x) \cdot (-1)\right]$

$$= \frac{2x}{1+x^4} - \csc(3-x)\cot(3-x)$$

$$dy = \left[\frac{2x}{1+x^4} - \csc(3-x)\cot(3-x)\right]dx$$

21. 求下列各式的近似值。

（1）$\sin 29°$

解 根据公式：$f(x_0+\Delta x) \approx f(x_0) + f'(x_0)\Delta x$

设 $f(x) = \sin x$，则 $\sin(x_0+\Delta x) \approx \sin(x_0) + \cos(x_0)\Delta x$，取 $x_0 = 30°$，$\Delta x = (-1)° = -\dfrac{\pi}{180}$，则 $\sin 29° \approx$

$\sin 30° + \cos 30° \cdot \left(-\dfrac{\pi}{180}\right) = \dfrac{1}{2} - \dfrac{\sqrt{3}\,\pi}{360} \approx 0.484\,9$

（2）$\sqrt[3]{1.02}$

解 根据公式：$f(x_0+\Delta x) \approx f(x_0) + f'(x_0)\Delta x$

设 $f(x) = x^{\frac{1}{3}}$，则 $(x_0+\Delta x)^{\frac{1}{3}} \approx x_0^{\frac{1}{3}} + \dfrac{1}{3}x_0^{-\frac{2}{3}} \cdot \Delta x$，取 $x_0 = 1$，$\Delta x = 0.02$，则 $\sqrt[3]{1.02} \approx \sqrt[3]{1} + \dfrac{1}{3} \cdot$

$1^{-\frac{2}{3}} \cdot 0.02 = \dfrac{151}{150} \approx 1.006\,67$

（3）$\ln 0.97$

解 根据公式：$f(x_0+\Delta x) \approx f(x_0) + f'(x_0)\Delta x$

设 $f(x) = \ln x$，则 $\ln(x_0+\Delta x) \approx \ln x_0 + \dfrac{1}{x_0}\Delta x$，取 $x_0 = 1$，$\Delta x = -0.03$，则 $\ln 0.97 \approx \ln 1 + 1 \times (-0.03) =$

-0.03

（4）$e^{1.01}$

解 根据公式：$f(x_0+\Delta x) \approx f(x_0) + f'(x_0)\Delta x$

设 $f(x) = e^x$，则 $e^{x_0+\Delta x} \approx e^{x_0} + e^{x_0}\Delta x$，取 $x_0 = 1$，$\Delta x = 0.01$，则 $e^{1.01} \approx e^1 + e^1 \cdot 0.01 = 1.01e$

22. 证明：球体体积的相对误差约等于球体直径相对误差的 3 倍。

证 球体的体积公式为：$V = \dfrac{1}{6}\pi D^3$，体积误差为 $\Delta V \approx V'(D)\Delta D = \dfrac{1}{2}\pi D^2 \Delta D$，于是有

$\left|\dfrac{\Delta V}{V}\right| \approx \dfrac{\left|\dfrac{1}{2}\pi D^2 \Delta D\right|}{\left|\dfrac{1}{6}\pi D^3\right|} = 3\dfrac{|\Delta D|}{|D|}$，即球体体积的相对误差约等于球体直径相对误差的

3 倍。

五、经典考题

1. 单项选择题

(1) 已知函数 $f(x)$ 在 x_0 点可导,且 $\lim\limits_{x \to x_0} \dfrac{\Delta x}{f(x_0+9\Delta x)-f(x_0)} = \dfrac{1}{3}$,则 $f'(x_0) = ($)

    A. $\dfrac{1}{3}$ B. 1   C. 0   D. 3

(2) 一元函数在点 x_0 处连续是该函数在点 x_0 处可导的(   )

    A. 充分条件   B. 既非充分条件又非必要条件

    C. 充分非必要条件   D. 必要非充分条件

(3) 曲线 $y=-2x^2+3x+1$ 上点 M 处的切线斜率为 11,则点 M 的坐标为(   )

    A. $(2,-1)$ B. $(2,11)$ C. $(-2,11)$ D. $(-2,-13)$

(4) 设 $f(x)=\ln\cos x$,则 $f''(x) = ($)

    A. $\sec^2 x$ B. $-\sec^2 x$ C. $\tan x$ D. $-\tan x$

(5) 求由方程 $y^5+2y-x-3x^7=0$ 所确定的隐函数在 $x=0$ 处的导数 $\left.\dfrac{\mathrm{d}y}{\mathrm{d}x}\right|_{x=0} = ($)

    A. $\dfrac{1}{2}$ B. $-\dfrac{1}{2}$ C. 0   D. $\dfrac{1}{3}$

(6) 直线 l 与 x 轴平行,且与曲线 $y=x-\mathrm{e}^x$ 相切,则切点的坐标为(   )

    A. $(1,1)$ B. $(-1,1)$ C. $(0,-1)$ D. $(0,1)$

(7) 设 $y=f(u)$,$u=\mathrm{e}^x$,则 $\dfrac{\mathrm{d}^2 y}{\mathrm{d}x^2} = ($)

    A. $\mathrm{e}^{2x}f''(u)$ B. $u^2 f''(u)+u f'(u)$

    C. $\mathrm{e}^x f''(u)$ D. $u f''(u)+u f(u)$

(8) 若 $f(x)$ 在 x_0 处可导,则 $|f(x)|$ 在 x_0 处(   )

    A. 必可导   B. 连续但不一定可导

    C. 不可导   D. 不连续

(9) 由方程 $\mathrm{e}^y=xy$ 所确定的隐函数 $y=f(x)$ 的导数 $y' = ($)

    A. $\dfrac{x}{\mathrm{e}^y-x}$ B. $\dfrac{y}{\mathrm{e}^x-x}$ C. $\dfrac{y}{\mathrm{e}^y-x}$ D. $\dfrac{y}{\mathrm{e}^x-y}$

(10) 已知 $y=x\ln x$,求 $y^{(10)} = ($)

    A. $-\dfrac{1}{x^9}$ B. x^{-9} C. $\dfrac{8!}{8^x}$ D. $\dfrac{8!}{x^9}$

(11) 已知 $f'(0)=1$,则 $\lim\limits_{x \to 0} \dfrac{f(x)-f(3x)}{\sin x} = ($)

    A. -3 B. -2 C. -1 D. 0

(12) 设函数 $f(x)=\begin{cases} 2x\sin\dfrac{1}{x}, & x\neq 0 \\ 0, & x=0 \end{cases}$,则 $f(x)$ 在 $x=0$ 点处(   )

    A. 无定义   B. 不连续   C. 可导   D. 连续但不可导

（13）$y=f(x)$ 可微，则 $\mathrm{d}y$（　　　　）

  A. 与 Δx 无关   B. 是 Δx 的线性函数

  C. 当 $\Delta x \to 0$ 时，是 Δx 的高阶无穷小   D. 当 $\Delta x \to 0$ 时，是 Δx 的等价无穷小

（14）设函数 $y=f(\tan x)$，则 $\mathrm{d}y=($　　　　$)$

  A. $f'(\tan x)\mathrm{d}x$ B. $\dfrac{1}{\sin^2 x}f'(\tan x)\mathrm{d}x$

  C. $\dfrac{1}{\cos^2 x}f'(\tan x)\mathrm{d}x$ D. $\sec x\tan x \cdot f'(\tan x)\mathrm{d}x$

（15）设函数 $y=f(\cos^2 x+\pi)$，则 $\mathrm{d}y=($　　　　$)$

  A. $2\cos x \cdot f'(\cos^2 x+\pi)\mathrm{d}x$ B. $-2\sin x \cdot f'(\cos^2 x+\pi)\mathrm{d}x$

  C. $2\sin x\cos x \cdot f'(\cos^2 x+\pi)\mathrm{d}x$ D. $-2\sin x\cos x \cdot f'(\cos^2 x+\pi)\mathrm{d}x$

2. 填空题

（1）设 $y=x\tan x-\cot x$，则 $y'=$ _____。

（2）设 $y=\dfrac{\arctan x}{x}$，则 $y'=$ _____。

（3）设 $y=\sqrt{\dfrac{1+x}{1-x}}$，则 $y'=$ _____。

（4）设 $y=x\ln(x+\sqrt{1+x^2})-\sqrt{1+x^2}$，则 $y'=$ _____。

（5）设 $y=\arcsin(\sin x)$，则 $y'=$ _____。

（6）设 $y=x^{\frac{1}{x}}$，则 $y'=$ _____。

（7）曲线 $x^2+3xy+y^2+1=0$ 在 $(2,-1)$ 点的斜率为 _____。

（8）曲线 $\sqrt[3]{2x}-\sqrt[8]{y}=1$ 在 $(4,1)$ 点的斜率为 _____。

（9）设 $\sqrt[g(x)]{f(x)}$ $(g(x)\neq 0, f(x)>0)$，则 $y'=$ _____。

（10）设 $y=\log_{f(x)}g(x)$ $(g(x)>0, f(x)>0)$，则 $y'=$ _____。

（11）设 $f''(x)$ 存在，则 $y=f(\mathrm{e}^{-x})$ 的二阶导数为 $y''=$ _____。

（12）设 $y=\dfrac{1}{x-a}$，则 $y^{(n)}=$ _____。

（13）设 $x=x^y-\mathrm{e}^{\cos y}$，则 $y'=$ _____。

（14）设 $y=\sqrt{x}\,\mathrm{e}^{\sin x}$，则 $\mathrm{d}y=$ _____。

（15）设 $y=\arcsin\sqrt{1-x^2}$，则 $\mathrm{d}y=$ _____。

3. 计算题

（1）设 $y=\arctan\dfrac{1+x}{1-x}$，求 $\mathrm{d}y$。

（2）设 $y=\ln\cos\dfrac{x}{2}-\cos x\ln\tan x$，求 y'。

（3）设 $y=\ln\dfrac{\sqrt{x^2+1}-x}{\sqrt{x^2+1}+x}$，求 y'。

（4）设 $y=x\sqrt{a^2-x^2}+a^2\arcsin\dfrac{x}{a}$，求 y'。

(5) 设 $y = \arctan \dfrac{a}{x} + \ln \sqrt{\dfrac{x-a}{x+a}}$，求 y'。

(6) 设 $y = \dfrac{x^2}{1-x} \cdot \dfrac{\sqrt[3]{3-x}}{\sqrt[3]{(3+x)^2}}$，求 y'。

(7) 设 $y = (x-a_1)^{\alpha_1}(x-a_2)^{\alpha_2}\cdots(x-a_n)^{\alpha_n}$，求 y'。

(8) 求方程 $e^{\sin y} + xy^2 = e$ 所确定的隐函数 $y = f(x)$ 的一阶导数。

(9) 设 $\begin{cases} x = \ln\sqrt{1+t^2} \\ y = \arctan t \end{cases}$，求 y' 和 y''。

4. 应用题

(1) 证明：在曲线 $y = x^2 + x + 1$ 上横坐标为 $x_1 = 0, x_2 = -1, x_3 = -\dfrac{1}{2}$ 的三点的法线交于一点。

(2) 证明：两条心形线 $\rho = a(1+\cos\theta)$ 与 $\rho = a(1-\cos\theta)$ 在交点处的切线垂直。

参 考 答 案

1. 单项选择题

(1) A　(2) D　(3) D　(4) B　(5) A　(6) C　(7) B　(8) B　(9) C　(10) D　(11) B　(12) D　(13) B　(14) C　(15) D

2. 填空题

(1) $y' = \tan x + x\sec^2 x + \csc^2 x$　(2) $y' = \dfrac{1}{x^2}\left(\dfrac{x}{1+x^2} - \arctan x\right)$

(3) $y' = \dfrac{1}{(1-x)\sqrt{1-x^2}}$　(4) $y' = \ln(x+\sqrt{1+x^2})$

(5) 分析：$y' = \dfrac{1}{\sqrt{1-\sin^2 x}} \cdot \cos x = \dfrac{\cos x}{|\cos x|}$

$$= \begin{cases} 1, & x \in \left(2k\pi - \dfrac{\pi}{2}, 2k\pi + \dfrac{\pi}{2}\right) \\ -1, & x \in \left((2k+1)\pi - \dfrac{\pi}{2}, (2k+1)\pi + \dfrac{\pi}{2}\right) \end{cases}, k \in \mathbf{Z}$$

(6) 分析：$y = e^{\frac{1}{x}\ln x}, y' = e^{\frac{1}{x}\ln x}\left(\dfrac{1}{x^2} - \dfrac{\ln x}{x^2}\right) = x^{\frac{1}{x}-2}(1-\ln x)$

(7) $y'\big|_{x=2, y=-1} = -\dfrac{1}{4}$

(8) $y'\big|_{x=4, y=1} = \dfrac{4}{3}$

(9) 分析：$y = e^{\frac{\ln f(x)}{g(x)}}$

$$y' = e^{\frac{\ln f(x)}{g(x)}}\left(\dfrac{\ln f(x)}{g(x)}\right)' = {}^{g(x)}\!\sqrt{f(x)}\left(\dfrac{f'(x)}{g(x)f(x)} - \dfrac{g'(x)\ln f(x)}{[g(x)]^2}\right)$$

(10) 分析：$y = \log_{f(x)} g(x) = \dfrac{\ln g(x)}{\ln f(x)}$

$$y' = \frac{\frac{g'(x)}{g(x)} \ln f(x) - \frac{f'(x)}{f(x)} \ln g(x)}{[\ln f(x)]^2} = \frac{g'(x)}{g(x) \ln f(x)} - \frac{f'(x) \ln g(x)}{f(x)[\ln f(x)]^2}$$

(11) $y'' = e^{-x} f'(e^{-x}) + e^{-2x} f''(e^{-x})$　　(12) $y^{(n)} = \dfrac{(-1)^n \cdot n!}{(x-a)^{n+1}}$

(13) 分析: $x = e^{\ln x^y} - e^{\cos y} = e^{y \ln x} - e^{\cos y}$, 两边对 x 求导, 可以得到

$$1 = e^{y \ln x} \cdot \left(y' \ln x + \frac{y}{x} \right) - e^{\cos y}(-\sin y) y' = x^y \cdot \left(y' \ln x + \frac{y}{x} \right) - e^{\cos y}(-\sin y) y', \text{整理}$$

得 $y' = \dfrac{1 - y x^{y-1}}{x^y \ln x + e^{\cos y} \sin y}$

(14) $dy = e^{\sin x} \left(\dfrac{1}{2\sqrt{x}} + \sqrt{x} \cos x \right) dx$

(15) 分析: $y' = \dfrac{1}{\sqrt{1 - (\sqrt{1-x^2})^2}} \cdot \dfrac{-2x}{2\sqrt{1-x^2}} = -\dfrac{x}{|x|} \cdot \dfrac{1}{\sqrt{1-x^2}}$

$$= \begin{cases} -\dfrac{1}{\sqrt{1-x^2}}, & 0 < x < 1 \\[3mm] \dfrac{1}{\sqrt{1-x^2}}, & -1 < x < 0 \end{cases}$$

于是, 有 $dy = y' dx = \begin{cases} -\dfrac{dx}{\sqrt{1-x^2}}, & 0 < x < 1 \\[3mm] \dfrac{dx}{\sqrt{1-x^2}}, & -1 < x < 0 \end{cases}$

3. 计算题

(1) $y' = \dfrac{1}{1 + \left(\dfrac{1+x}{1-x}\right)^2} \left(\dfrac{1+x}{1-x}\right)' = \dfrac{(1-x)^2}{(1-x)^2 + (1+x)^2} \cdot \dfrac{1 \cdot (1-x) - (1+x) \cdot (-1)}{(1-x)^2}$

$$= \dfrac{1}{1+x^2}$$

故 $dy = \dfrac{1}{1+x^2} dx$。

(2) $y' = \dfrac{1}{\cos \dfrac{x}{2}} \cdot \left(-\sin \dfrac{x}{2}\right) \cdot \dfrac{1}{2} + \sin x \ln \tan x - \cos x \cdot \dfrac{1}{\tan x} \cdot \dfrac{1}{\cos^2 x}$

$$= -\dfrac{1}{2} \tan \dfrac{x}{2} + \sin x \ln \tan x - \dfrac{1}{\sin x}$$

(3) $y = \ln \dfrac{\sqrt{x^2+1} - x}{\sqrt{x^2+1} + x} = \ln(\sqrt{x^2+1} - x) - \ln(\sqrt{x^2+1} + x)$

$$y' = \dfrac{1}{\sqrt{x^2+1} - x}\left(\dfrac{x}{\sqrt{x^2+1}} - 1\right) - \dfrac{1}{\sqrt{x^2+1} + x}\left(\dfrac{x}{\sqrt{x^2+1}} + 1\right) = -\dfrac{2}{\sqrt{x^2+1}}$$

(4) $y' = \sqrt{a^2-x^2} + \dfrac{-x^2}{\sqrt{a^2-x^2}} + a^2 \dfrac{1}{\sqrt{1-\left(\dfrac{x}{a}\right)^2}} \cdot \dfrac{1}{a} = 2\sqrt{a^2-x^2}$

(5) $y = \arctan \dfrac{a}{x} + \dfrac{1}{2}\left[\ln(x-a) - \ln(x+a)\right]$

$$y' = \dfrac{1}{1+\left(\dfrac{a}{x}\right)^2}\left(-\dfrac{a}{x^2}\right) + \dfrac{1}{2}\left(\dfrac{1}{x-a} - \dfrac{1}{x+a}\right) = \dfrac{2a^3}{x^4-a^4}$$

(6) 运用对数求导法,有 $\ln y = 2\ln x - \ln(1-x) + \dfrac{1}{3}\ln(3-x) - \dfrac{2}{3}\ln(3+x)$,两边对 x 求导,得

到 $\dfrac{y'}{y} = \dfrac{2}{x} + \dfrac{1}{1-x} - \dfrac{1}{3(3-x)} - \dfrac{2}{3(3+x)} = \dfrac{2-x}{x(1-x)} + \dfrac{x-9}{3(9-x^2)}$,即

$$y' = \dfrac{x^2}{1-x} \cdot \dfrac{\sqrt[3]{3-x}}{\sqrt[3]{(3+x)^2}}\left[\dfrac{2-x}{x(1-x)} + \dfrac{x-9}{3(9-x^2)}\right]。$$

(7) 运用对数求导法,$\ln y = \alpha_1\ln(x-a_1) + \alpha_2\ln(x-a_2) + \cdots + \alpha_n\ln(x-a_n)$,两边对 x 求导,得

到 $\dfrac{y'}{y} = \dfrac{\alpha_1}{x-a_1} + \dfrac{\alpha_2}{x-a_2} + \cdots + \dfrac{\alpha_n}{x-a_n} = \displaystyle\sum_{k=1}^{n}\dfrac{\alpha_k}{x-a_k}$,即

$$y = (x-a_1)^{\alpha_1}(x-a_2)^{\alpha_2}\cdots(x-a_n)^{\alpha_n} \cdot \sum_{k=1}^{n}\dfrac{\alpha_k}{x-a_k}。$$

(8) 两边对 x 求导,$e^{\sin y}\cos y \cdot y' + 1 \cdot y^2 + x \cdot 2y \cdot y' = 0$,故 $y' = \dfrac{-y^2}{\cos y \cdot e^{\sin y} + 2xy}$。

(9) $\dfrac{dy}{dx} = \dfrac{y'_t}{x'_t} = \dfrac{\dfrac{1}{1+t^2}}{\dfrac{1}{\sqrt{1+t^2}} \cdot \dfrac{1}{2\sqrt{1+t^2}} \cdot 2t} = \dfrac{1}{t}$,$\dfrac{d^2y}{dx^2} = \dfrac{dy'}{dx} = \dfrac{-\dfrac{1}{t^2}}{\dfrac{t}{1+t^2}} = -\dfrac{(1+t^2)}{t^3}$

4. 应用题

(1) 证　$y' = 2x+1$,曲线 $y = x^2+x+1$ 在三点的切线斜率为

$$y'\big|_{x_1=0} = 1, \quad y'\big|_{x_2=-1} = -1, \quad y'\big|_{x_3=-\frac{1}{2}} = 0$$

法线斜率为

$$\dfrac{-1}{y'\big|_{x_1=0}} = -1, \quad \dfrac{-1}{y'\big|_{x_2=-1}} = 1, \quad \dfrac{-1}{y'\big|_{x_3=-\frac{1}{2}}} = \infty$$

曲线上三点坐标是 $(0,1),(-1,1),\left(-\dfrac{1}{2},\dfrac{3}{4}\right)$,在曲线上通过这三点的三条法线方程为

$$\begin{cases} x+y-1=0 \\ x-y+2=0 \\ x+\dfrac{1}{2}=0 \end{cases}$$,注意到三条曲线均过 $\left(-\dfrac{1}{2},\dfrac{3}{2}\right)$ 点,故三条法线交于一点。

(2) 证　若曲线由极坐标方程 $\rho = f(\theta)$ 表示,则曲线可以化为以极角 θ 为参数的参数方

程 $\begin{cases} x = \rho\cos\theta = f(\theta)\cos\theta \\ y = \rho\sin\theta = f(\theta)\sin\theta \end{cases}$,其导数

$$\frac{\mathrm{d}y}{\mathrm{d}x}=\frac{\dfrac{\mathrm{d}}{\mathrm{d}\theta}(f(\theta)\sin\theta)}{\dfrac{\mathrm{d}}{\mathrm{d}\theta}(f(\theta)\cos\theta)}=\frac{f'(\theta)\sin\theta+f(\theta)\cos\theta}{f'(\theta)\cos\theta-f(\theta)\sin\theta}$$

不难求得,这两条心形线有两个交点$\left(a,\pm\dfrac{\pi}{2}\right)$,而两条心形线的方程为

$$\rho_1=f_1(\theta)=a(1+\cos\theta),\quad \rho_2=f_2(\theta)=a(1-\cos\theta)$$

设两条心形线在$\left(a,\pm\dfrac{\pi}{2}\right)$的斜率分别是$k_1$和$k_2$,由以上的参数方程下曲线的导数公式有

$$k_1=\frac{\mathrm{d}y}{\mathrm{d}x}\bigg|_{\theta=\pm\frac{\pi}{2}}=\frac{f_1'(\theta)\sin\theta+f_1(\theta)\cos\theta}{f_1'(\theta)\cos\theta-f_1(\theta)\sin\theta}\bigg|_{\theta=\pm\frac{\pi}{2}}$$

$$=\frac{-a\sin\theta\sin\theta+a(1+\cos\theta)\cos\theta}{-a\sin\theta\cos\theta-a(1+\cos\theta)\sin\theta}\bigg|_{\theta=\pm\frac{\pi}{2}}=\pm 1$$

$$k_2=\frac{\mathrm{d}y}{\mathrm{d}x}\bigg|_{\theta=\pm\frac{\pi}{2}}=\frac{f_2'(\theta)\sin\theta+f_2(\theta)\cos\theta}{f_2'(\theta)\cos\theta-f_2(\theta)\sin\theta}\bigg|_{\theta=\pm\frac{\pi}{2}}$$

$$=\frac{a\sin\theta\sin\theta+a(1-\cos\theta)\cos\theta}{a\sin\theta\cos\theta-a(1-\cos\theta)\sin\theta}\bigg|_{\theta=\pm\frac{\pi}{2}}=\mp 1$$

于是,两条切线的斜率之乘积为$k_1\cdot k_2=(\pm 1)(\mp 1)=-1$,即两条心脏线在每个交点处的两条切线均垂直。

（宋乃琪　林　薇）

第三章
导数的应用

一、内容提要

本章首先介绍了微分中值定理,它是利用导数研究函数的理论基础,接着介绍了洛必达法则,利用它可以求未定式的极限,最后讲述了利用导数研究函数的性态及函数图形描绘的方法。

1. 中值定理

(1) 罗尔定理:若函数 $y=f(x)$ 满足下列条件:

1) 在闭区间 $[a,b]$ 上连续;

2) 在开区间 (a,b) 内可导;

3) $f(a)=f(b)$。

则在 (a,b) 内至少存在一点 ξ,使得 $f'(\xi)=0$。

(2) 拉格朗日中值定理:若函数 $y=f(x)$ 满足下列条件:

1) 在闭区间 $[a,b]$ 上连续;

2) 在开区间 (a,b) 内可导。

则在 (a,b) 内至少存在一点 ξ,使得

$$\frac{f(b)-f(a)}{b-a}=f'(\xi)$$

(3) 柯西中值定理:设函数 $f(x)$、$g(x)$ 满足下列条件:

1) 在闭区间 $[a,b]$ 上连续;

2) 在开区间 (a,b) 内可导;

3) 在 (a,b) 内任一点 $g'(x)\neq0$。

则在 (a,b) 内至少存在一点 ξ,使得

$$\frac{f(b)-f(a)}{g(b)-g(a)}=\frac{f'(\xi)}{g'(\xi)}$$

2. 利用洛必达法则求极限

(1) 未定式的概念:若当 $x\rightarrow a$(或 $x\rightarrow\infty$)时,函数 $f(x)$ 和 $g(x)$ 同时趋于零(或同时趋于无穷大),则函数极限 $\lim\limits_{\substack{x\rightarrow a \\ (x\rightarrow\infty)}}\dfrac{f(x)}{g(x)}$ 可能存在,也可能不存在,通常把这种极限式叫作未定式,并简记为 $\dfrac{0}{0}$ 型$\left(\text{或}\dfrac{\infty}{\infty}\text{型}\right)$。

(2) 洛必达法则:若 $f(x)$ 和 $g(x)$ 满足下列条件:

1) 在 x_0 的某去心邻域 (x_0-h,x_0+h) 内可导,且 $g'(x)\neq0$;

2) $\lim\limits_{x\rightarrow x_0}f(x)=0,\lim\limits_{x\rightarrow x_0}g(x)=0$;

3) $\lim\limits_{x\rightarrow x_0}\dfrac{f'(x)}{g'(x)}$ 存在或为 ∞。

则有

$$\lim_{x \to x_0} \frac{f(x)}{g(x)} = \lim_{x \to x_0} \frac{f'(x)}{g'(x)}$$

注 $x \to \infty$ 时也成立。洛必达法则只适用于 $\dfrac{0}{0}$ 型和 $\dfrac{\infty}{\infty}$ 型两种未定式,其他类型的未定式(如 $0 \cdot \infty$、$\infty - \infty$、1^{∞}、∞^{0}、0^{0})都必须转化为 $\dfrac{0}{0}$ 型或 $\dfrac{\infty}{\infty}$ 型后,再使用洛必达法则。

3. 应用导数判别函数的单调性 设函数 $y = f(x)$ 在 (a,b) 内可导,若在该区间内恒有 $f'(x) > 0$(或 $f'(x) < 0$),则函数 $y = f(x)$ 在 (a,b) 内单调递增(或单调递减)。

4. 函数的驻点、极值、最值

(1) 若 $f'(x_0) = 0$,则 x_0 为**驻点**。

(2) 对驻点 x_0:

1) 在 x_0 的两侧邻近自左到右 $f'(x)$ 的符号不变时,则 $f(x_0)$ 不是极值;若 $f'(x)$ 的符号由正变负时,则 $f(x_0)$ 是极大值;若 $f'(x)$ 的符号由负变正时,则 $f(x_0)$ 是极小值。(此判别法也适用于 $f'(x)$ 不存在的点。)

2) 若 $f''(x_0) > 0(f''(x_0) < 0)$,则 $f(x_0)$ 是极小(大)值。(此判别法不适用于 $f'(x)$ 不存在的点。)

3) 设 $x_1, x_2, \cdots, x_n$ 是 $f(x)$ 的可能极值点(即驻点或使 $f'(x)$ 不存在的点),a, b 为边界点,则 $f(a), f(x_1) \cdots, f(x_n), f(b)$ 中最大(小)者为 $f(x)$ 在 $[a,b]$ 上的最大(小)值。

5. 曲线的凹凸性与拐点

(1) 设函数 $y = f(x)$ 在 (a,b) 上具有二阶导数

1) 若在 (a,b) 内,总有 $f''(x) > 0$,则曲线 $y = f(x)$ 在 (a,b) 上是**凹的**;

2) 若在 (a,b) 内,总有 $f''(x) < 0$,则曲线 $y = f(x)$ 在 (a,b) 上是**凸的**。

(2) 若 $f''(x_0) = 0$,而 $f''(x_0)$ 在 x_0 的两侧邻近异号,则 $(x_0, f(x_0))$ 是曲线 $y = f(x)$ 的**拐点**。(此判别法也适用于 $f''(x)$ 不存在的点。)

6. 曲线的渐近线 假设曲线有渐近线,利用极限运算确定 $y = f(x)$ 的渐近线。

(1) 若 $\lim\limits_{x \to \infty} f(x) = C$(或 $\lim\limits_{x \to -\infty} f(x) = C$,$\lim\limits_{x \to +\infty} f(x) = C$),则直线 $y = C$ 是曲线 $y = f(x)$ 的一条**水平渐近线**;

(2) 若 $\lim\limits_{x \to x_0} f(x) = \infty$(或 $\lim\limits_{x \to x_0^+} f(x) = \infty$,$\lim\limits_{x \to x_0^-} f(x) = \infty$),则直线 $x = x_0$ 是曲线 $y = f(x)$ 的一条**垂直渐近线**;

(3) 若 $\lim\limits_{x \to \pm\infty} \dfrac{f(x)}{x} = a$ 且 $\lim\limits_{x \to \pm\infty} [f(x) - ax] = b$,则直线 $y = ax + b$ 是曲线 $y = f(x)$ 的一条**斜渐近线**。

7. 描绘函数的图形 首先计算 $f'(x)$,$f''(x)$,并求出使 $f'(x)$,$f''(x)$ 为零及导数不存在的点,用这些点将定义域分为若干个小区间;然后利用 $f'(x)$,$f''(x)$ 讨论函数的单调性、凹凸性、极值、拐点等性态并求渐近线;再注意到函数的奇偶性等其他特性,与某些特殊点的位置,就可以较准确地描绘出函数的图形。

二、重难点解析

1. 在学习罗尔定理、拉格朗日中值定理与柯西中值定理时,要注意它们的条件、几何意

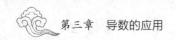

义及之间的关系。三个定理都是存在性定理,只肯定了有 ξ 存在,而未指出如何确定该点。

2. 学习洛必达法则时应注意:洛必达法则仅仅用于 $\dfrac{0}{0}$ 型和 $\dfrac{\infty}{\infty}$ 型未定式;如果 $\lim\limits_{x\to x_0}\dfrac{f'(x)}{g'(x)}$ 不存在(不包括 ∞),不能断言 $\lim\limits_{x\to x_0}\dfrac{f(x)}{g(x)}$ 不存在,只能说明洛必达法则在此失效,应采用其他方法求极限;对于其他类型的未定式(如 $0\cdot\infty$、$\infty-\infty$、1^{∞}、∞^{0}、0^{0})都必须转化为 $\dfrac{0}{0}$ 型或 $\dfrac{\infty}{\infty}$ 型后,方可使用洛必达法则求极限。

思路:$0\cdot\infty$ 型转化为 $\dfrac{1}{\infty}\cdot\infty$ 或 $0\cdot\dfrac{1}{0}$ 型;

$\infty-\infty$ 型可通分转化为 $\dfrac{0}{0}$ 型或 $\dfrac{\infty}{\infty}$ 型;

0^{0} 型转化为 $e^{\ln 0^{0}}=e^{0\ln 0}$,其中指数是 $0\cdot\infty$ 型;

1^{∞} 型转化为 $e^{\ln 1^{\infty}}=e^{\infty\ln 1}$,其中指数是 $\infty\cdot 0$ 型;

∞^{0} 型转化为 $e^{\ln\infty^{0}}=e^{0\ln\infty}$,其中指数是 $0\cdot\infty$ 型。

洛必达法则求极限与其他方法求极限在同一题中可交替使用;有时要连续用几次洛必达法则,每一次都要验证是否为 $\dfrac{0}{0}$ 型或 $\dfrac{\infty}{\infty}$ 型。

3. 学习函数单调性时应注意:如果 $f'(x)$ 在某个区间内只在有限个点处等于零,在其他点处均为正(或负)时,则函数 $f(x)$ 在该区间内仍为单调增加(或单调减少)。

4. 学习函数极值时应注意:函数极值是一个局部性的概念,它只与极值点邻近的所有点的函数值相比较是大还是小,并不是说它在定义区间上是最大或最小。因此一个函数可能存在其极大值小于极小值的情形;极值点与极值是两个不同的概念。另外,极值点可能在不可导点产生,求极值时这样的点不能忽略。

5. 学习函数最值时应注意:极值是函数在一点附近函数值的大小比较,是局部性质,而最大值、最小值是在区间 $[a,b]$ 上的性质。最值在区间的端点和极值点上产生,所以确定最大值、最小值的步骤为:首先求出定义域;然后求出 $f'(x)$,求出可疑点;最后比较可疑点的函数值与边界点的函数值。

6. 学习凹凸性时应注意:用一阶导数确定单调区间,用二阶导数确定凹凸区间及拐点,确定拐点时不但需要 $f''(x)=0$,而且还要在该点的左右变号;拐点一定是坐标形式的点 $(x,f(x))$,拐点的表达与极值点的表达不同,拐点是曲线上的某一点。另外 $f''(x)$ 不存在的点也有可能是拐点,求拐点时这样的点也要考虑。

7. 学习渐近线时应注意:函数的图形不一定有渐近线;渐近线分为水平渐近线、垂直渐近线和斜渐近线。

8. 求具体问题最值的步骤:

(1) 分析问题,明确求哪个量的最值;

(2) 写出函数关系式,确定函数关系常常要用几何、物理、化学、经济学等方面的知识,函数关系式列出后,根据具体情况要写出定义域;

(3) 由函数式求驻点,并判断是否为极值点;

(4) 根据具体问题,判断该极值点是否为最值点。一般如果函数在 $[a,b]$ 连续,且只求

得唯一的极值点,则这个极值点就是所求的最值点;

(5)最后写出最值。

三、例题解析

例 1　不求出函数 $f(x)=(x-1)(x-2)(x-3)(x-4)$ 的导数,判断方程 $f'(x)=0$ 有几个实根,并指出它们所在的区间。

答案: $f'(x)=0$ 有三个实根,分别在 $(1,2),(2,3)$ 及 $(3,4)$ 区间内。

解析　因为 $f(1)=f(2)=f(3)=f(4)=0$,且 $f(x)$ 是多项式,于是 $f(x)$ 在 $[1,2],[2,3]$ 及 $[3,4]$ 上满足罗尔定理的条件,所以 $\exists\xi_1\in(1,2)$,使 $f'(\xi_1)=0$;$\exists\xi_2\in(2,3)$,使 $f'(\xi_2)=0$;$\exists\xi_3\in(3,4)$,使 $f'(\xi_3)=0$。因为 $f'(x)$ 是三次多项式,方程 $f'(x)=0$ 最多有三个实根,所以 $f'(x)=0$ 有三个实根,分别在 $(1,2),(2,3)$ 及 $(3,4)$ 区间内。

例 2　求 $\lim\limits_{x\to 1}\dfrac{x^3-3x+2}{x^3-x^2-x+1}$

答案: $\dfrac{3}{2}$

解析　这是 $\dfrac{0}{0}$ 型未定式,用洛必达法则,化简后仍是 $\dfrac{0}{0}$ 型未定式,再用洛必达法则,于是

$$\lim_{x\to 1}\frac{x^3-3x+2}{x^3-x^2-x+1}=\lim_{x\to 1}\frac{3x^2-3}{3x^2-2x-1}=\lim_{x\to 1}\frac{6x}{6x-2}=\frac{3}{2}$$

注意:上式 $\lim\limits_{x\to 1}\dfrac{6x}{6x-2}$ 已不是未定式,不可再用洛必达法则。

例 3　求 $\lim\limits_{x\to 1}(1-x)\tan\dfrac{\pi x}{2}$

答案: $\dfrac{2}{\pi}$

解析　这是 $0\cdot\infty$ 型未定式,把 0 因子移到分母,化为 $\dfrac{\infty}{\infty}$ 型未定式,得

$$\lim_{x\to 1}(1-x)\tan\frac{\pi x}{2}=\lim_{x\to 1}\frac{\tan\dfrac{\pi x}{2}}{(1-x)^{-1}}=\lim_{x\to 1}\frac{\dfrac{1}{\cos^2\dfrac{\pi x}{2}}\cdot\dfrac{\pi}{2}}{(1-x)^{-2}}=\frac{\pi}{2}\lim_{x\to 1}\frac{(1-x)^2}{\cos^2\dfrac{\pi x}{2}}$$

$$=\frac{\pi}{2}\lim_{x\to 1}\frac{-2(1-x)}{-2\cos\dfrac{\pi x}{2}\cdot\sin\dfrac{\pi x}{2}\cdot\dfrac{\pi}{2}}=2\lim_{x\to 1}\frac{1-x}{\sin\pi x}=2\lim_{x\to 1}\frac{-1}{\pi\cos\pi x}=\frac{2}{\pi}$$

例 4　求 $\lim\limits_{x\to\frac{\pi}{2}}(\sec x-\tan x)$

答案: 0

解析　这是 $\infty-\infty$ 型未定式,但通分后就化成了 $\dfrac{0}{0}$ 型未定式,于是

$$\lim_{x \to \frac{\pi}{2}} (\sec x - \tan x) = \lim_{x \to \frac{\pi}{2}} \frac{1 - \sin x}{\cos x} = \lim_{x \to \frac{\pi}{2}} \frac{-\cos x}{-\sin x} = 0$$

例 5 验证 $\lim\limits_{x \to \infty} \dfrac{3x - \sin x}{2x + \sin x}$ 存在,但不能用洛必达法则计算。

答案:$\dfrac{3}{2}$

解析 这是 $\dfrac{\infty}{\infty}$ 型未定式,但如果我们不验证所有需满足的条件,使用洛必达法则得

$$\lim_{x \to \infty} \frac{3x - \sin x}{2x + \sin x} = \lim_{x \to \infty} \frac{3 - \cos x}{2 + \cos x} \text{(极限不存在)}$$

而实际上 $\lim\limits_{x \to \infty} \dfrac{3x - \sin x}{2x + \sin x} = \lim\limits_{x \to \infty} \dfrac{3 - \dfrac{\sin x}{x}}{2 + \dfrac{\sin x}{x}} = \dfrac{3}{2}$,这里不能使用洛必达法则的原因是所要求的条件 3)

$\lim\limits_{x \to x_0} \dfrac{f'(x)}{g'(x)}$ 存在或为 ∞ 没有得到满足。

例 6 函数 $f(x) = x^2 - \dfrac{54}{x}$ 在区间 $(-\infty, 0)$ 上是否存在最大值或最小值,若有,求出最值,说明是最大值还是最小值。

答案:最小值 $f(-3) = 27$,在 $(-\infty, 0)$ 内 $f(x)$ 无最大值。

解析 所给区间为开区间,若函数在所给区间内可导且只有一个驻点 x_0,并且这个驻点 x_0 也是 $f(x)$ 的极值点,那么当 $f(x_0)$ 是极大值时,$f(x_0)$ 就是 $f(x)$ 在该区间上的最大值,当 $f(x_0)$ 是极小值时,$f(x_0)$ 就是 $f(x)$ 在该区间上的最小值。

$f'(x) = 2x + \dfrac{54}{x^2} = \dfrac{2(x^3 + 27)}{x^2}$,$f(x)$ 在 $(-\infty, 0)$ 内可导,令 $f'(x) = 0$,得唯一驻点 $x = -3$。

当 $x < -3$ 时,$f'(x) < 0$,$f(x)$ 在 $(-\infty, -3)$ 内单调递减;

当 $-3 < x < 0$ 时,$f'(x) > 0$,$f(x)$ 在 $(-3, 0)$ 内单调递增。

所以,$f(x)$ 在 $x = -3$ 处取得唯一极小值,也是最小值,最小值为 $f(-3) = 27$,在 $(-\infty, 0)$ 内 $f(x)$ 无最大值。

例 7 肌内或皮下注射后,血中药物的浓度 y 与时间 t 的关系是 $y = \dfrac{A}{a_2 - a_1}(e^{-a_1 t} - e^{-a_2 t})$ $(A > 0, 0 < a_1 < a_2)$。问 t 为何值时,血中的药物浓度达到最大值。

答案:当 $t = \dfrac{\ln a_1 - \ln a_2}{a_1 - a_2}$ 时,血中的药物浓度达到最大值。

解析 $y' = \dfrac{A}{a_2 - a_1}(-a_1 e^{-a_1 t} + a_2 e^{-a_2 t})$

令 $y' = 0$,得唯一驻点(也是最大值点)

$$t = \frac{\ln a_1 - \ln a_2}{a_1 - a_2}$$

故当 $t = \dfrac{\ln a_1 - \ln a_2}{a_1 - a_2}$ 时,血中的药物浓度达到最大值。

例 8 试确定 $y = k(x^2-3)^2$ 中 k 的值,使曲线在拐点处的法线通过原点。

答案: $k = \pm\dfrac{\sqrt{2}}{8}$

解析 利用导数可求得含有 k 的拐点的点坐标,根据一阶导数的几何意义,可得曲线在拐点处切线的斜率(含有 k),从而得拐点处法线的斜率,由点斜式方程写出法线方程,将原点坐标代入,便可求出 k 值。

$$y' = 2k(x^2-3) \times 2x = 4kx^3 - 12kx$$

$$y'' = 12kx^2 - 12k = 12k(x-1)(x+1)$$

令 $y''=0$,得 $x_1 = 1, x_2 = -1$,由于 y'' 在 $x = \pm1$ 两侧变号,故点 $(-1, 4k)$,$(1, 4k)$ 都是拐点,而 $y'(-1) = 8k, y'(1) = -8k$。

过点 $(-1, 4k)$ 的法线方程为 $\qquad y - 4k = \dfrac{-1}{8k}(x+1)$

过点 $(1, 4k)$ 的法线方程为 $\qquad y - 4k = \dfrac{1}{8k}(x-1)$

若该法线过原点 $(0,0)$,则点 $(0,0)$ 满足上述方程,即 $-4k = \dfrac{-1}{8k}$。

解得 $k^2 = \dfrac{1}{32}$,即 $k = \pm\dfrac{\sqrt{2}}{8}$。

例 9 求曲线 $y = x + \dfrac{x}{x^2-1}$ 的渐近线。

答案: $x=1$ 与 $x=-1$ 是两条垂直渐近线;

$\qquad y=x$ 是曲线的一条斜渐近线。

解析 函数的定义域为 $(-\infty, -1) \cup (-1, 1) \cup (1, +\infty)$

因为 $\lim\limits_{x \to \infty} y = \infty$,所以没有水平渐近线;

由于 $\lim\limits_{x \to 1} y = \infty$,$\lim\limits_{x \to -1} y = \infty$

故 $x=1$ 与 $x=-1$ 是曲线的两条垂直渐近线。

由 $a = \lim\limits_{x \to \infty} \dfrac{f(x)}{x} = \lim\limits_{x \to \infty}\left(1 + \dfrac{1}{x^2-1}\right) = \lim\limits_{x \to \infty}\dfrac{x^2}{x^2-1} = 1$

$b = \lim\limits_{x \to \infty}[f(x) - ax] = \lim\limits_{x \to \infty}\dfrac{x}{x^2-1} = 0$

所以直线 $y=x$ 是曲线的一条斜渐近线。

例 10 作函数 $y = \dfrac{x-1}{(x-2)^2} - 1$ 的图形。

答案: 所求图形如图 3-1 所示。

解析 函数定义域为 $(-\infty, 2) \cup (2, +\infty)$

$y' = \dfrac{-x}{(x-2)^3}$,令 $y'=0$,得 $x=0$

$y'' = \dfrac{2(x+1)}{(x-2)^4}$,令 $y''=0$,得 $x=-1$,列表讨论如下。

x	$(-\infty,-1)$	-1	$(-1,0)$	0	$(0,2)$	2	$(2,+\infty)$
y'	$-$	$-$	$-$	0	$+$	不存在	$-$
y''	$-$	0	$+$	$+$	$+$	不存在	$+$
y	$\downarrow\cap$	拐点 $\left(-1,-\dfrac{11}{9}\right)$	$\downarrow\cup$	极小值 $-\dfrac{5}{4}$	$\uparrow\cup$	间断点	$\downarrow\cup$

因为 $\lim\limits_{x\to2}y=+\infty$，$\lim\limits_{x\to\infty}y=-1$，所以 $x=2$ 为垂直渐近线，$y=-1$ 为水平渐近线。

补充点 $\left(0,-\dfrac{5}{4}\right)$，$(1,-1)$，$\left(\dfrac{3}{2},1\right)$，$(3,1)$，描点作图，如图 3-1 所示。

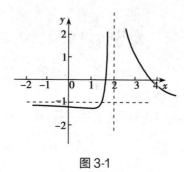

图 3-1

四、习题与解答

1. 验证函数 $f(x)=x^3+2x$ 在闭区间 $[0,1]$ 上是否满足拉格朗日中值定理的条件？如果满足，求出定理中的 ξ。

解 函数 $f(x)=x^3+2x$ 的定义域为 $(-\infty,+\infty)$，因此在区间 $[0,1]$ 上连续，又 $f'(x)=3x^2+2$ 在 $(0,1)$ 内有定义，所以 $f(x)$ 在 $(0,1)$ 内可导，故满足拉格朗日定理的条件。

所以存在 $\xi\in(0,1)$，满足

$$\frac{f(1)-f(0)}{1-0}=\frac{3-0}{1}=f'(\xi)=3\xi^2+2$$

解得

$$\xi=\frac{1}{\sqrt{3}}$$

2. 证明不等式 $\arctan x_2-\arctan x_1\leqslant x_2-x_1\ (x_1<x_2)$

证 设 $f(x)=\arctan x$，$f(x)$ 在 $[x_1,x_2]$ 上满足拉格朗日定理的条件，因此有

$$\arctan x_2-\arctan x_1=\frac{1}{1+\xi^2}(x_2-x_1)\quad(x_1<\xi<x_2)$$

$\because\ \dfrac{1}{1+\xi^2}\leqslant1\quad\therefore\ \arctan x_2-\arctan x_1\leqslant x_2-x_1$

3. 用洛必达法则求下列极限。

（1）$\lim\limits_{x\to0}\dfrac{2^x-1}{3^x-1}$

解 $\dfrac{0}{0}$ 型, $\lim\limits_{x\to 0}\dfrac{2^x-1}{3^x-1}=\lim\limits_{x\to 0}\dfrac{2^x\ln 2}{3^x\ln 3}=\dfrac{\ln 2}{\ln 3}$

（2） $\lim\limits_{x\to 0}\dfrac{1-\cos x}{3x^2}$

解 $\dfrac{0}{0}$ 型, $\lim\limits_{x\to 0}\dfrac{1-\cos x}{3x^2}=\lim\limits_{x\to 0}\dfrac{\sin x}{6x}=\dfrac{1}{6}$

（3） $\lim\limits_{x\to \frac{\pi}{2}}\dfrac{\tan x}{\tan 3x}$

解 $\dfrac{\infty}{\infty}$ 型, $\lim\limits_{x\to \frac{\pi}{2}}\dfrac{\tan x}{\tan 3x}=\lim\limits_{x\to \frac{\pi}{2}}\dfrac{\sec^2 x}{3\sec^2 3x}=\lim\limits_{x\to \frac{\pi}{2}}\dfrac{\cos^2 3x}{3\cos^2 x}=\lim\limits_{x\to \frac{\pi}{2}}\dfrac{2\cos 3x\sin 3x}{2\cos x\sin x}$

$$=\lim\limits_{x\to \frac{\pi}{2}}\dfrac{\sin 6x}{\sin 2x}=\lim\limits_{x\to \frac{\pi}{2}}\dfrac{6\cos 6x}{2\cos 2x}=3$$

（4） $\lim\limits_{x\to 0^+}\dfrac{\ln\tan x}{\ln x}$

解 $\dfrac{\infty}{\infty}$ 型, $\lim\limits_{x\to 0^+}\dfrac{\ln\tan x}{\ln x}=\lim\limits_{x\to 0^+}\dfrac{\dfrac{1}{\tan x}\cdot\sec^2 x}{\dfrac{1}{x}}=\lim\limits_{x\to 0^+}\dfrac{x}{\cos^2 x\cdot\tan x}$

$$=\lim\limits_{x\to 0^+}\dfrac{1}{\cos x}\cdot\dfrac{x}{\sin x}=1$$

（5） $\lim\limits_{x\to \infty}x(e^{\frac{1}{x}}-1)$

解 $0\cdot\infty$ 型, $\lim\limits_{x\to \infty}x(e^{\frac{1}{x}}-1)=\lim\limits_{x\to \infty}\dfrac{e^{\frac{1}{x}}-1}{\dfrac{1}{x}}=\lim\limits_{x\to \infty}\dfrac{-\dfrac{1}{x^2}e^{\frac{1}{x}}}{-\dfrac{1}{x^2}}=e^0=1$

（6） $\lim\limits_{x\to 0}(1-\cos x)\cot x$

解 $0\cdot\infty$ 型, $\lim\limits_{x\to 0}(1-\cos x)\cot x=\lim\limits_{x\to 0}\dfrac{1-\cos x}{\tan x}=\lim\limits_{x\to 0}\dfrac{\sin x}{\sec^2 x}=0$

（7） $\lim\limits_{x\to 1}\left(\dfrac{x}{x-1}-\dfrac{1}{\ln x}\right)$

解 $\infty-\infty$ 型,但通分后就化成了 $\dfrac{0}{0}$ 型不定式。

$$\lim\limits_{x\to 1}\left(\dfrac{x}{x-1}-\dfrac{1}{\ln x}\right)=\lim\limits_{x\to 1}\dfrac{x\ln x-x+1}{(x-1)\ln x}=\lim\limits_{x\to 1}\dfrac{\ln x+1-1}{\ln x+\dfrac{x-1}{x}}=\lim\limits_{x\to 1}\dfrac{x\ln x}{x\ln x+x-1}$$

$$=\lim\limits_{x\to 1}\dfrac{\ln x+1}{\ln x+1+1}=\dfrac{1}{2}$$

（8） $\lim\limits_{x\to \frac{\pi}{2}^-}(\cos x)^{\frac{\pi}{2}-x}$

解 0^0 型,因为 $\lim\limits_{x\to\frac{\pi}{2}^-}(\cos x)^{\frac{\pi}{2}-x}=\lim\limits_{x\to\frac{\pi}{2}^-}e^{(\frac{\pi}{2}-x)\ln\cos x}=e^{\lim\limits_{x\to\frac{\pi}{2}^-}(\frac{\pi}{2}-x)\ln\cos x}$

而
$$\lim_{x\to\frac{\pi}{2}^-}\left(\frac{\pi}{2}-x\right)\ln\cos x=\lim_{x\to\frac{\pi}{2}^-}\frac{\ln\cos x}{\frac{1}{\frac{\pi}{2}-x}}=\lim_{x\to\frac{\pi}{2}^-}\frac{\frac{-\sin x}{\cos x}}{-\frac{1}{\left(\frac{\pi}{2}-x\right)^2}\cdot(-1)}$$

$$=\lim_{x\to\frac{\pi}{2}^-}\frac{-\sin x\cdot\left(\frac{\pi}{2}-x\right)^2}{\cos x}$$

$$=\lim_{x\to\frac{\pi}{2}^-}\frac{-\cos x\cdot\left(\frac{\pi}{2}-x\right)^2+\sin x\cdot2\left(\frac{\pi}{2}-x\right)}{-\sin x}=0$$

所以
$$\lim_{x\to\frac{\pi}{2}^-}(\cos x)^{\frac{\pi}{2}-x}=e^0=1$$

(9) $\lim\limits_{x\to0^+}\left(\dfrac{1}{x}\right)^{\tan x}$

解 ∞^0 型,$\lim\limits_{x\to0^+}\left(\dfrac{1}{x}\right)^{\tan x}=\lim e^{-\tan x\ln x}=e^{-\lim\limits_{x\to0^+}\tan x\ln x}$

而
$$\lim_{x\to0^+}\tan x\ln x=\lim_{x\to0^+}\frac{\ln x}{\cot x}=\lim_{x\to0^+}\frac{\frac{1}{x}}{-\csc^2 x}=-\lim_{x\to0^+}\left(\frac{\sin x}{x}\right)\cdot\sin x=0$$

故
$$\lim_{x\to0^+}\left(\frac{1}{x}\right)^{\tan x}=e^0=1$$

(10) $\lim\limits_{x\to1}x^{\frac{1}{1-x}}$

解 1^∞ 型,$\lim\limits_{x\to1}x^{\frac{1}{1-x}}=\lim\limits_{x\to1}e^{\frac{1}{1-x}\ln x}=e^{\lim\limits_{x\to1}\frac{\ln x}{1-x}}$

$\because\lim\limits_{x\to1}\dfrac{\ln x}{1-x}=\lim\limits_{x\to1}\dfrac{\frac{1}{x}}{-1}=-1$ $\quad\therefore\lim\limits_{x\to1}x^{\frac{1}{1-x}}=e^{-1}$

4. 设函数 $f(x)$ 存在二阶导数,$f(0)=0,f'(0)=1,f''(0)=2$,试求 $\lim\limits_{x\to0}\dfrac{f(x)-x}{x^2}$。

解 反复几次使用洛达法则得
$$\lim_{x\to0}\frac{f(x)-x}{x^2}=\lim_{x\to0}\frac{f'(x)-1}{2x}=\lim_{x\to0}\frac{f''(x)}{2}=1$$

5. 求下列各函数的单调区间。

(1) $f(x)=2x^3-3x^2+1$

解 函数 $f(x)$ 的定义域为 $(-\infty,+\infty)$,令 $f'(x)=6x^2-6x=6x(x-1)=0$,得 $x_1=0$ 和 $x_2=1$,这两个点将定义域分成三个区间,列表如下。

x	$(-\infty,0)$	$(0,1)$	$(1,+\infty)$
$f'(x)$	+	−	+
$f(x)$	↑	↓	↑

从上表易知:函数 $f(x)$ 的单调递增区间是 $(-\infty,0)$、$(1,+\infty)$,单调递减区间是 $(0,1)$。

(2) $f(x)=(x-1)(x+1)^3$

解 函数 $f(x)$ 的定义域为 $(-\infty,+\infty)$,令 $f'(x)=(x+1)^3+3(x-1)(x+1)^2=(x+1)^2(4x-2)=0$,得 $x_1=-1$ 和 $x_2=\dfrac{1}{2}$,这两个点将定义域分成三个区间,列表如下。

x	$(-\infty,-1)$	$\left(-1,\dfrac{1}{2}\right)$	$\left(\dfrac{1}{2},+\infty\right)$
$f'(x)$	−	−	+
$f(x)$	↓	↓	↑

从上表易知:函数 $f(x)$ 的单调递增区间是 $\left(\dfrac{1}{2},+\infty\right)$,单调递减区间是 $\left(-\infty,\dfrac{1}{2}\right)$。

(3) $f(x)=(x-1)x^{\frac{2}{3}}$

解 函数 $f(x)$ 的定义域为 $(-\infty,+\infty)$,求导得

$$f'(x)=\frac{5}{3}x^{\frac{2}{3}}-\frac{2}{3}x^{-\frac{1}{3}}=\frac{5x-2}{3\sqrt[3]{x}}$$

令 $f'(x)=0$,得 $x=\dfrac{2}{5}$,当 $x=0$ 时,$f'(x)$ 不存在,$x=0$ 是不可导点。

$x=0$ 和 $x=\dfrac{2}{5}$ 把函数定义域 $(-\infty,+\infty)$ 分成三个区间,列表如下。

x	$(-\infty,0)$	$\left(0,\dfrac{2}{5}\right)$	$\left(\dfrac{2}{5},+\infty\right)$
$f'(x)$	+	−	+
$f(x)$	↑	↓	↑

从上表易知:函数 $f(x)$ 的单调递增区间是 $(-\infty,0)$、$\left(\dfrac{2}{5},+\infty\right)$,单调递减区间是 $\left(0,\dfrac{2}{5}\right)$。

(4) $f(x)=x-\ln(x+1)$

解 函数 $f(x)$ 的定义域为 $(-1,+\infty)$,令 $f'(x)=1-\dfrac{1}{x+1}=\dfrac{x}{x+1}=0$,得 $x=0$,$x=0$ 点将定义域分成两个区间,列表如下。

x	$(-1,0)$	$(0,+\infty)$
$f'(x)$	−	+
$f(x)$	↓	↑

从上表易知:函数 $f(x)$ 的单调递增区间是 $(0,+\infty)$,单调递减区间是 $(-1,0)$。

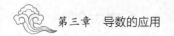

6. 求下列各函数的极值。

（1）$f(x)=2x^3-6x^2-18x+10$

解　函数 $f(x)$ 的定义域为 $(-\infty,+\infty)$，
$$f'(x)=6x^2-12x-18=6(x+1)(x-3)$$

令 $f'(x)=0$，得 $x_1=-1,x_2=3$，将上述计算列表讨论如下。

x	$(-\infty,-1)$	-1	$(-1,3)$	3	$(3,+\infty)$
$f'(x)$	+	0	−	0	+
$f(x)$	↑	极大值 $f(-1)=20$	↓	极小值 $f(3)=-44$	↑

从上表易知：极大值 $f(-1)=20$，极小值 $f(3)=-44$。

（2）$f(x)=\dfrac{x}{\ln x}$

解　函数 $f(x)$ 的定义域为 $(0,1)\cup(1,+\infty)$，
$$f'(x)=\frac{\ln x-1}{\ln^2 x}$$

令 $f'(x)=0$，得 $x=\mathrm{e}$，当 $x=1$ 时，导数不存在，将上述计算列表讨论如下。

x	$(0,1)$	1	$(1,\mathrm{e})$	e	$(\mathrm{e},+\infty)$
$f'(x)$	−	不存在	−	0	+
$f(x)$	↓	不存在	↓	极小值 $f(\mathrm{e})=\mathrm{e}$	↑

从上表易知：函数有极小值 $f(\mathrm{e})=\mathrm{e}$。

（3）$f(x)=(2x-1)\cdot\sqrt[3]{(x-3)^2}$

解　函数 $f(x)$ 的定义域为 $(-\infty,+\infty)$，
$$f'(x)=2\cdot\sqrt[3]{(x-3)^2}+(2x-1)\cdot\frac{2}{3}(x-3)^{-\frac{1}{3}}=\frac{10}{3}(x-2)(x-3)^{-\frac{1}{3}}$$

令 $f'(x)=0$，得 $x=2$，当 $x=3$ 时，导数不存在，将上述计算列表讨论如下。

x	$(-\infty,2)$	2	$(2,3)$	3	$(3,+\infty)$
$f'(x)$	+	0	−	不存在	+
$f(x)$	↑	极大值 $f(2)=3$	↓	极小值 $f(3)=0$	↑

从上表易知：函数有极大值 $f(2)=3$，极小值 $f(3)=0$。

（4）$f(x)=x-\ln(x^2+1)$

解　函数 $f(x)$ 的定义域为 $(-\infty,+\infty)$，$f'(x)=1-\dfrac{2x}{x^2+1}=\dfrac{(x-1)^2}{x^2+1}$

令 $f'(x)=0$，得 $x=1$，$f(x)$ 无不可导点。

当 $x>-1$ 时，$f'(x)>0$；当 $x<-1$ 时，$f'(x)>0$。

所以函数 $f(x)=x-\ln(x^2+1)$ 在 $(-\infty,+\infty)$ 上无极值。

7. 试问 a 为何值时, 函数 $f(x)=a\sin x+\dfrac{1}{3}\sin 3x$ 在 $x=\dfrac{\pi}{3}$ 处具有极值? 它是极大值, 还是极小值? 并求此极值。

解　$f'(x)=a\cos x+\cos 3x$

因为 $x=\dfrac{\pi}{3}$ 为极值点, 所以有

$$f'\left(\frac{\pi}{3}\right)=a\cos\frac{\pi}{3}+\cos 3\cdot\frac{\pi}{3}=\frac{a}{2}-1=0$$

即

$$a=2$$

$$f(x)=2\sin x+\frac{1}{3}\sin 3x,\quad f'(x)=2\cos x+\cos 3x$$

$$f''(x)=-2\sin x-3\sin 3x$$

而 $f''\left(\dfrac{\pi}{3}\right)=-\sqrt{3}<0$, 所以 $x=\dfrac{\pi}{3}$ 为 $f(x)$ 的极大值点, 极大值为 $f\left(\dfrac{\pi}{3}\right)=\sqrt{3}$。

8. 求下列各函数的最值。

(1) $f(x)=x^4-2x^2+5,\ [-2,2]$

解　函数定义域为 $(-\infty,+\infty)$
$$f'(x)=4x^3-4x=4x(x+1)(x-1)$$

令 $f'(x)=0$, 得驻点 $x_1=-1,\quad x_2=0,\quad x_3=1$

在驻点处函数值分别为 $f(-1)=4,f(0)=5,f(1)=4$, 在端点的函数值为
$$f(-2)=f(2)=13$$

因此, 比较上述 5 个点的函数值, 即可得在区间 $[-2,2]$ 上的最大值为 13, 最小值为 4。

(2) $f(x)=x+\sqrt{1-x},\ [-5,1]$

解　函数定义域为 $(-\infty,1]$, 则函数 $f(x)$ 在 $[-5,1]$ 上连续,
$$f'(x)=1-\frac{1}{2\sqrt{1-x}}$$

令 $f'(x)=0$, 得驻点 $x=\dfrac{3}{4}$, 导数不存在点 $x=1$, 端点 $x=1$、$x=-5$

又　$f(-5)=-5+\sqrt{6},f(1)=1,f\left(\dfrac{3}{4}\right)=\dfrac{5}{4}$

比较可得 $f(x)$ 在 $[-5,1]$ 上的最大值为 $f\left(\dfrac{3}{4}\right)=\dfrac{5}{4}$, 最小值为 $f(-5)=\sqrt{6}-5$。

(3) $f(x)=\dfrac{x^2}{1+x},\ \left[-\dfrac{1}{2},1\right]$

解　函数定义域为 $(-\infty,-1)\cup(-1,+\infty)$, 则函数 $f(x)$ 在 $\left[-\dfrac{1}{2},1\right]$ 上连续,
$$f'(x)=\frac{2x(1+x)-x^2}{(1+x)^2}=\frac{x(2+x)}{(1+x)^2}$$

令 $f'(x)=0$, 得驻点 $x_1=0$、$x_2=-2$, 而函数 $f(x)$ 在 $\left[-\dfrac{1}{2},1\right]$ 上只有一个驻点 $x=0$; 又 $f\left(-\dfrac{1}{2}\right)=$

$f(1)=\dfrac{1}{2},f(0)=0$，比较可得 $f(x)$ 在 $\left[-\dfrac{1}{2},1\right]$ 上的最大值为 $f\left(-\dfrac{1}{2}\right)=f(1)=\dfrac{1}{2}$，最小值为 $f(0)=0$。

(4) $f(x)=3^x,[-1,4]$

解 $f'(x)=3^x\ln3,\because f'(x)$ 恒大于零，$\therefore f(x)=3^x$ 无驻点，又 $f(-1)=\dfrac{1}{3},f(4)=81$，所以

函数 $f(x)=3^x$ 在 $[-1,4]$ 上的最大值为 $f(4)=81$，最小值为 $f(-1)=\dfrac{1}{3}$。

9. 口服一定剂量的某种药物后，其血药浓度 C 与时间 t 的关系可表示为 $C=40(e^{-0.2t}-e^{-2.3t})$，问 t 为何值时，血药浓度最高，并求其最高浓度。

解 $C=40(e^{-0.2t}-e^{-2.3t}),C'=40(-0.2e^{-0.2t}+2.3e^{-2.3t})$

令 $C'=0$，则有 $t=\dfrac{\ln\dfrac{23}{2}}{2.1}=1.163\,0$（唯一驻点），由于实际问题最值存在，所以 $t=1.163\,0$ 时，血药浓度最高，此最高血药浓度 $C(1.163\,0)=28.942\,3$。

10. 已知半径为 R 的圆内接矩形，问长和宽为多少时矩形的面积最大？

解 设矩形长为 x，宽为 y，由题意得 $x^2+y^2=4R^2,(x>0,y>0)$

解得 $y=\sqrt{4R^2-x^2}$，矩形面积 $S=x\cdot y=x\cdot\sqrt{4R^2-x^2},S'=\dfrac{4R^2-2x^2}{\sqrt{4R^2-x^2}}$。

令 $S'=0$，得唯一驻点 $x=\sqrt{2}R$，该点也是最大值点，此时

$$y=\sqrt{4R^2-x^2}=\sqrt{2}R$$

即当长和宽均为 $\sqrt{2}R$ 时，矩形面积最大，最大面积为 $2R^2$。

11. 求下列曲线的凹凸区间与拐点。

(1) $f(x)=x^4-2x^3+1$

解 函数 $f(x)=x^4-2x^3+1$ 的定义域为 $(-\infty,+\infty)$，

$$f'(x)=4x^3-6x^2,f''(x)=12x^2-12x=12x(x-1)$$

令 $f''(x)=0$，得 $x_1=0,x_2=1$，列表讨论如下。

x	$(-\infty,0)$	0	$(0,1)$	1	$(1,+\infty)$
$f''(x)$	+	0	−	0	+
$f(x)$	∪	$(0,1)$ 拐点	∩	$(1,0)$ 拐点	∪

从上表易知：曲线 $f(x)$ 在区间 $(-\infty,0),(1,+\infty)$ 内为凹的；在区间 $(0,1)$ 内为凸的；曲线的拐点是 $(0,1)$ 和 $(1,0)$。

(2) $f(x)=\dfrac{1}{2}x^2+\dfrac{9}{10}(x-1)^{\frac{5}{3}}$

解 函数 $f(x)$ 的定义域为 $(-\infty,+\infty)$，

$$f'(x)=x+\dfrac{3}{2}(x-1)^{\frac{2}{3}},\quad f''(x)=1+(x-1)^{-\frac{1}{3}}=\dfrac{\sqrt[3]{x-1}+1}{\sqrt[3]{x-1}}$$

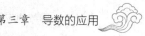

令 $f''(x)=0$,得 $x=0$,当 $x=1$ 时,$f''(x)$ 不存在。列表讨论如下。

x	$(-\infty,0)$	0	$(0,1)$	1	$(1,+\infty)$
$f''(x)$	+	0	—	不存在	+
$f(x)$	∪	$\left(0,-\dfrac{9}{10}\right)$	∩	$\left(1,\dfrac{1}{2}\right)$	∪
		拐点		拐点	

从上表易知:曲线 $f(x)$ 在区间 $(-\infty,0)$,$(1,+\infty)$ 内为凹的;在区间 $(0,1)$ 内为凸的;曲线的拐点是 $\left(0,-\dfrac{9}{10}\right)$ 和 $\left(1,\dfrac{1}{2}\right)$。

12. 已知曲线 $f(x)=ax^3+bx^2+cx+d$ 在 $x=-2$ 点处有极值 44,$(1,-10)$ 为曲线 $y=f(x)$ 上的拐点,求常数 a,b,c,d 之值,并写出此曲线方程。(提示:拐点为曲线上的点。)

解 $f'(x)=3ax^2+2bx+c$,$f''(x)=6ax+2b$,根据题意有

$$f(1)=a+b+c+d=-10$$
$$f(-2)=-8a+4b-2c+d=44$$
$$f'(-2)=12a-4b+c=0$$
$$f''(1)=6a+2b=0$$

从而解得 $\qquad a=1,b=-3,c=-24,d=16$

此曲线方程为 $\qquad f(x)=x^3-3x^2-24x+16$

13. 作下列函数的图像。

(1) $f(x)=\dfrac{x^3}{3}-x^2+2$

解 函数 $f(x)$ 的定义域为 $(-\infty,+\infty)$,

$$f'(x)=x^2-2x,\quad f''(x)=2x-2$$

令 $f'(x)=0$,解得 $x_1=0,x_2=2$,令 $f''(x)=0$,得 $x_3=1$。列表讨论如下。

x	$(-\infty,0)$	0	$(0,1)$	1	$(1,2)$	2	$(2,+\infty)$
$f'(x)$	+	0	—	—	—	0	+
$f''(x)$	—	—	—	0	+	+	+
$f(x)$	↑∩	极大值 $f(0)=2$	↓∩	$\left(1,\dfrac{4}{3}\right)$ 拐点	↓∪	极小值 $f(2)=\dfrac{2}{3}$	↑∪

该函数无对称性,无渐近线,根据极值、拐点、增减区间、凹凸区间,补充点 $(3,2)$ 及 $\left(-2,-\dfrac{14}{3}\right)$,作出图形,如图 3-2 所示。

(2) $f(x)=x^4-2x^2-5$

解 函数定义域为 $(-\infty,+\infty)$,$f(x)$ 是偶函数,其图形关于 y 轴对称。求导得到 $f'(x)=4x^3-4x=4x(x^2-1)$,$f''(x)=12x^2-4=4(3x^2-1)$。

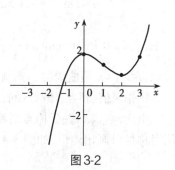

图 3-2

令 $f'(x)=0$，得 $x_1=0,x_2=1,x_3=-1$；令 $f''(x)=0$，得 $x_4=\dfrac{1}{\sqrt{3}},x_5=-\dfrac{1}{\sqrt{3}}$。

由于 $y=f(x)$ 关于 y 轴对称，我们只需将右半部分 $[0,+\infty)$ 讨论的结果列表如下。

x	0	$\left(0,\dfrac{1}{\sqrt{3}}\right)$	$\dfrac{1}{\sqrt{3}}$	$\left(\dfrac{1}{\sqrt{3}},1\right)$	1	$(1,+\infty)$
$f'(x)$	0	−	−	−	0	+
$f''(x)$	−	−	0	+	+	+
$f(x)$	极大值 $f(0)=-5$	↓∩	拐点 $\left(\dfrac{1}{\sqrt{3}},-\dfrac{50}{9}\right)$	↓∪	极小值 $f(1)=-6$	↑∪

该函数无渐近线，根据极值、拐点、增减区间、凹凸区间，补充点 $(2,3)$，利用对称性作出图形，如图 3-3 所示。

（3） $f(x)=x+x^{-1}$

解 函数定义域为 $(-\infty,0)\cup(0,+\infty)$，$f(x)$ 是奇函数，其图形关于原点对称。

求导得

$$f'(x)=1-x^{-2}=\frac{x^2-1}{x^2},\quad f''(x)=\frac{2}{x^3}$$

令 $f'(x)=0$，得 $x_1=-1,x_2=1,x=0$ 为不可导点，将讨论的结果列表如下。

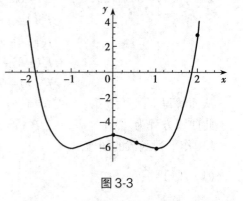

图 3-3

x	$(-\infty,-1)$	-1	$(-1,0)$	0	$(0,1)$	1	$(1,+\infty)$
$f'(x)$	+	0	−	不存在	−	0	+
$f''(x)$	−	−	−	不存在	+	+	+
$f(x)$	↑∩	极大值 $f(-1)=-2$	↓∩	不存在	↓∪	极小值 $f(1)=2$	↑∪

当 $x\to0$ 时，$f(x)\to\infty$，函数 $f(x)$ 有垂直渐近线 $x=0$。由于

$$a=\lim_{x\to\infty}\frac{f(x)}{x}=\lim_{x\to\infty}\left(1+\frac{1}{x^2}\right)=1,$$

$$b=\lim_{x\to\infty}[f(x)-ax]=\lim_{x\to\infty}\left[x+\frac{1}{x}-x\right]=\lim_{x\to\infty}\frac{1}{x}=0$$

所以直线 $y=x$ 是曲线的一条斜渐近线。

根据极值、拐点、增减区间、凹凸区间，补充点 $(2,2.5)$。

由于 $y=f(x)$ 关于原点对称，我们只需画出一部分，利用对称性可画出图形，如图 3-4 所示。

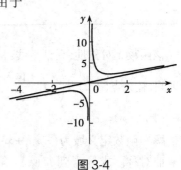

图 3-4

（4）$f(x) = \dfrac{x^2}{x-1}$

解 函数定义域为$(-\infty, 1) \cup (1, +\infty)$，求导得

$$f'(x) = \frac{x(x-2)}{(x-1)^2}, \quad f''(x) = \frac{2}{(x-1)^3}$$

令$f'(x) = 0$，得$x_1 = 0, x_2 = 2$，$x = 1$ 为不可导点，将讨论的结果列表如下。

x	$(-\infty, 0)$	0	$(0,1)$	1	$(1,2)$	2	$(2, +\infty)$
$f'(x)$	+	0	−	不存在	−	0	+
$f''(x)$	−	−	−	不存在	+	+	+
$f(x)$	↑∩	极大值 $f(0)=0$	↓∩	不存在	↓∪	极小值 $f(2)=4$	↑∪

当$x \to 1$ 时，$f(x) \to \infty$，所以函数$f(x)$有垂直渐近线$x = 1$，由于

$$a = \lim_{x \to \infty} \frac{f(x)}{x} = \lim_{x \to \infty} \frac{x}{x-1} = 1,$$

$$b = \lim_{x \to \infty} [f(x) - ax]$$

$$= \lim_{x \to \infty} \left[\frac{x^2}{x-1} - x\right] = \lim_{x \to \infty} \frac{x}{x-1} = 1$$

所以直线$y = x+1$是曲线的一条斜渐近线。

根据极值、拐点、增减区间、凹凸区间，补充点$\left(-3, -\dfrac{9}{4}\right)$，

$\left(3, \dfrac{9}{2}\right)$，可画出图形，如图3-5所示。

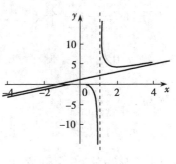

14. 1970 年，Page 在实验室饲养雌性小鼠，通过收集的大量资料分析，得小鼠生长函数为

$$W = \frac{36}{1 + 30e^{-\frac{2}{3}t}}$$

图3-5

其中W 为重量，t 为时间。试描绘小鼠生长函数的曲线，并简述小鼠生长过程的变化趋势。

解 W 的定义域为$[0, +\infty)$。

因为$\lim\limits_{t \to +\infty} W = \lim\limits_{t \to +\infty} \dfrac{36}{1 + 30e^{-\frac{2}{3}t}} = 36$，所以 $W = 36$ 为水平渐近线。

$$W' = \frac{720e^{-\frac{2}{3}t}}{(1 + 30e^{-\frac{2}{3}t})^2}, \quad W'' = \frac{480(30e^{-\frac{2}{3}t} - 1)e^{-\frac{2}{3}t}}{(1 + 30e^{-\frac{2}{3}t})^3}$$

$W' > 0$，令 $W'' = 0$，$t = \dfrac{3\ln 30}{2}$，将上述结果列表讨论如下。

t	$\left[0,\dfrac{3\ln 30}{2}\right)$	$\dfrac{3\ln 30}{2}$	$\left(\dfrac{3\ln 30}{2},+\infty\right)$
W'	+	+	+
W''	+	0	−
W	$\cup\uparrow$	拐点	$\cap\uparrow$

$W(0)=\dfrac{36}{31}$，$W\left(\dfrac{3\ln 30}{2}\right)=18$，得曲线上点$\left(0,\dfrac{36}{31}\right)$

和$\left(\dfrac{3\ln 30}{2},18\right)$。

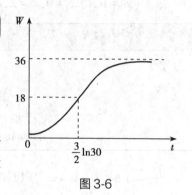

在直角坐标系中，参照上述信息，描绘小鼠的生长曲线，如图 3-6 所示。

此曲线符合 Logistic 生长曲线，由图形可看出，小鼠开始时增长缓慢，然后较快，最后又变缓慢，而在拐点处附近生长最快。

图 3-6

五、经典考题

1. 单项选择题

（1）$\lim\limits_{x\to 1}\dfrac{x^2-1}{x^2-3x+2}=($　　　）

　　A. 1　　　　　　　B. 2　　　　　　　C. −2　　　　　　　D. 不存在

（2）$\lim\limits_{x\to 0}\left(\dfrac{1}{x}-\dfrac{1}{\mathrm{e}^x-1}\right)=($　　　）

　　A. 0　　　　　　　B. $\dfrac{1}{2}$　　　　　　　C. $\dfrac{2}{3}$　　　　　　　D. 1

（3）$\lim\limits_{x\to+\infty}\dfrac{x-\sin x}{x+\sin x}=($　　　）

　　A. −1　　　　　　　B. 1　　　　　　　C. 0　　　　　　　D. ∞

（4）函数 $f(x)=\dfrac{x^3}{3}-x$ 在$(0,\sqrt{3})$满足罗尔定理条件的 ξ 等于(　　　)。

　　A. −1　　　　　　　B. 0　　　　　　　C. 1　　　　　　　D. $\sqrt{3}$

（5）若函数 $y=f(x)$ 在点 x_0 处导数 $f'(x)=0$,则曲线在点$(x_0,f(x_0))$处的法线(　　　)。

　　A. 与 x 轴相平行　　　　　　　　　　B. 与 x 轴相垂直

　　C. 与 y 轴相垂直　　　　　　　　　　D. 与 x 轴既不平行又不垂直

（6）函数 $y=x^2-1$ 的单调增加区间是(　　　)。

　　A. $(0,+\infty)$　　　　B. $(-\infty,0)$　　　　C. $(-\infty,+\infty)$　　　　D. $(-1,1)$

（7）在点 x_0 处取得极值,则下列结论正确的是(　　　)。

　　A. $f(x)$ 在点 x_0 处可导　　　　　　　B. $f(x)$ 在点 x_0 处二阶可导

　　C. $f'(x_0)=0$　　　　　　　　　　　　D. $f(x)$ 若在点 x_0 处可导,则 $f'(x_0)=0$

(8) 设函数 $f(x)=\dfrac{1}{3}x^3-x$，则 $x=1$ 为 $f(x)$ 在 $[-2,2]$ 上的（　　　）。

  A. 极小值点，但不是最小值点   B. 极小值点，也是最小值点

  C. 极大值点，但不是最大值点   D. 极大值点，也是最大值点

(9) 已知函数 $f(x)=x^3+ax^2+bx$ 在 $x=1$ 处取得极小值 -2，则（　　　）。

  A. $a=1,b=2$ B. $a=0,b=-3$ C. $a=b=2$ D. $a=b=1$

(10) 要使点 $(1,3)$ 为曲线 $y=ax^3+bx^2$ 的拐点，则 a,b 值应为（　　　）。

  A. $a=\dfrac{9}{2},b=-\dfrac{3}{2}$ B. $a=-\dfrac{3}{2},b=\dfrac{9}{2}$

  C. $a=-3,b=6$ D. $a=2,b=1$

(11) $f(x)=x\ln x$，则（　　　）。

  A. 在 $\left(0,\dfrac{1}{e}\right)$ 内单调增加   B. 在 $\left(\dfrac{1}{e},+\infty\right)$ 内单调增加

  C. 在 $(0,+\infty)$ 内单调减少   D. 在 $(0,+\infty)$ 内单调增加

(12) 曲线 $y=x^3-12x+1$ 在 $(0,2)$ 内（　　　）。

  A. 单调增，凹曲线   B. 单调减，凹曲线

  C. 单调增，凸曲线   D. 单调减，凸曲线

(13) 函数 $f(x)$ 在区间 (a,b) 内有二阶导数，$x_0\in(a,b)$ 且 $f''(x_0)=0$，则点 $(x_0,f(x_0))$ 是（　　　）。

  A. 拐点   B. 极值点

  C. 拐点和极值点   D. 是否拐点不能确定

(14) 曲线 $y=\dfrac{x}{3-x^2}$ 的渐近线（　　　）。

  A. 没有水平渐近线，也没有斜渐近线

  B. $x=\sqrt{3}$ 为其垂直渐近线，但无水平渐近线

  C. 既有垂直渐近线，又有水平渐近线

  D. 只有水平渐近线

(15) 曲线 $y=e^{\frac{1}{x}}-1$ 的渐近线（　　　）。

  A. $x=1$ 为垂直渐近线，$y=0$ 为水平渐近线

  B. $x=1$ 为垂直渐近线，$y=1$ 为水平渐近线

  C. $x=0$ 为垂直渐近线，$y=0$ 为水平渐近线

  D. $x=0$ 为垂直渐近线，$y=1$ 为水平渐近线

2. 填空题

(1) 函数 $f(x)=\sqrt{x}$ 在区间 $(1,4)$ 内满足拉格朗日定理的点是 _____。

(2) $\lim\limits_{x\to\infty}\dfrac{\cos 2x}{x}=$ _____。

(3) $\lim\limits_{x\to 0}\left(\cot x-\dfrac{1}{x}\right)=$ _____。

(4) 已知 $f(3)=2,f'(3)=-2$，则 $\lim\limits_{x\to 3}\dfrac{2x-3f(x)}{x-3}=$ _____。

（5）设函数 $y=f(x)$ 在点 x_0 处可导，且在点 x_0 处取极小值，则曲线 $y=f(x)$ 在点 $(x_0,$ $f(x_0))$ 处的切线方程为_____。

（6）函数 $y=x-\ln(1+x)$ 在区间 $[0,1]$ 上的最大值为_____。

（7）函数 $f(x)=x^4-x^2+3$ 在区间 $[-1,1]$ 上的最小值为_____。

（8）函数 $y=2x^2+ax+3$ 在点 $x=1$ 处有极小值，则 $a=$_____。

（9）函数 $y=2x^2+1$ 的单调增加区间是_____。

（10）曲线 $y=e^{-x^2}$ 的凸区间是_____。

（11）曲线 $y=(1+x)^3$ 的拐点是_____。

（12）函数 $y=\dfrac{x}{x^2+1}$ 的渐近线为_____。

（13）曲线 $y=\dfrac{(x-3)^2}{2(x-1)}$ 的斜渐近线为_____。

（14）当点 $(1,3)$ 为曲线 $y=-\dfrac{3}{2}x^3+bx^2$ 的拐点时，则 $b=$_____。

（15）曲线 $y=x^2+2\ln x$ 在其拐点处的切线方程是_____。

3. 计算题

（1）$\displaystyle\lim_{x\to0}\dfrac{\tan x-x}{x-\sin x}$

（2）$\displaystyle\lim_{x\to\infty}x^2\left(1-\cos\dfrac{1}{x}\right)$

（3）求函数 $y=x-\ln x$ 的单调区间。

（4）求函数 $f(x)=x^{\frac{2}{3}}(x-5)$ 的极值。

（5）求函数 $y=x^4-2x^2+5$ 在区间 $[0,2]$ 上的最大值与最小值。

（6）求函数 $y=\ln(1+x^2)$ 的凹凸区间和拐点。

4. 应用题

（1）$x>0$ 时，利用函数单调性证明不等式 $\ln(1+x)>x-\dfrac{x^2}{2}$。

（2）已知某细胞繁殖的生长率为 $r=36t-t^2$，问时间 t 为何值时，细胞的生长率最大？最大生长率为多少？

（3）已知曲线 $f(x)=ax^3+bx^2+cx+d$ 在点 $(1,2)$ 处有水平切线，且原点为该曲线上的拐点，求 a,b,c,d 之值，并写出此曲线的方程。

参 考 答 案

1. 单项选择题

（1）C　（2）B　（3）B　分析：$\displaystyle\lim_{x\to+\infty}\dfrac{x-\sin x}{x+\sin x}=\lim_{x\to+\infty}\dfrac{1-\dfrac{\sin x}{x}}{1+\dfrac{\sin x}{x}}=1$。　（4）C　（5）B　（6）B

（7）D　（8）B　（9）B　分析：根据题意有 $f(1)=1+a+b=-2$，$f'(1)=3+2a+b=0$，解得 $a=0,b=-3$。　（10）B　分析：$f'(x)=3ax^2+2bx$，$f''(x)=6ax+2b$，根据题意有 $f(1)=a+b=3$，

$f''(1)=6a+2b=0$,解得 $a=-\dfrac{3}{2}$,$b=\dfrac{9}{2}$。 (11) B (12) B (13) D (14) C (15) C

2. 填空题

(1) $\dfrac{9}{4}$ (2) 0 (3) 0 (4) 8 分析: $\lim\limits_{x\to 3}\dfrac{2x-3f(x)}{x-3}=\lim\limits_{x\to 3}\dfrac{2-3f'(x)}{1}=8$ (5) $y=f(x_0)$

分析:函数 $y=f(x)$ 在点 x_0 处可导,且在点 x_0 处取极小值,则 $f'(x_0)=0$,切线方程为

$y=f(x_0)$。 (6) $1-\ln 2$ (7) $\dfrac{11}{4}$ (8) -4 (9) $(0,+\infty)$ (10) $\left(-\dfrac{\sqrt{2}}{2},\dfrac{\sqrt{2}}{2}\right)$

(11) $(-1,0)$ (12) $y=0$ (13) $y=\dfrac{1}{2}x-\dfrac{5}{2}$ 分析:由于 $a=\lim\limits_{x\to\infty}\dfrac{f(x)}{x}=\lim\limits_{x\to\infty}\dfrac{(x-3)^2}{2(x-1)x}=$

$\dfrac{1}{2}$,$b=\lim\limits_{x\to\infty}[f(x)-ax]=\lim\limits_{x\to\infty}\left[\dfrac{(x-3)^2}{2(x-1)}-\dfrac{1}{2}x\right]=-\dfrac{5}{2}$,所以直线 $y=\dfrac{1}{2}x-\dfrac{5}{2}$ 是曲线的一条

斜渐近线。 (14) $\dfrac{9}{2}$ 分析: $f'(x)=-\dfrac{9}{2}x^2+2bx$,$f''(x)=-9x+2b$,根据题意有 $f(1)=$

$-\dfrac{3}{2}+b=3$,$f''(1)=-9+2b=0$,解得 $b=\dfrac{9}{2}$。 (15) $y=4x-3$ 分析: $f'(x)=2x+\dfrac{2}{x}$,$f''(x)=$

$2-\dfrac{2}{x^2}$,令 $f''(x)=0$,得 $x=1$,$x=-1$(舍去),拐点为 $(1,1)$,$f'(1)=4$,拐点 $(1,1)$ 处切线方

程为 $y=4x-3$。

3. 计算题

(1) $\lim\limits_{x\to 0}\dfrac{\tan x-x}{x-\sin x}=\lim\limits_{x\to 0}\dfrac{\sec^2 x-1}{1-\cos x}=\lim\limits_{x\to 0}\dfrac{\tan^2 x}{\dfrac{x^2}{2}}=2$

(2) $\lim\limits_{x\to\infty}x^2\left(1-\cos\dfrac{1}{x}\right)=\lim\limits_{x\to\infty}\dfrac{1-\cos\dfrac{1}{x}}{\dfrac{1}{x^2}}=\lim\limits_{x\to\infty}\dfrac{\sin\dfrac{1}{x}\cdot\left(-\dfrac{1}{x^2}\right)}{-\dfrac{2}{x^3}}=\lim\limits_{x\to\infty}\dfrac{\sin\dfrac{1}{x}}{\dfrac{2}{x}}=\dfrac{1}{2}$

(3) 函数 $f(x)$ 的定义域为 $(0,+\infty)$,$f'(x)=1-\dfrac{1}{x}=\dfrac{x-1}{x}$

令 $f'(x)=0$,得 $x=1$,将上述计算列表如下。

x	$(0,1)$	1	$(1,+\infty)$
$f'(x)$	$-$	0	$+$
$f(x)$	$\downarrow$	0	$\uparrow$

从上表易知:函数 $f(x)$ 在 $(0,1)$ 内单调减少,在 $(1,+\infty)$ 内单调增加。

(4) 函数 $f(x)$ 的定义域为 $(-\infty,+\infty)$,$f'(x)=\dfrac{5}{3}x^{\frac{2}{3}}-\dfrac{10}{3}x^{-\frac{1}{3}}=\dfrac{5}{3}(x-2)x^{-\frac{1}{3}}$

令 $f'(x)=0$,得 $x=2$,当 $x=0$ 时,导数不存在,将上述计算列表如下。

x	$(-\infty,0)$	0	$(0,2)$	2	$(2,+\infty)$
$f'(x)$	+	不存在 0	-	0	+
$f(x)$	↑	极大值 $f(0)=0$	↓	极小值 $f(2)=-3\sqrt[3]{4}$	↑

从上表易知:极大值为 $f(0)=0$;极小值 $f(2)=-3\sqrt[3]{4}$。

(5) $y'=4x^3-4x=4x(x-1)(x+1)$,

令 $y'=0$,求得 $(0,2)$ 内驻点 $x=1$,比较 $y(0)=5$、$y(1)=4$、$y(2)=13$ 的大小,得 $x=2$ 时,$y(2)=13$ 为最大值,$x=1$ 时,$y(1)=4$ 为最小值。

(6) 函数 $y=\ln(1+x^2)$ 的定义域为 $(-\infty,+\infty)$,$f''(x)=\dfrac{2(1+x)(1-x)}{(1+x^2)^2}$

令 $f''(x)=0$,得 $x=1$,$x=-1$,将上述计算列表如下。

x	$(-\infty,-1)$	-1	$(-1,1)$	1	$(1,+\infty)$
$f''(x)$	-	0	+	0	-
$f(x)$	∩	$(-1,\ln2)$ 拐点	∪	$(1,\ln2)$ 拐点	∩

从上表易知:曲线 $f(x)$ 在区间 $(-\infty,-1)$,$(1,+\infty)$ 内为凸的;在区间 $(-1,1)$ 内为凹的,拐点为 $(-1,\ln2)$ 和 $(1,\ln2)$。

4.应用题

(1) 设 $f(x)=\ln(1+x)-x+\dfrac{x^2}{2}$,则 $f'(x)=\dfrac{1}{1+x}-1+x=\dfrac{x^2}{1+x}$

因为 $x>0$,所以 $f'(x)>0$;而 $f(0)=0$,所以 $x>0$ 时,有 $f(x)>0$ 即

$$\ln(1+x)-x+\frac{x^2}{2}>0$$

所以 $x>0$ 时,$\ln(1+x)>x-\dfrac{x^2}{2}$

(2) $r=36t-t^2$,$r'=36-2t$

令 $r'=0$,则有 $t=18$(唯一驻点),所以 $t=18$ 时,细胞的生长率最大,此最大生长率为 $r(18)=324$。

(3) $f'(x)=3ax^2+2bx+c$,$f''(x)=6ax+2b$,根据题意有

$$f(1)=a+b+c+d=2,\quad f(0)=d=0$$
$$f'(1)=3a+2b+c=0,\quad f''(0)=2b=0$$

从而解得 $a=-1$,$b=0$,$c=3$,$d=0$,该曲线方程为 $f(x)=-x^3+3x$。

(孙　健　付文娇)

第四章

不 定 积 分

一、内容提要

积分分为不定积分和定积分两种。本章介绍不定积分,先由微分的反问题引出不定积分的概念,再给出不定积分的性质,最后讨论不定积分的计算。

1. 不定积分的概念与性质

(1) 原函数的概念:设 $f(x)$ 是定义在某区间上的函数,若存在一个函数 $F(x)$,对于该区间每一点都满足 $F'(x)=f(x)$ 或 $\mathrm{d}F(x)=f(x)\mathrm{d}x$,则称函数 $F(x)$ 是已知函数 $f(x)$ 在该区间上的一个原函数。

(2) 不定积分的概念:函数 $f(x)$ 的原函数的全体 $F(x)+C$ 叫作 $f(x)$ 的不定积分,记作: $\int f(x)\mathrm{d}x$,其中符号"$\int$"叫作积分号,它表示积分运算;$f(x)$ 叫作被积函数;$f(x)\mathrm{d}x$ 叫作被积表达式;x 叫作积分变量。

据上面的定义可知,若 $F(x)$ 是 $f(x)$ 的一个原函数,则 $f(x)$ 的不定积分 $\int f(x)\mathrm{d}x$ 就是它的原函数的全体 $F(x)+C$,即

$$\int f(x)\mathrm{d}x = F(x) + C$$

其中任意常数 C 叫作积分常数。因此,求不定积分时只需求出任意一个原函数,然后再加上任意常数 C 就行了。

求已知函数的原函数的方法称为不定积分法或简称积分法。由于求原函数或不定积分与求导数是两种互逆的运算,我们就说积分法是微分法的逆运算。

(3) 不定积分的性质:由不定积分的定义,我们很容易得到如下的一些性质。

性质 1 $\dfrac{\mathrm{d}}{\mathrm{d}x}\int f(x)\mathrm{d}x = f(x)$ 或 $\mathrm{d}\int f(x)\mathrm{d}x = f(x)\mathrm{d}x$

性质 2 $\int f'(x)\mathrm{d}x = f(x) + C$ 或 $\int \mathrm{d}f(x) = f(x) + C$

性质 3 如果 $\int f(x)\mathrm{d}x = F(x) + C$,$u$ 为 x 的任何可微函数,则有

$$\int f(u)\mathrm{d}u = F(u) + C$$

性质 4 $\int [f(x) \pm g(x)]\mathrm{d}x = \int f(x)\mathrm{d}x \pm \int g(x)\mathrm{d}x$

性质 5 设 k 是常数,且 $k \neq 0$,则 $\int kf(x)\mathrm{d}x = k\int f(x)\mathrm{d}x$

(4) 不定积分的基本公式:求不定积分是求导数的逆运算,因此把求导数的基本公式逆过来,就得到相应的不定积分的基本公式。

$$\int 0 dx = C \qquad\qquad \int 1 dx = \int dx = x + C$$

$$\int x^\alpha dx = \frac{x^{\alpha+1}}{\alpha+1} + C, (\alpha \neq -1) \qquad \int \frac{1}{x} dx = \ln|x| + C$$

$$\int e^x dx = e^x + C \qquad\qquad \int a^x dx = \frac{a^x}{\ln a} + C (其中 a > 0 且 a \neq 1)$$

$$\int \sin x dx = -\cos x + C \qquad\qquad \int \cos x dx = \sin x + C$$

$$\int \frac{1}{\cos^2 x} dx = \int \sec^2 x dx = \tan x + C \qquad \int \frac{1}{\sin^2 x} dx = \int \csc^2 x dx = -\cot x + C$$

$$\int \frac{1}{\sqrt{1-x^2}} dx = \arcsin x + C \qquad \int \frac{1}{1+x^2} dx = \arctan x + C$$

$$\int \sec x \cdot \tan x dx = \sec x + C \qquad \int \csc x \cdot \cot x dx = -\csc x + C$$

2. 不定积分的计算

（1）直接积分法：直接运用或经过适当恒等变形后运用基本积分公式和不定积分的性质进行积分的方法，称为直接积分法。

检验积分结果正确与否，只要把结果求导，看导数是否等于被积函数。若相等，积分正确，否则不正确。

（2）换元积分法：利用不定积分的简单性质及基本公式，虽然能求出一些函数的不定积分，但毕竟是有限的，许多不定积分都不能用直接积分法解决。因此，我们需要进一步掌握其他积分法则，以便求出更多的初等函数的积分。

所谓换元积分就是将积分变量作适当的变换，使被积式化成与某一基本公式相同的形式，从而求得原函数。它是把复合函数求导法则反过来使用的一种积分法。

第一类换元法（凑微分法）：被积函数可分离成 $g[\varphi(x)]\varphi'(x)$ 的形式，其中 $u = \varphi(x)$ 在某区间上可导，$g(u)$ 具有原函数 $G(u)$，则可以从 $\int g[\varphi(x)]\varphi'(x)dx$ 的被积表达式中，凑 $\varphi'(x)dx = d\varphi(x)$ 变成新的微分，并令 $\varphi(x) = u$，然后对积分变量为 u 的函数进行积分，即

$$\int f(x)dx = \int g[\varphi(x)]\varphi'(x)dx = \int g[\varphi(x)]d\varphi(x)$$

$$= \int g[u]du = G(u) + C = G[\varphi(x)] + C$$

在运算比较熟练之后，不必把中间的代换过程 $u = \varphi(x)$ 明确写出来。

第一类换元法中关键的一步是把被积表达式 $\int f(x)dx$ 分离成两部分的乘积：一部分是中间变量 $u = \varphi(x)$ 的函数，即 $g[\varphi(x)] = g(u)$；另一部分是中间变量 $u = \varphi(x)$ 的微分，即 $\varphi'(x)dx = d\varphi(x) = du$，就是所说的凑微分。

常见的凑微分法可归纳为如下类型。

$$\int f(ax+b)dx = \frac{1}{a}\int f(ax+b)d(ax+b) \quad (a \neq 0)$$

$$\int x f(x^2)dx = \frac{1}{2}\int f(x^2)d(x^2)$$

$$\int \frac{f(\ln x)}{x} \mathrm{d}x = \int f(\ln x) \mathrm{d}(\ln x)$$

$$\int f(\sin x)\cos x \mathrm{d}x = \int f(\sin x) \mathrm{d}(\sin x)$$

$$\int e^x f(e^x) \mathrm{d}x = \int f(e^x) \mathrm{d}(e^x)$$

$$\int \frac{f(\tan x)}{\cos^2 x} \mathrm{d}x = \int f(\tan x) \mathrm{d}(\tan x)$$

$$\int \frac{f(\arctan x)}{1 + x^2} \mathrm{d}x = \int f(\arctan x) \mathrm{d}(\arctan x)$$

$$\int \frac{f(\arcsin x)}{\sqrt{1 - x^2}} \mathrm{d}x = \int f(\arcsin x) \mathrm{d}(\arcsin x)$$

第二类换元法:通过变换 $x = \psi(u)$,把积分 $\int f(x)\mathrm{d}x$ 转化为积分

$$\int f[\psi(u)]\psi'(u)\mathrm{d}u$$

若后者较容易计算,则积分后,再把 $u = \psi^{-1}(x)$ 代回。此处 $\psi^{-1}(x)$ 是 $x = \psi(u)$ 的反函数,因此必需设 $\psi(u)$ 是单调、可导,且 $\psi'(u) \neq 0$。第二类换元法的过程如下。

$$\int f(x)\mathrm{d}x \xrightarrow{\diamondsuit\, x = \psi(u)} \int f[\psi(u)]\psi'(u)\mathrm{d}u = F(u) + C \xrightarrow{\diamondsuit\, u = \psi^{-1}(x)} F[\psi^{-1}(x)] + C$$

三角代换法:常用的变量代换有下面四种。

在 $\int R(x, \sqrt{a^2 - x^2})\mathrm{d}x$ 中,可令 $x = a\sin u$ 或 $x = a\cos u$;

在 $\int R(x, \sqrt{a^2 + x^2})\mathrm{d}x$ 中,可令 $x = a\tan u$ 或 $x = a\cot u$;

在 $\int R(x, \sqrt{x^2 - a^2})\mathrm{d}x$ 中,可令 $x = a\sec u$ 或 $x = a\csc u$;

在 $\int R(x, \sqrt[n]{ax + b})\mathrm{d}x$ 中,可令 $\sqrt[n]{ax + b} = u$。

(3) 分部积分法:虽然换元积分法能够解决积分问题,但仍有些积分用换元法还不能计算,如 $\int x\ln x\mathrm{d}x$、$\int xe^x\mathrm{d}x$、$\int e^x\sin x\mathrm{d}x$ 等,这种积分的被积函数是两种不同类型的函数的乘积。既然积分法是微分法的逆运算,我们就可把函数乘积的微分公式转化为函数乘积的积分公式。

设函数 $u = u(x)$ 及 $v = v(x)$ 具有连续导数,则由函数乘积的微分公式得

$$\mathrm{d}(uv) = u\mathrm{d}v + v\mathrm{d}u$$

移项得

$$u\mathrm{d}v = \mathrm{d}(uv) - v\mathrm{d}u$$

两边积分得

$$\int u\mathrm{d}v = uv - \int v\mathrm{d}u$$

这个公式叫作分部积分公式。运用此公式时,关键是把被积表达式 $f(x)\mathrm{d}x$ 分成 u 和 $\mathrm{d}v$ 两部分乘积的形式。即

$$\int f(x)\mathrm{d}x = \int u(x)v'(x)\mathrm{d}x = \int u(x)\mathrm{d}v(x)$$

然后再使用公式 $\int u \mathrm{d}v = uv - \int v \mathrm{d}u$。

单从形式上看,似乎看不出这个公式会给我们带来什么好处,然而当不定积分 $\int v \mathrm{d}u$ 比较容易求得时,通过该公式就易求得 $\int u \mathrm{d}v$,所以起到了化难为易的作用。

在选择 u, v 时,有两点值得注意。

1)选择 u 时,应使 u' 比 u 简单;

2)选择 $\mathrm{d}v$ 时,使 v 比较容易求出,尤其要使 $\int v \mathrm{d}u$ 容易求出。

因此,一般当被积函数是多项式与指数函数的积或多项式与正/余弦函数的乘积时,选择多项式为 u ,这样经过求 $\mathrm{d}u$,可以降低多项式的次数。

当被积函数是对数函数或反三角函数与其他函数的乘积时,一般可选对数函数或反三角函数为 u ,经过求 $\mathrm{d}u$,将其转化为多项式函数的形式。

当被积函数是指数函数与正/余弦函数的乘积时,两者均可选为 u ,可根据具体问题灵活选取。

在很多不定积分计算中,需把换元积分法与分部积分法结合起来使用,这就需要根据问题来选择好两种方法的运算顺序。

3. 有理函数与三角有理函数的积分

(1)有理函数的积分:有理函数是指由两个多项式的商所表示的函数,即具有如下形式的函数。

$$\frac{P(x)}{Q(x)} = \frac{a_0 x^n + a_1 x^{n-1} + \cdots + a_{n-1} x + a_n}{b_0 x^m + b_1 x^{m-1} + \cdots + b_{m-1} x + b_m} \qquad 式(4-1)$$

其中 m 和 n 都是非负整数;$a_0, a_1, a_2, \cdots, a_n$ 及 $b_0, b_1, b_2, \cdots, b_m$ 为常数,并且 $a_0 \neq 0, b_0 \neq 0$。

若分子多项式 $P(x)$ 的次数 n 小于分母多项式 $Q(x)$ 的次数 m ,称分式为真分式;若分子多项式 $P(x)$ 的次数 n 大于等于分母多项式 $Q(x)$ 的次数 m ,称分式为假分式。

根据多项式理论,若多项式 $Q(x)$ 在实数范围内能分解为一次因式和二次质因式的乘积,如:

$$Q(x) = b_0 (x-a)^{\alpha} \cdots (x-b)^{\beta} (x^2 + px + q)^{\lambda} \cdots (x^2 + rx + s)^{\mu} \qquad 式(4-2)$$

(其中 $p^2 - 4q < 0, \cdots, r^2 - 4s < 0$),则式(4-1)可分解为

$$\frac{P(x)}{Q(x)} = \frac{A_1}{(x-a)^{\alpha}} + \frac{A_2}{(x-a)^{\alpha-1}} + \cdots + \frac{A_{\alpha}}{(x-a)}$$

$$\cdots\cdots$$

$$+ \frac{B_1}{(x-b)^{\beta}} + \frac{B_2}{(x-b)^{\beta-1}} + \cdots + \frac{B_{\beta}}{(x-b)}$$

$$+ \frac{M_1 x + N_1}{(x^2 + px + q)^{\lambda}} + \frac{M_2 x + N_2}{(x^2 + px + q)^{\lambda-1}} + \cdots + \frac{M_{\lambda} x + N_{\lambda}}{(x^2 + px + q)} \qquad 式(4-3)$$

$$\cdots\cdots$$

$$+ \frac{R_1 x + NS_1}{(x^2 + rx + s)^{\mu}} + \frac{R_2 x + S_2}{(x^2 + rx + s)^{\mu-1}} + \cdots + \frac{R_{\mu} x + S_{\mu}}{(x^2 + rx + s)}$$

其中 $A_i,\cdots,B_i,M_i,N_i\cdots,R_i$ 及 S_i 等都是常数。

（2）三角函数有理式的积分

形如 $\int R(\sin x,\cos x)\,\mathrm{d}x$ 的积分，称为三角函数有理式积分，其中 $R(u,v)$ 表示变量 u,v 的有理函数，$R(\sin x,\cos x)$ 称为三角函数，如 $\dfrac{1+\sin x}{\sin x(1+\cos x)}$、$\dfrac{2\tan x}{\sin x+\sec x}$、$\dfrac{\cot x}{\sin x\cdot\cos x+1}$ 等都是三角函数有理式。处理这类积分的基本思想是通过三角学中万能代换公式，将之变为有理函数的积分。

二、重难点解析

本章重点是原函数和不定积分的概念，难点是原函数的求法。突破难点的关键是紧紧扣住原函数的定义，逆用求导公式，得到不定积分的结果。

一条主线：求导数与求不定积分互为逆运算。

两组概念：原函数的定义和性质，不定积分的定义和性质。

三个注意：一是注意一个函数的原函数有无穷多个，它们之间仅相差一个常数；二是注意求不定积分时，不要漏写任意常数 C；三是注意求一个函数的不定积分，允许结果在形式上不同，但其结果的导数应相等。

三、例题解析

例1 求 $\displaystyle\int\sqrt{x\sqrt{x\sqrt{x}}}\,\mathrm{d}x$

答案： $\dfrac{8}{15}x^{\frac{15}{8}}+C$

解析 $\sqrt{x\sqrt{x\sqrt{x}}}=x^{\frac{1}{2}+\frac{1}{4}+\frac{1}{8}}=x^{\frac{7}{8}}$，直接积分。

$$\int\sqrt{x\sqrt{x\sqrt{x}}}\,\mathrm{d}x=\int x^{\frac{7}{8}}\mathrm{d}x=\frac{8}{15}x^{\frac{15}{8}}+C$$

例2 求 $\displaystyle\int\tan\sqrt{1+x^2}\,\frac{x\mathrm{d}x}{\sqrt{1+x^2}}$

答案： $-\ln\left|\cos\sqrt{1+x^2}\right|+C$

解析 关键是 $\dfrac{x\mathrm{d}x}{\sqrt{1+x^2}}$ 能凑成哪个函数的微分。

$$\int\tan\sqrt{1+x^2}\,\frac{x\mathrm{d}x}{\sqrt{1+x^2}}=\int\tan\sqrt{1+x^2}\,\mathrm{d}\left(\sqrt{1+x^2}\right)=-\ln\left|\cos\sqrt{1+x^2}\right|+C$$

例3 求 $\displaystyle\int\frac{\mathrm{d}x}{x(x^6+4)}$

答案： $-\dfrac{1}{24}\ln\left(1+\dfrac{4}{x^6}\right)+C$

解析 利用第二类换元法的倒代换。

令 $x=\dfrac{1}{t}$，则 $\mathrm{d}x=-\dfrac{1}{t^2}\mathrm{d}t$

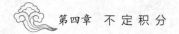

$$\int \frac{\mathrm{d}x}{x(x^6+4)} = \int \frac{t}{\frac{1}{t^6}+4}\left(-\frac{1}{t^2}\right)\mathrm{d}t = -\frac{1}{24}\int \frac{\mathrm{d}(4t^6)}{1+4t^6} = -\frac{1}{24}\int \frac{\mathrm{d}(4t^6+1)}{1+4t^6}$$

$$= -\frac{1}{24}\ln(1+4t^6)+C = -\frac{1}{24}\ln\left(1+\frac{4}{x^6}\right)+C$$

例4 求 $\int e^{-2x}\sin\frac{x}{2}\mathrm{d}x$

答案: $-\dfrac{2e^{-2x}}{17}\left(4\sin\dfrac{x}{2}+\cos\dfrac{x}{2}\right)+C$

解析 $\int e^{-2x}\sin\frac{x}{2}\mathrm{d}x = \int \sin\frac{x}{2}\mathrm{d}\left(-\frac{1}{2}e^{-2x}\right) = -\frac{1}{2}e^{-2x}\sin\frac{x}{2}+\int \frac{1}{2}e^{-2x}\frac{1}{2}\cos\frac{x}{2}\mathrm{d}x$

$$= -\frac{1}{2}e^{-2x}\sin\frac{x}{2}+\frac{1}{4}\int \cos\frac{x}{2}\mathrm{d}\left(-\frac{1}{2}e^{-2x}\right)$$

$$= -\frac{1}{2}e^{-2x}\sin\frac{x}{2}+\frac{1}{4}\left(-\frac{1}{2}e^{-2x}\cos\frac{x}{2}-\frac{1}{4}\int e^{-2x}\sin\frac{x}{2}\mathrm{d}x\right)$$

$$= -\frac{1}{2}e^{-2x}\sin\frac{x}{2}-\frac{1}{8}e^{-2x}\cos\frac{x}{2}-\frac{1}{16}\int e^{-2x}\sin\frac{x}{2}\mathrm{d}x$$

$$\int e^{-2x}\sin\frac{x}{2}\mathrm{d}x = -\frac{2e^{-2x}}{17}\left(4\sin\frac{x}{2}+\cos\frac{x}{2}\right)+C$$

例5 求 $\int \dfrac{3}{x^3+1}\mathrm{d}x$

答案: $\ln|x+1|-\dfrac{1}{2}\ln(x^2-x+1)+\sqrt{3}\arctan\left(\dfrac{2x-1}{\sqrt{3}}\right)+C$

解析 $\because x^3+1 = (x+1)(x^2-x+1)$

令 $\dfrac{3}{x^3+1} = \dfrac{A}{x+1}+\dfrac{Bx+C}{x^2-x+1}$

等式右边通分后比较两边分子 x 的同次项的系数得

$$\begin{cases} A+B=0 \\ B+C-A=0 \\ A+C=3 \end{cases} \text{解此方程组得} \begin{cases} A=1 \\ B=-1 \\ C=2 \end{cases}$$

$$\therefore \frac{3}{x^3+1} = \frac{1}{x+1}+\frac{-x+2}{x^2-x+1} = \frac{1}{x+1}-\frac{\frac{1}{2}(2x-1)-\frac{3}{2}}{\left(x-\frac{1}{2}\right)^2+\left(\frac{\sqrt{3}}{2}\right)^2}$$

$$= \frac{1}{x+1}-\frac{\frac{1}{2}(2x-1)}{\left(x-\frac{1}{2}\right)^2+\frac{3}{4}}+\frac{3}{2}\frac{1}{\left(x-\frac{1}{2}\right)^2+\left(\frac{\sqrt{3}}{2}\right)^2}$$

$$\int \frac{3}{x^3+1} \mathrm{d}x = \int \frac{1}{x+1} \mathrm{d}x - \int \frac{\frac{1}{2}(2x-1)}{\left(x-\frac{1}{2}\right)^2+\frac{3}{4}} \mathrm{d}x + \frac{3}{2} \int \frac{1}{\left(x-\frac{1}{2}\right)^2+\left(\frac{\sqrt{3}}{2}\right)^2} \mathrm{d}x$$

$$= \ln|x+1| - \frac{1}{2} \int \frac{1}{\left(x-\frac{1}{2}\right)^2+\frac{3}{4}} \mathrm{d}\left(\left(x-\frac{1}{2}\right)^2+\frac{3}{4}\right) + \sqrt{3} \int \frac{1}{\left(\frac{x-\frac{1}{2}}{\frac{\sqrt{3}}{2}}\right)^2+1} \mathrm{d}\left(\frac{x-\frac{1}{2}}{\frac{\sqrt{3}}{2}}\right)$$

$$= \ln|x+1| - \frac{1}{2}\ln|x^2-x+1| + \sqrt{3}\arctan\frac{2x-1}{\sqrt{3}} + C$$

例 6　求 $\int \frac{\sin\sqrt{x}}{\sqrt{x}} \mathrm{d}x$

答案：$-2\cos\sqrt{x} + C$

解析　由于 $\frac{1}{2\sqrt{x}}\mathrm{d}x = \mathrm{d}\sqrt{x}$，再利用凑微分法（第一类换元法）进行换元。

$$\int \frac{\sin\sqrt{x}}{\sqrt{x}} \mathrm{d}x = 2\int \frac{\sin\sqrt{x}}{2\sqrt{x}} \mathrm{d}x = 2\int \sin\sqrt{x}\,\mathrm{d}\sqrt{x} = -2\cos\sqrt{x} + C$$

例 7　求 $\int \frac{1}{1+\sqrt[3]{x+2}} \mathrm{d}x$

答案：$\frac{3}{2}\left(\sqrt[3]{x+2}\right)^2 - 3\sqrt[3]{x+2} + 3\ln|1+\sqrt[3]{x+2}| + C$

解析　积分函数中存在根式，可以换掉根式，利用根式代换法去求解。

令 $t = \sqrt[3]{x+2}$，则 $x = t^3-2$，$\mathrm{d}x = 3t^2\mathrm{d}t$

$$\int \frac{1}{1+\sqrt[3]{x+2}} \mathrm{d}x = \int \frac{1}{1+t} \cdot 3t^2 \mathrm{d}t = 3\int \frac{t^2-1+1}{1+t} \mathrm{d}t$$

$$= 3\int \left(t-1+\frac{1}{1+t}\right) \mathrm{d}t = \frac{3}{2}t^2 - 3t + 3\ln|1+t| + C$$

将 $t = \sqrt[3]{x+2}$ 回代得

$$\int \frac{1}{1+\sqrt[3]{x+2}} \mathrm{d}x = \frac{3}{2}\left(\sqrt[3]{x+2}\right)^2 - 3\sqrt[3]{x+2} + 3\ln|1+\sqrt[3]{x+2}| + C$$

例 8　求 $\int \frac{x}{\sqrt{a^2-x^2}} \mathrm{d}x \quad (a>0)$

答案：$-\sqrt{a^2-x^2} + C$

解析　并不是所有被积函数中含有根式的都用根式代换法，本例若用根式代换法反而更麻烦，本例用凑微分法。

$$\int \frac{x}{\sqrt{a^2 - x^2}} dx = -\frac{1}{2} \int \frac{d(a^2 - x^2)}{\sqrt{a^2 - x^2}} = -\frac{1}{2} \int (a^2 - x^2)^{-\frac{1}{2}} d(a^2 - x^2) = -\sqrt{a^2 - x^2} + C$$

例 9 求 $\int \frac{\sqrt{a^2 - x^2}}{x^4} dx$

答案: $\int \frac{\sqrt{a^2 - x^2}}{x^4} dx = \begin{cases} -\dfrac{(a^2 - x^2)^{\frac{3}{2}}}{3a^2 x^3} + C, & x > 0 \\ \dfrac{(a^2 - x^2)^{\frac{3}{2}}}{3a^2 x^3} + C, & x < 0 \end{cases}$

解析 本例含有根式,根式中含常数和 x^2,若采用三角函数代换,则很复杂,为此,通过观察发现分母含有 x^4,分子含有 x,于是采用倒代换求解。

令 $x = \dfrac{1}{t}$,则 $dx = -\dfrac{1}{t^2} dt$

$$\int \frac{\sqrt{a^2 - x^2}}{x^4} dx = \int \frac{\sqrt{a^2 - \left(\dfrac{1}{t}\right)^2}}{\left(\dfrac{1}{t}\right)^4} \left(-\frac{1}{t^2}\right) dt = -\int t^2 \sqrt{\frac{a^2 t^2 - 1}{t^2}} dt = -\int \sqrt{a^2 t^2 - 1} |t| dt$$

当 $x > 0$ 时,

$$\int \frac{\sqrt{a^2 - x^2}}{x^4} dx = -\frac{1}{2a^2} \int \sqrt{a^2 t^2 - 1} d(a^2 t^2 - 1) = -\frac{(a^2 t^2 - 1)^{\frac{3}{2}}}{3a^2} + C = -\frac{(a^2 - x^2)^{\frac{3}{2}}}{3a^2 x^3} + C$$

当 $x < 0$ 时,

$$\int \frac{\sqrt{a^2 - x^2}}{x^4} dx = \frac{(a^2 t^2 - 1)^{\frac{3}{2}}}{3a^2} + C = \frac{(a^2 - x^2)^{\frac{3}{2}}}{3a^2 x^3} + C$$

$$\int \frac{\sqrt{a^2 - x^2}}{x^4} dx = \begin{cases} -\dfrac{(a^2 - x^2)^{\frac{3}{2}}}{3a^2 x^3} + C, & x > 0 \\ \dfrac{(a^2 - x^2)^{\frac{3}{2}}}{3a^2 x^3} + C, & x < 0 \end{cases}$$

例 10 求 $\int e^x \cos x \, dx$

答案: $\dfrac{1}{2} \left[e^x \sin x + e^x \cos x \right] + C$

解析 被积函数是指数函数与三角函数,故采用分部积分法。

$$\int e^x \cos x \, dx = \int e^x d\sin x = e^x \sin x - \int \sin x \, e^x dx = e^x \sin x + \int e^x d\cos x$$

$$= e^x \sin x + \left[e^x \cos x - \int e^x \cos x \, dx \right] = e^x \sin x + e^x \cos x - \int e^x \cos x \, dx$$

$$\int e^x \cos x \, dx = \frac{1}{2} \left[e^x \sin x + e^x \cos x \right] + C$$

四、习题与解答

1. 试证函数 $y_1 = \ln(ax)$ 和 $y_2 = \ln x$ 是同一函数的原函数。

证 因为 $[\ln(ax)]' = \dfrac{1}{ax} \cdot a = \dfrac{1}{x}$ $\quad (\ln x)' = \dfrac{1}{x}$

所以 $y_1 = \ln(ax)$ 和 $y_2 = \ln x$ 是同一函数的原函数。

2. 用直接积分法求不定积分

(1) $\displaystyle\int \sqrt[n]{x^m}\,dx$ $\quad$ (m, n 为正整数)

解 $\displaystyle\int \sqrt[n]{x^m}\,dx = \int x^{\frac{m}{n}}\,dx = \dfrac{n}{m+n}x^{\frac{m+n}{n}} + C$

(2) $\displaystyle\int \dfrac{x^3 - 3x^2 + 2x + 4}{x^2}\,dx$

解 $\displaystyle\int \dfrac{x^3 - 3x^2 + 2x + 4}{x^2}\,dx = \int \left(x - 3 + \dfrac{2}{x} + \dfrac{4}{x^2} \right)dx$

$$= \dfrac{1}{2}x^2 - 3x + 2\ln|x| - \dfrac{4}{x} + C$$

(3) $\displaystyle\int \dfrac{5}{\sqrt{1 - x^2}}\,dx$

解 $\displaystyle\int \dfrac{5}{\sqrt{1 - x^2}}\,dx = 5\arcsin x + C$

(4) $\displaystyle\int (x^{\frac{1}{2}} - x^{-\frac{1}{2}})^2\,dx$

解 $\displaystyle\int (x^{\frac{1}{2}} - x^{-\frac{1}{2}})^2\,dx = \int \left(x - 2 + \dfrac{1}{x} \right)dx = \dfrac{1}{2}x^2 - 2x + \ln|x| + C$

(5) $\displaystyle\int x(4x^2 - 4x + 1)\,dx$

解 $\displaystyle\int x(4x^2 - 4x + 1)\,dx = \int (4x^3 - 4x^2 + x)\,dx = x^4 - \dfrac{4}{3}x^3 + \dfrac{1}{2}x^2 + C$

(6) $\displaystyle\int \dfrac{x + 5}{\sqrt{x}}\,dx$

解 $\displaystyle\int \dfrac{x + 5}{\sqrt{x}}\,dx = \int \left(\sqrt{x} + \dfrac{5}{\sqrt{x}} \right)dx = \dfrac{2}{3}x^{\frac{3}{2}} + 10x^{\frac{1}{2}} + C$

(7) $\displaystyle\int \dfrac{\sqrt{x} - x^3 e^x + 5x^2}{x^3}\,dx$

解 $\displaystyle\int \dfrac{\sqrt{x} - x^3 e^x + 5x^2}{x^3}\,dx = \int \left(x^{-\frac{5}{2}} - e^x + \dfrac{5}{x} \right)dx$

$$= -\dfrac{2}{3}x^{-\frac{3}{2}} - e^x + 5\ln|x| + C$$

(8) $\displaystyle\int (\cos x - a^x + \csc^2 x)\,dx$

解 $\int(\cos x - a^x + \csc^2 x)\,dx = \sin x - \dfrac{a^x}{\ln a} - \cot x + C$

（9）$\int\left(\sec^2 x + \dfrac{2}{1 + x^2} + \sin x\right)dx$

解 $\int\left(\sec^2 x + \dfrac{2}{1 + x^2} + \sin x\right)dx = \tan x + 2\arctan x - \cos x + C$

（10）$\int\dfrac{x - 4}{\sqrt{x} - 2}\,dx$

解 $\int\dfrac{x - 4}{\sqrt{x} - 2}\,dx = \int(\sqrt{x} + 2)\,dx = \dfrac{2}{3}x^{\frac{3}{2}} + 2x + C$

（11）$\int\dfrac{x^3 + 1}{x + 1}\,dx$

解 $\int\dfrac{x^3 + 1}{x + 1}\,dx = \int(x^2 - x + 1)\,dx = \dfrac{1}{3}x^3 - \dfrac{1}{2}x^2 + x + C$

（12）$\int\dfrac{1 + x + x^2}{x(1 + x^2)}\,dx$

解 $\int\dfrac{1 + x + x^2}{x(1 + x^2)}\,dx = \int\left(\dfrac{1}{x} + \dfrac{1}{1 + x^2}\right)dx = \ln|x| + \arctan x + C$

（13）$\int\dfrac{3x^2 + 1}{x^2(1 + x^2)}\,dx$

解 $\int\dfrac{3x^2 + 1}{x^2(1 + x^2)}\,dx = 2\int\dfrac{2x^2 + x^2 + 1}{2x^2(1 + x^2)}\,dx = 2\int\left(\dfrac{1}{2x^2} + \dfrac{1}{1 + x^2}\right)dx$

$$= 2\arctan x - \dfrac{1}{x} + C$$

（14）$\int\dfrac{x^2}{1 + x}\,dx$

解 $\int\dfrac{x^2}{1 + x}\,dx = \int\dfrac{x^2 - 1 + 1}{1 + x}\,dx = \int\dfrac{(x - 1)(x + 1) + 1}{1 + x}\,dx = \int(x - 1)\,dx + \int\dfrac{1}{1 + x}\,dx$

$$= \dfrac{1}{2}x^2 - x + \ln|x + 1| + C$$

（15）$\int\dfrac{\sqrt{1 + x^2}}{\sqrt{1 - x^4}}\,dx$

解 $\int\dfrac{\sqrt{1 + x^2}}{\sqrt{1 - x^4}}\,dx = \int\dfrac{1}{\sqrt{1 - x^2}}\,dx = \arcsin x + C$

（16）$\int\dfrac{1}{\cos 2x - 1}\,dx$

解 $\int\dfrac{1}{\cos 2x - 1}\,dx = \int\dfrac{1}{1 - 2\sin^2 x - 1}\,dx = -\dfrac{1}{2}\int\dfrac{1}{\sin^2 x}\,dx$

$$= \dfrac{1}{2}\cot x + C$$

（17）$\displaystyle\int \frac{\cos 2x}{\sin^2 x}\mathrm{d}x$

解 $\displaystyle\int \frac{\cos 2x}{\sin^2 x}\mathrm{d}x = \int \frac{1 - 2\sin^2 x}{\sin^2 x}\mathrm{d}x = \int (\csc^2 x - 2)\mathrm{d}x = -\cot x - 2x + C$

（18）$\displaystyle\int \tan^2 x\mathrm{d}x$

解 $\displaystyle\int \tan^2 x\mathrm{d}x = \int (\sec^2 x - 1)\mathrm{d}x = \tan x - x + C$

（19）$\displaystyle\int \sin^2 \frac{t}{2}\mathrm{d}t$

解 $\displaystyle\int \sin^2 \frac{t}{2}\mathrm{d}t = \int \frac{1 - \cos t}{2}\mathrm{d}t = \frac{1}{2}t - \frac{1}{2}\sin t + C$

（20）$\displaystyle\int \left(\sin \frac{t}{2} - \cos \frac{t}{2}\right)^2\mathrm{d}t$

解 $\displaystyle\int \left(\sin \frac{t}{2} - \cos \frac{t}{2}\right)^2\mathrm{d}t = \int (1 - \sin t)\mathrm{d}t = t + \cos t + C$

3. 求下列不定积分

（1）$\displaystyle\int (1 + x)^6\mathrm{d}x$

解 $\displaystyle\int (1 + x)^6\mathrm{d}x = \int (1 + x)^6\mathrm{d}(1 + x) = \frac{1}{7}(1 + x)^7 + C$

（2）$\displaystyle\int \sin 2x\mathrm{d}x$

解 $\displaystyle\int \sin 2x\mathrm{d}x = \frac{1}{2}\int \sin 2x\mathrm{d}(2x) = -\frac{1}{2}\cos 2x + C$

（3）$\displaystyle\int \frac{\mathrm{d}x}{\sqrt{2x + 1}}$

解 $\displaystyle\int \frac{\mathrm{d}x}{\sqrt{2x + 1}} = \int \frac{\mathrm{d}(2x + 1)}{2\sqrt{2x + 1}} = \sqrt{2x + 1} + C$

（4）$\displaystyle\int \frac{1}{2 - x}\mathrm{d}x$

解 $\displaystyle\int \frac{1}{2 - x}\mathrm{d}x = -\int \frac{1}{2 - x}\mathrm{d}(2 - x) = -\ln|2 - x| + C$

（5）$\displaystyle\int x\sqrt{1 + x^2}\mathrm{d}x$

解 $\displaystyle\int x\sqrt{1 + x^2}\mathrm{d}x = \frac{1}{2}\int \sqrt{1 + x^2}\mathrm{d}(1 + x^2) = \frac{1}{3}(1 + x^2)^{\frac{3}{2}} + C$

（6）$\displaystyle\int \frac{x\mathrm{d}x}{(2x^2 - 3)^{10}}$

解 $\displaystyle\int \frac{x\mathrm{d}x}{(2x^2 - 3)^{10}} = \frac{1}{4}\int (2x^2 - 3)^{-10}\mathrm{d}(2x^2 - 3) = -\frac{1}{36}(2x^2 - 3)^{-9} + C$

$$= -\frac{1}{36\,(2x^2 - 3)^9} + C$$

(7) $\int x e^{x^2} dx$

解 $\int x e^{x^2} dx = \frac{1}{2}\int e^{x^2} d(x^2) = \frac{1}{2} e^{x^2} + C$

(8) $\int (\ln x)^3 \frac{dx}{x}$

解 $\int (\ln x)^3 \frac{dx}{x} = \int (\ln x)^3 d(\ln x) = \frac{1}{4}(\ln x)^4 + C$

(9) $\int \frac{dx}{x \ln x}$

解 $\int \frac{dx}{x \ln x} = \int \frac{1}{\ln x} d(\ln x) = \ln|\ln x| + C$

(10) $\int e^\theta \cos e^\theta d\theta$

解 $\int e^\theta \cos e^\theta d\theta = \int \cos e^\theta d(e^\theta) = \sin e^\theta + C$

(11) $\int e^{\sin x}\cos x dx$

解 $\int e^{\sin x}\cos x dx = \int e^{\sin x} d(\sin x) = e^{\sin x} + C$

(12) $\int \frac{dx}{e^x}$

解 $\int \frac{dx}{e^x} = \int e^{-x} dx = -\int e^{-x} d(-x) = -e^{-x} + C$

(13) $\int \frac{dx}{x\sqrt{1 + \ln x}}$

解 $\int \frac{dx}{x\sqrt{1 + \ln x}} = \int \frac{d(1 + \ln x)}{\sqrt{1 + \ln x}} = 2\sqrt{1 + \ln x} + C$

(14) $\int \frac{\sin x}{\cos^3 x} dx$

解 $\int \frac{\sin x}{\cos^3 x} dx = -\int \frac{d(\cos x)}{\cos^3 x} = \frac{1}{2 \cos^2 x} + C = 2\sec^2 x + C$

(15) $\int \frac{dx}{9 - x^2}$

解 $\int \frac{dx}{9 - x^2} = -\int \frac{dx}{x^2 - 9} = -\frac{1}{6}\ln\left|\frac{x - 3}{x + 3}\right| + C$

(16) $\int \frac{dx}{x^2 - 6x + 5}$

解 $\int \frac{dx}{x^2 - 6x + 5} = \int \frac{dx}{(x - 5)(x - 1)} = \frac{1}{4}\int \left(\frac{1}{x - 5} - \frac{1}{x - 1}\right) dx$

$$= \frac{1}{4} \ln \left| \frac{x-5}{x-1} \right| + C$$

（17）$\int \frac{3x-1}{x^2+9} dx$

解 $\int \frac{3x-1}{x^2+9} dx = 3 \int \frac{x}{x^2+9} dx - \int \frac{1}{x^2+9} dx = \frac{3}{2} \int \frac{d(x^2+9)}{x^2+9} - \frac{1}{3} \arctan \frac{x}{3}$

$$= \frac{3}{2} \ln(x^2+9) - \frac{1}{3} \arctan \frac{x}{3} + C$$

（18）$\int \frac{3x^3-4x+1}{x^2-2} dx$

解 $\int \frac{3x^3-4x+1}{x^2-2} dx = \int \frac{3x(x^2-2)+2x+1}{x^2-2} dx$

$$= \int 3x dx + \int \frac{d(x^2-2)}{x^2-2} + \int \frac{dx}{x^2-2}$$

$$= \frac{3}{2} x^2 + \ln|x^2-2| + \frac{1}{2\sqrt{2}} \ln \left| \frac{x-\sqrt{2}}{x+\sqrt{2}} \right| + C$$

（19）$\int \frac{dt}{\sqrt{2-t^2}}$

解 $\int \frac{dt}{\sqrt{2-t^2}} = \arcsin \frac{t}{\sqrt{2}} + C$

（20）$\int \frac{dx}{\sqrt{6x-9x^2}}$

解 $\int \frac{dx}{\sqrt{6x-9x^2}} = \int \frac{dx}{\sqrt{1-(1-6x+9x^2)}} = \int \frac{dx}{\sqrt{1-(1-3x)^2}}$

$$= -\frac{1}{3} \int \frac{d(1-3x)}{\sqrt{1-(1-3x)^2}} = -\frac{1}{3} \arcsin(1-3x) + C$$

4. 求下列不定积分：

（1）$\int \frac{\cos\sqrt{x}}{\sqrt{x}} dx$

解 方法一 $\int \frac{\cos\sqrt{x}}{\sqrt{x}} dx = 2 \int \cos\sqrt{x} \, d(\sqrt{x}) = 2\sin\sqrt{x} + C$

方法二 设 $\sqrt{x} = t$，则 $x = t^2$，$dx = 2t dt$

于是

$$\int \frac{\cos\sqrt{x}}{\sqrt{x}} dx = \int \frac{\cos t}{t} \cdot 2t dt = 2 \int \cos t dt$$

$$= 2\sin t + C = 2\sin\sqrt{x} + C$$

（2）$\int \frac{1}{1-\sqrt{x}} dx$

解　设 $\sqrt{x}=u$，则 $x=u^2(u>0)$，$\mathrm{d}x=2u\mathrm{d}u$，于是

$$\int\frac{1}{1-\sqrt{x}}\mathrm{d}x=\int\frac{2u\mathrm{d}u}{1-u}=-2\int\frac{1-u-1}{1-u}\mathrm{d}u$$

$$=-2\left[\int\mathrm{d}u-\int\frac{1}{1-u}\mathrm{d}u\right]=-2[u+\ln|1-u|]+C$$

$$=-2[\sqrt{x}+\ln|1-\sqrt{x}|]+C$$

(3) $\displaystyle\int\frac{x}{\sqrt[3]{1-x}}\mathrm{d}x$

解　设 $\sqrt[3]{1-x}=t$，则 $x=1-t^3$，$\mathrm{d}x=-3t^2\mathrm{d}t$，$(t\neq0)$
于是

$$\int\frac{x}{\sqrt[3]{1-x}}\mathrm{d}x=\int\frac{1-t^3}{t}\cdot(-3t^2)\mathrm{d}t=3\int(t^4-t)\mathrm{d}t$$

$$=\frac{3}{5}t^5-\frac{3}{2}t^2+C=\frac{3}{5}(1-x)^{\frac{5}{3}}-\frac{3}{2}(1-x)^{\frac{2}{3}}+C$$

(4) $\displaystyle\int\frac{2x-3}{x^2-3x+8}\mathrm{d}x$

解　$\displaystyle\int\frac{2x-3}{x^2-3x+8}\mathrm{d}x=\int\frac{\mathrm{d}(x^2-3x+8)}{x^2-3x+8}=\ln|x^2-3x+8|+C$

(5) $\displaystyle\int\frac{3x-2}{x^2-2x+10}\mathrm{d}x$

解　$\displaystyle\int\frac{3x-2}{x^2-2x+10}\mathrm{d}x=\int\frac{3x-2}{(x-1)^2+3^2}\mathrm{d}x$

设 $x=u+1$，$\mathrm{d}x=\mathrm{d}u$，于是

$$\int\frac{3x-2}{x^2-2x+10}\mathrm{d}x=\int\frac{3u+1}{u^2+3^2}\mathrm{d}u=\frac{3}{2}\int\frac{\mathrm{d}(u^2+3^2)}{u^2+3^2}+\int\frac{\mathrm{d}u}{u^2+3^2}$$

$$=\frac{3}{2}\ln|u^2+9|+\frac{1}{3}\arctan\frac{u}{3}+C$$

$$=\frac{3}{2}\ln|x^2-2x+10|+\frac{1}{3}\arctan\frac{x-1}{3}+C$$

(6) $\displaystyle\int\frac{\mathrm{d}x}{(1-x^2)^{\frac{3}{2}}}$

解　设 $x=\sin t$，$\left(-\dfrac{\pi}{2}<t<\dfrac{\pi}{2}\right)$，则 $\mathrm{d}x=\cos t\mathrm{d}t$
于是

$$\int\frac{\mathrm{d}x}{(1-x^2)^{\frac{3}{2}}}=\int\frac{\cos t\mathrm{d}t}{\cos^3t}=\tan t+C=\frac{x}{\sqrt{1-x^2}}+C$$

(7) $\displaystyle\int\frac{x^2}{\sqrt{a^2-x^2}}\mathrm{d}x$

解 设 $x = a\sin t \left(-\dfrac{\pi}{2} < t < \dfrac{\pi}{2}\right)$，$dx = a\cos t\,dt$

于是

$$\int \frac{x^2}{\sqrt{a^2 - x^2}}dx = \int \frac{a^2\sin^2 t}{a\cos t}\cdot a\cos t\,dt = \frac{a^2}{2}\int (1 - \cos 2t)\,dt$$

$$= \frac{a^2}{2}t - \frac{a^2}{4}\sin 2t + C = \frac{a^2}{2}\arcsin\frac{x}{a} - \frac{x}{2}\sqrt{a^2 - x^2} + C$$

（8）$\displaystyle\int \frac{dx}{(x^2 + a^2)^{\frac{3}{2}}}$

解 设 $x = a\tan t \left(-\dfrac{\pi}{2} < t < \dfrac{\pi}{2}\right)$，$dx = a\sec^2 t\,dt$

于是

$$\int \frac{dx}{(x^2 + a^2)^{\frac{3}{2}}} = \int \frac{a\sec^2 t\,dt}{a^3\sec^3 t} = \frac{1}{a^2}\int \cos t\,dt = \frac{1}{a^2}\sin t + C = \frac{x}{a^2\sqrt{x^2 + a^2}} + C$$

（9）$\displaystyle\int \frac{\sqrt{x^2 - 9}}{x}dx$

解 方法一 $\displaystyle\int \frac{\sqrt{x^2 - 9}}{x}dx = \int \frac{\sqrt{x^2 - 9}}{x^2}\cdot x\,dx$

设 $\sqrt{x^2 - 9} = t$，则 $x^2 = t^2 + 9$，$x\,dx = t\,dt$

于是

$$\int \frac{\sqrt{x^2 - 9}}{x}dx = \int \frac{t}{t^2 + 9}\cdot t\,dt = \int \frac{t^2 + 9 - 9}{t^2 + 9}dt = \int \left(1 - \frac{9}{t^2 + 9}\right)dt$$

$$= t - 3\arctan\frac{t}{3} + C = \sqrt{x^2 - 9} - \frac{1}{3}\arctan\frac{\sqrt{x^2 - 9}}{3} + C$$

方法二 设 $x = 3\sec t \left(0 < t < \dfrac{\pi}{2}\right)$，$dx = 3\tan t\sec t\,dt$

于是

$$\int \frac{\sqrt{x^2 - 9}}{x}dx = \int \frac{3\tan t}{3\sec t}\cdot 3\tan t\sec t\,dt = 3\int (\sec^2 t - 1)\,dt$$

$$= 3\tan t - 3t + C = \sqrt{x^2 - 9} - 3\arccos\frac{3}{x} + C$$

（10）$\displaystyle\int \frac{x^4}{\sqrt{(1 - x^2)^3}}dx$

解 设 $x = \sin t \left(-\dfrac{\pi}{2} < t < \dfrac{\pi}{2}\right)$，$dx = \cos t\,dt$

于是

$$\int \frac{x^4}{\sqrt{(1 - x^2)^3}}dx = \int \frac{\sin^4 t}{\cos^3 t}\cdot \cos t\,dt = \int \frac{(1 - \cos^2 t)^2}{\cos^2 t}dt$$

$$= \int \frac{1 - 2\cos^2 t + \cos^4 t}{\cos^2 t} \mathrm{d}t = \tan t - 2t + \frac{1}{2} \int (1 + \cos 2t) \, \mathrm{d}t$$

$$= \tan t - 2t + \frac{t}{2} + \frac{1}{4} \sin 2t + C$$

$$= \frac{x}{\sqrt{1 - x^2}} + \frac{x}{2}\sqrt{1 - x^2} - \frac{3}{2} \arcsin x + C$$

(11) $\displaystyle\int \frac{x^3}{(1 + x^2)^{\frac{3}{2}}} \mathrm{d}x$

解 方法一 设 $\sqrt{1+x^2}=t$，则 $x^2=t^2-1$，$x\mathrm{d}x=t\mathrm{d}t$
于是

$$\int \frac{x^3}{(1 + x^2)^{\frac{3}{2}}} \mathrm{d}x = \int \frac{x^2}{(1 + x^2)^{\frac{3}{2}}} \cdot x \mathrm{d}x = \int \frac{t^2 - 1}{t^3} \cdot t \mathrm{d}t$$

$$= \int \left(1 - \frac{1}{t^2}\right) \mathrm{d}t = t + \frac{1}{t} + C = \sqrt{1 + x^2} + \frac{1}{\sqrt{1 + x^2}} + C$$

方法二 设 $x = \tan t\left(-\dfrac{\pi}{2} < t < \dfrac{\pi}{2}\right)$，$\mathrm{d}x = \sec^2 t \mathrm{d}t$
于是

$$\int \frac{x^3}{(1 + x^2)^{\frac{3}{2}}} \mathrm{d}x = \int \frac{\tan^3 t}{\sec^3 t} \cdot \sec^2 t \mathrm{d}t = \int \frac{\tan^2 t}{\sec^2 t} \cdot \tan t \sec t \mathrm{d}t$$

$$= \int \frac{\sec^2 t - 1}{\sec^2 t} \mathrm{d}\sec t = \int \left(1 - \frac{1}{\sec^2 t}\right) \mathrm{d}\sec t = \sec t + \frac{1}{\sec t} + C$$

$$= \sqrt{1 + x^2} + \frac{1}{\sqrt{1 + x^2}} + C$$

(12) $\displaystyle\int x^3 (1 + x^2)^{\frac{1}{2}} \mathrm{d}x$

解 方法一 设 $\sqrt{1+x^2}=t$，则 $x^2=t^2-1$，$x\mathrm{d}x=t\mathrm{d}t$
于是

$$\int x^3 (1 + x^2)^{\frac{1}{2}} \mathrm{d}x = \int x^2 (1 + x^2)^{\frac{1}{2}} \cdot x \mathrm{d}x = \int (t^2 - 1) \cdot t \cdot t \mathrm{d}t = \int (t^4 - t^2) \mathrm{d}t$$

$$= \frac{1}{5} t^5 - \frac{1}{3} t^3 + C = \frac{1}{5} (1 + x^2)^{\frac{5}{2}} - \frac{1}{3} (1 + x^2)^{\frac{3}{2}} + C$$

方法二 设 $x = \tan t\left(-\dfrac{\pi}{2} < t < \dfrac{\pi}{2}\right)$，则 $\mathrm{d}x = \sec^2 t \mathrm{d}t$
于是

$$\int x^3 (1 + x^2)^{\frac{1}{2}} \mathrm{d}x = \int \tan^3 t \cdot \sec t \cdot \sec^2 t \mathrm{d}t = \int \tan^2 t \cdot \sec^2 t \mathrm{d}\sec t$$

$$= \int (\sec^2 t - 1) \sec^2 t \mathrm{d}\sec t = \int (\sec^4 t - \sec^2 t) \mathrm{d}\sec t$$

$$= \frac{1}{5} \sec^5 t - \frac{1}{3} \sec^3 t + C = \frac{1}{5} (1 + x^2)^{\frac{5}{2}} - \frac{1}{3} (1 + x^2)^{\frac{3}{2}} + C$$

(13) $\displaystyle\int \frac{\mathrm{d}x}{1 + \sqrt{1 - x^2}}$

解 令 $x = \sin t$，$|t| < \dfrac{\pi}{2}$，则 $\mathrm{d}x = \cos t \mathrm{d}t$。

于是

$$\int \frac{\mathrm{d}x}{1 + \sqrt{1 - x^2}} = \int \frac{\cos t \mathrm{d}t}{1 + \cos t} = \int \mathrm{d}t - \int \frac{\mathrm{d}t}{1 + \cos t} = t - \int \frac{\mathrm{d}t}{2 \cos^2 \dfrac{t}{2}} = t - \int \sec^2 \frac{t}{2} \mathrm{d}\frac{t}{2}$$

$$= t - \tan \frac{t}{2} + C = \arcsin x - \frac{x}{1 + \sqrt{1 - x^2}} + C$$

(14) $\displaystyle\int \frac{x^2 + 1}{x\sqrt{x^4 + 1}}\mathrm{d}x$

解 $\displaystyle\int \frac{x^2 + 1}{x\sqrt{x^4 + 1}}\mathrm{d}x = \frac{1}{2}\int \frac{x^2 + 1}{x^2\sqrt{x^4 + 1}}\mathrm{d}x^2$，令 $u = x^2$ 得

$$\int \frac{x^2 + 1}{x\sqrt{x^4 + 1}}\mathrm{d}x = \frac{1}{2}\int \frac{u + 1}{u\sqrt{u^2 + 1}}\mathrm{d}u$$

令 $u = \tan t$，$|t| < \dfrac{\pi}{2}$，则 $\mathrm{d}u = \sec^2 t \mathrm{d}t$

$$\int \frac{x^2 + 1}{x\sqrt{x^4 + 1}}\mathrm{d}x = \frac{1}{2}\int \frac{u + 1}{u\sqrt{u^2 + 1}}\mathrm{d}u = \frac{1}{2}\int \frac{\tan t + 1}{\tan t \sec t}\sec^2 t \mathrm{d}t$$

$$= \frac{1}{2}\int \frac{\tan t + 1}{\tan t \sec t}\sec^2 t \mathrm{d}t = \frac{1}{2}\int (\csc t + \sec t) \mathrm{d}t$$

$$= \frac{1}{2}\ln |\sec t + \tan t| + \frac{1}{2}\ln |\csc t - \cot t| + C$$

$$= \frac{1}{2}\ln |\sqrt{u^2 + 1} + u| + \frac{1}{2}\ln \left| \frac{\sqrt{u^2 + 1}}{u} - \frac{1}{u} \right| + C$$

$$= \frac{1}{2}\ln |\sqrt{x^4 + 1} + x^2| + \frac{1}{2}\ln \left| \frac{\sqrt{x^4 + 1} - 1}{x^2} \right| + C$$

5. 求下列不定积分

(1) $\displaystyle\int \frac{\cot\theta}{\sqrt{\sin\theta}}\mathrm{d}\theta$

解 $\displaystyle\int \frac{\cot\theta}{\sqrt{\sin\theta}}\mathrm{d}\theta = \int \frac{\cos\theta}{\sin\theta\sqrt{\sin\theta}}\mathrm{d}\theta = \int \frac{\mathrm{d}(\sin\theta)}{\sqrt{\sin^3\theta}} = -\frac{2}{\sqrt{\sin\theta}} + C$

(2) $\displaystyle\int \frac{\mathrm{d}x}{\cos^2 x \sqrt{\tan x}}$

解 $\displaystyle\int \frac{\mathrm{d}x}{\cos^2 x \sqrt{\tan x}} = \int \frac{\mathrm{d}(\tan x)}{\sqrt{\tan x}} = 2\sqrt{\tan x} + C$

(3) $\displaystyle\int \frac{(\arctan x)^2}{1 + x^2}\mathrm{d}x$

解 $\displaystyle\int\frac{(\arctan x)^2}{1+x^2}dx=\int(\arctan x)^2 d(\arctan x)=\frac{1}{3}(\arctan x)^3+C$

（4）$\displaystyle\int\frac{dx}{(\arcsin x)^2\sqrt{1-x^2}}$

解 $\displaystyle\int\frac{dx}{(\arcsin x)^2\sqrt{1-x^2}}=\int\frac{d(\arcsin x)}{(\arcsin x)^2}=-\frac{1}{\arcsin x}+C$

（5）$\displaystyle\int\sin^4 x dx$

解 $\displaystyle\int\sin^4 x dx=\int\left(\frac{1-\cos 2x}{2}\right)^2 dx=\frac{1}{4}\int(1-2\cos 2x+\cos^2 2x)dx$

$\displaystyle\qquad=\frac{x}{4}-\frac{1}{4}\int\cos 2x d(2x)+\frac{1}{8}\int(1+\cos 4x)dx$

$\displaystyle\qquad=\frac{3}{8}x-\frac{1}{4}\sin 2x+\frac{1}{32}\sin 4x+C$

（6）$\displaystyle\int\sin 3x\sin 5x dx$

解 $\displaystyle\int\sin 3x\sin 5x dx=\frac{1}{2}\int(\cos 2x-\cos 8x)dx=\frac{1}{4}\sin 2x-\frac{1}{16}\sin 8x+C$

（7）$\displaystyle\int\cos^3 x dx$

解 $\displaystyle\int\cos^3 x dx=\int(1-\sin^2 x)d\sin x=\sin x-\frac{1}{3}\sin^3 x+C$

（8）$\displaystyle\int\frac{e^x-e^{-x}}{e^x+e^{-x}}dx$

解 $\displaystyle\int\frac{e^x-e^{-x}}{e^x+e^{-x}}dx=\int\frac{d(e^x+e^{-x})}{e^x+e^{-x}}=\ln(e^x+e^{-x})+C$

6. 求下列不定积分

（1）$\displaystyle\int\arcsin x dx$

解 $\displaystyle\int\arcsin x dx=x\arcsin x-\int x\frac{1}{\sqrt{1-x^2}}dx=x\arcsin x+\frac{1}{2}\int\frac{1}{\sqrt{1-x^2}}d(1-x^2)$

$\displaystyle\qquad=x\arcsin x+\sqrt{1-x^2}+C$

（2）$\displaystyle\int\frac{x}{\cos^2 x}dx$

解 $\displaystyle\int\frac{x}{\cos^2 x}dx=\int x d(\tan x)=x\tan x-\int\tan x dx=x\tan x-\int\frac{\sin x}{\cos x}dx$

$\displaystyle\qquad=x\tan x+\int\frac{d(\cos x)}{\cos x}=x\tan x+\ln|\cos x|+C$

（3）$\displaystyle\int x\sin 2x dx$

解 $\displaystyle\int x\sin 2x dx=-\frac{1}{2}\int x d(\cos 2x)=-\frac{1}{2}x\cos 2x+\frac{1}{2}\int\cos 2x dx$

$$= -\frac{1}{2}x\cos 2x + \frac{1}{4}\sin 2x + C$$

（4）$\int x e^{-x} dx$

解 $\int x e^{-x} dx = -\int x d(e^{-x}) = -xe^{-x} + \int e^{-x} dx = -xe^{-x} - e^{-x} + C$

（5）$\int x^5 \ln x dx$

解 $\int x^5 \ln x dx = \frac{1}{6}\int \ln x d(x^6) = \frac{1}{6}x^6 \ln x - \frac{1}{6}\int x^6 d(\ln x)$

$$= \frac{1}{6}x^6 \ln x - \frac{1}{6}\int x^6 \cdot \frac{1}{x} dx = \frac{1}{6}x^6 \ln x - \frac{1}{36}x^6 + C$$

（6）$\int \ln^2 x dx$

解 $\int \ln^2 x dx = x\ln^2 x - \int x d(\ln^2 x) = x\ln^2 x - 2\int x\ln x \cdot \frac{1}{x} dx$

$$= x\ln^2 x - 2\int \ln x dx = x\ln^2 x - 2[x\ln x - \int x d(\ln x)]$$

$$= x\ln^2 x - 2\left(x\ln x - \int x \cdot \frac{1}{x} dx\right) = x\ln^2 x - 2x\ln x + 2x + C$$

（7）$\int x^2 \sin x dx$

解 $\int x^2 \sin x dx = -\int x^2 d(\cos x) = -x^2 \cos x + \int \cos x d(x^2)$

$$= -x^2 \cos x + 2\int x\cos x dx = -x^2 \cos x + 2\int x d(\sin x)$$

$$= -x^2 \cos x + 2(x\sin x - \int \sin x dx)$$

$$= -x^2 \cos x + 2x\sin x + 2\cos x + C$$

（8）$\int \cos^2 \sqrt{u}\, du$

解 设 $\sqrt{u} = t$，则 $u = t^2$，$du = 2t dt$

于是

$$\int \cos^2 \sqrt{u}\, du = \int \cos^2 t \cdot 2t dt = \int (1 + \cos 2t)t dt = \int (t + t\cos 2t) dt$$

$$= \frac{1}{2}t^2 + \frac{1}{2}\int t d(\sin 2t) = \frac{1}{2}t^2 + \frac{1}{2}t\sin 2t - \frac{1}{2}\int \sin 2t dt$$

$$= \frac{1}{2}t^2 + \frac{1}{2}t\sin 2t + \frac{1}{4}\cos 2t + C = \frac{u}{2} + \frac{\sqrt{u}}{2}\sin 2\sqrt{u} + \frac{1}{4}\cos 2\sqrt{u} + C$$

（9）$\int \ln(1 + x^2) dx$

解 $\int \ln(1 + x^2) dx = x\ln(1 + x^2) - \int x\frac{2x}{1 + x^2} dx = x\ln(1 + x^2) - \int \frac{2x^2}{1 + x^2} dx$

$$= x\ln(1 + x^2) - \int \frac{2(x^2 + 1) - 2}{1 + x^2}dx = x\ln(1 + x^2) - \int 2dx + 2\int \frac{dx}{1 + x^2}$$

$$= x\ln(1 + x^2) - 2x + 2\arctan x + C$$

（10）$\int x^2 \arctan x dx$

解 $\int x^2 \arctan x dx = \int \arctan x d\left(\frac{x^3}{3}\right) = \frac{x^3}{3}\arctan x - \int \frac{1}{3}x^3 \frac{1}{1 + x^2}dx$

$$= \frac{x^3}{3}\arctan x - \frac{1}{3}\int \frac{x^3 + x - x}{1 + x^2}dx = \frac{x^3}{3}\arctan x - \frac{1}{3}\int \left(x - \frac{x}{1 + x^2}\right)dx$$

$$= \frac{x^3}{3}\arctan x - \frac{1}{6}x^2 + \frac{1}{6}\int \frac{1}{1 + x^2}d(1 + x^2)$$

$$= \frac{1}{3}x^3 \arctan x - \frac{1}{6}x^2 + \frac{1}{6}\ln(1 + x^2) + C$$

（11）$\int x\cos\frac{x}{2}dx$

解 $\int x\cos\frac{x}{2}dx = 2\int x d\left(\sin\frac{x}{2}\right) = 2x\sin\frac{x}{2} - 2\int \sin\frac{x}{2}dx$

$$= 2x\sin\frac{x}{2} - 4\int \sin\frac{x}{2}d\left(\frac{x}{2}\right) = 2x\sin\frac{x}{2} + 4\cos\frac{x}{2} + C$$

（12）$\int x\tan^2 x dx$

解 $\int x\tan^2 x dx = \int x(\sec^2 x - 1)dx = \int x\sec^2 x dx - \int x dx = \int x d(\tan x) - \int x dx$

$$= x\tan x - \int \tan x dx - \frac{1}{2}x^2 = x\tan x + \ln|\cos x| - \frac{1}{2}x^2 + C$$

（13）$\int x\sin x\cos x dx$

解 $\int x\sin x\cos x dx = \int \frac{1}{2}x\sin 2x dx = \frac{1}{2}\int x d\left(-\frac{1}{2}\cos 2x\right)$

$$= -\frac{1}{4}x\cos 2x + \frac{1}{4}\int \cos 2x dx = -\frac{1}{4}x\cos 2x + \frac{1}{8}\int \cos 2x d(2x)$$

$$= -\frac{1}{4}x\cos 2x + \frac{1}{8}\sin 2x + C$$

（14）$\int x^2 \cos^2 \frac{x}{2}dx$

解 $\int x^2 \cos^2 \frac{x}{2}dx = \int \left(\frac{1}{2}x^2 + \frac{1}{2}x^2 \cos x\right)dx = \frac{1}{2}\int x^2 dx + \frac{1}{2}\int x^2 \cos x dx$

$$= \frac{1}{6}x^3 + \frac{1}{2}\int x^2 d\sin x = \frac{1}{6}x^3 + \frac{1}{2}x^2 \sin x - \frac{1}{2}\int 2x\sin x dx$$

$$= \frac{1}{6}x^3 + \frac{1}{2}x^2 \sin x + \int x d\cos x = \frac{1}{6}x^3 + \frac{1}{2}x^2 \sin x + x\cos x - \int \cos x dx$$

$$= \frac{1}{6}x^3 + \frac{1}{2}x^2\sin x + x\cos x - \sin x + C$$

7. 求下列不定积分

（1）$\int \dfrac{5x^2 + 3}{(x+2)^3}\mathrm{d}x$

解 可令

$$\frac{5x^2+3}{(x+2)^3} = \frac{A}{x+2} + \frac{B}{(x+2)^2} + \frac{C}{(x+2)^3}$$

将右端通分，并比较两端分子，即 $5x^2+3 \equiv A(x+2)^2 + B(x+2) + C$，则得三元线性方程组

$$\begin{cases} A = 5 & (x^2 \text{ 的系数}) \\ 4A+B = 0 & (x \text{ 的系数}) , \\ 4A+2B+C = 3 & (\text{常数项}) \end{cases} \quad \text{解得} \begin{cases} A = 5 \\ B = -20 \\ C = 23 \end{cases}$$

于是得

$$\frac{5x^2+3}{(x+2)^3} = \frac{5}{x+2} - \frac{20}{(x+2)^2} + \frac{23}{(x+2)^3}$$

因此

$$\int \frac{5x^2+3}{(x+2)^3}\mathrm{d}x = \int \frac{5}{x+2}\mathrm{d}x - \int \frac{20}{(x+2)^2}\mathrm{d}x + \int \frac{23}{(x+2)^3}\mathrm{d}x$$

$$= 5\ln|x+2| + \frac{20}{x+2} - \frac{23}{2(x+2)^2} + C$$

（2）$\int \dfrac{x-2}{(x-3)(x-5)}\mathrm{d}x$

解 设

$$\frac{x-2}{(x-3)(x-5)} = \frac{A}{x-3} + \frac{B}{x-5} \quad (A, B \text{ 为待定常数})$$

则得 $x-2 \equiv A(x-5) + B(x-3)$，即

$$(A+B)x - (5A+3B) \equiv x-2$$

比较两端常数项和 x 的系数，则得线性方程组

$$\begin{cases} 5A+3B = 2 \\ A+B = 1 \end{cases}$$

解得 $A = -\dfrac{1}{2}, B = \dfrac{3}{2}$。因此

$$\frac{x-2}{(x-3)(x-5)} = \frac{-\dfrac{1}{2}}{x-3} + \frac{\dfrac{3}{2}}{x-5}$$

从而得

$$\int \frac{x-2}{(x-3)(x-5)}\mathrm{d}x = -\frac{1}{2}\ln|x-3| + \frac{3}{2}\ln|x-5| + C$$

（3）$\int \dfrac{x^2+1}{(x^2-2x+2)^2}\mathrm{d}x$

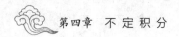

解 $\dfrac{x^2+1}{(x^2-2x+2)^2}=\dfrac{(x^2-2x+2)+(2x-1)}{(x^2-2x+2)^2}=\dfrac{1}{x^2-2x+2}+\dfrac{2x-1}{(x^2-2x+2)^2}$

现分别计算部分分式的不定积分如下。

$$\int\dfrac{\mathrm{d}x}{x^2-2x+2}=\int\dfrac{\mathrm{d}(x-1)}{(x-1)^2+1}=\arctan(x-1)+C_1$$

$$\int\dfrac{2x-1}{(x^2-2x+2)^2}\mathrm{d}x=\int\dfrac{(2x-2)+1}{(x^2-2x+2)^2}\mathrm{d}x=\int\dfrac{\mathrm{d}(x^2-2x+2)}{(x^2-2x+2)^2}+\int\dfrac{\mathrm{d}(x-1)}{[(x-1)^2+1]^2}$$

$$=\dfrac{-1}{x^2-2x+2}+\int\dfrac{\mathrm{d}t}{(t^2+1)^2}\quad(t=x-1)$$

由递推公式,求得其中

$$\int\dfrac{\mathrm{d}t}{(t^2+1)^2}=\dfrac{t}{2(t^2+1)}+\dfrac{1}{2}\int\dfrac{\mathrm{d}t}{t^2+1}=\dfrac{x-1}{2(x^2-2x+2)}+\dfrac{1}{2}\arctan(x-1)+C_2$$

于是得到 $\quad\int\dfrac{x^2+1}{(x^2-2x+2)^2}\mathrm{d}x=\dfrac{x-3}{2(x^2-2x+2)}+\dfrac{3}{2}\arctan(x-1)+C$

(4) $\int\dfrac{x^3}{x+3}\mathrm{d}x$

解 $\because\dfrac{x^3}{x+3}=\dfrac{x^3+27-27}{x+3}=x^2-3x+9-\dfrac{27}{x+3}$

$\therefore\int\dfrac{x^3}{x+3}\mathrm{d}x=\int\left(x^3-3x+9-\dfrac{27}{x+3}\right)\mathrm{d}x=\dfrac{1}{3}x^3-\dfrac{3}{2}x^2+9x-27\ln|x+3|+C$

(5) $\int\dfrac{x^5+x^4-8}{x^3-x}\mathrm{d}x$

解

$$\dfrac{x^5+x^4-8}{x^3-x}=\dfrac{(x^5-x^3)+(x^4-x^2)+(x^3-x)+x^2+x-8}{x^3-x}=x^2+x+1+\dfrac{x^2+x-8}{x^3-x}$$

而 $x^3-x=x(x+1)(x-1)$

令 $\dfrac{x^2+x-8}{x^3-x}=\dfrac{A}{x}+\dfrac{B}{x+1}+\dfrac{C}{x-1}$,等式右边通分后比较两边分子 x 的同次项的系数

得 $\begin{cases}A+B+C=1\\C-B=1\\A=8\end{cases}$

解此方程组得 $\begin{cases}A=8\\B=-4\\C=-3\end{cases}$

$$\dfrac{x^5+x^4-8}{x^3-x}=x^2+x+1+\dfrac{8}{x}-\dfrac{4}{x+1}-\dfrac{3}{x-1}$$

$$\int\dfrac{x^5+x^4-8}{x^3-x}\mathrm{d}x=\int\left(x^2+x+1+\dfrac{8}{x}-\dfrac{4}{x+1}-\dfrac{3}{x-1}\right)\mathrm{d}x$$

$$=\dfrac{1}{3}x^3+\dfrac{1}{2}x^2+x+8\ln|x|-4\ln|x+1|-3\ln|x-1|+C$$

(6) $\int \dfrac{x+1}{(x-1)^3}\mathrm{d}x$

解 令 $\dfrac{x+1}{(x-1)^3}=\dfrac{A}{x-1}+\dfrac{B}{(x-1)^2}+\dfrac{C}{(x-1)^3}$，等式右边通分后比较两边分子 x 的同次项的系数得

$A=0$，　$B-2A=1$，　$A-B+C=1$，解此方程组得 $A=0$，　$B=1$，　$C=2$。

$$\dfrac{x+1}{(x-1)^3}=\dfrac{1}{(x-1)^2}+\dfrac{2}{(x-1)^3}$$

$$\int \dfrac{x+1}{(x-1)^3}\mathrm{d}x=\int\dfrac{1}{(x-1)^2}\mathrm{d}x+\int\dfrac{2}{(x-1)^3}\mathrm{d}x=-\dfrac{1}{x-1}-\dfrac{1}{(x-1)^2}+C=\dfrac{-x}{(x-1)^2}+C$$

8. 求下列不定积分

(1) $\int \dfrac{\mathrm{d}x}{a^2\sin^2x+b^2\cos^2x}$　$(ab\neq 0)$

解 由于 $\int \dfrac{\mathrm{d}x}{a^2\sin^2x+b^2\cos^2x}=\int\dfrac{\sec^2x}{a^2\tan^2x+b^2}\mathrm{d}x=\int\dfrac{\mathrm{d}(\tan x)}{a^2\tan^2x+b^2}$，

故令 $t=\tan x$，就有

$$\int \dfrac{\mathrm{d}x}{a^2\sin^2x+b^2\cos^2x}=\int\dfrac{\mathrm{d}t}{a^2t^2+b^2}=\dfrac{1}{a}\int\dfrac{\mathrm{d}(at)}{(at)^2+b^2}$$

$$=\dfrac{1}{ab}\arctan\dfrac{at}{b}+C=\dfrac{1}{ab}\arctan\left(\dfrac{a}{b}\tan x\right)+C$$

(2) $\int \dfrac{\mathrm{d}x}{3+\cos x}$

解 令 $t=\tan\dfrac{x}{2}$，则 $\cos x=\dfrac{1-t^2}{1+t^2}$，$\mathrm{d}x=\dfrac{2\mathrm{d}t}{1+t^2}$

$$\int\dfrac{\mathrm{d}x}{3+\cos x}=\int\dfrac{\dfrac{2\mathrm{d}t}{1+t^2}}{3+\dfrac{1-t^2}{1+t^2}}=\int\dfrac{\mathrm{d}t}{2+t^2}=\dfrac{1}{\sqrt2}\arctan\dfrac{t}{\sqrt2}+C=\dfrac{1}{\sqrt2}\arctan\left(\dfrac{1}{\sqrt2}\tan\dfrac{x}{2}\right)+C$$

(3) $\int \dfrac{\mathrm{d}x}{5+2\sin x-\cos x}$

解 令 $t=\tan\dfrac{x}{2}$，则 $\sin x=\dfrac{2t}{1+t^2}$，$\cos x=\dfrac{1-t^2}{1+t^2}$，$\mathrm{d}x=\dfrac{2\mathrm{d}t}{1+t^2}$

$$\int\dfrac{\mathrm{d}x}{5+2\sin x-\cos x}=\int\dfrac{\dfrac{2\mathrm{d}t}{1+t^2}}{5+2\dfrac{2t}{1+t^2}-\dfrac{1-t^2}{1+t^2}}=\int\dfrac{\mathrm{d}t}{3t^2+2t+2}$$

$$=\dfrac{1}{3}\int\dfrac{\mathrm{d}t}{\left(t+\dfrac{1}{3}\right)^2+\left(\dfrac{\sqrt5}{3}\right)^2}=\dfrac{1}{\sqrt5}\int\dfrac{\mathrm{d}\left(\dfrac{3t+1}{\sqrt5}\right)}{\left(\dfrac{3t+1}{\sqrt5}\right)^2+1}$$

$$= \frac{1}{\sqrt{5}} \int \frac{\mathrm{d}\left(\dfrac{3t+1}{\sqrt{5}}\right)}{\left(\dfrac{3t+1}{\sqrt{5}}\right)^2 + 1} = \frac{1}{\sqrt{5}} \arctan\left(\frac{3t+1}{\sqrt{5}}\right) + C$$

$$= \frac{1}{\sqrt{5}} \arctan\left(\frac{3\tan\dfrac{x}{2} + 1}{\sqrt{5}}\right) + C$$

五、经典考题

1. 单项选择题

(1) 若 $\int f(x)\,\mathrm{d}x = x^2 \mathrm{e}^{2x} + C$，则 $f(x) = ($　　$)$。

　　A. $2x\mathrm{e}^{2x}$　　　　　　B. $2x^2\mathrm{e}^{2x}$　　　　　　C. $x\mathrm{e}^{2x}$　　　　　　D. $2x\mathrm{e}^{2x}(1+x)$

(2) 若 $F(x)$ 是 $f(x)$ 的一个原函数，C 为不等于 0 且不等于 1 的其他任意常数，则
(　　) 也必是 $f(x)$ 的原函数。

　　A. $CF(x)$　　　　　　B. $F(Cx)$　　　　　　C. $F\left(\dfrac{x}{C}\right)$　　　　　　D. $C+F(x)$

(3) 下列哪一个不是 $\sin 2x$ 的原函数(　　)。

　　A. $-\dfrac{1}{2}\cos 2x + C$　　B. $\sin^2 x + C$　　　　C. $-\cos^2 x + C$　　　　D. $\dfrac{1}{2}\sin^2 x + C$

(4) $\int x\mathrm{e}^{-x^2}\mathrm{d}x = ($　　$)$

　　A. $\mathrm{e}^{-x} + C$　　　　　B. $\dfrac{1}{2}\mathrm{e}^{-x^2} + C$　　　C. $-\dfrac{1}{2}\mathrm{e}^{-x^2} + C$　　　D. $-\mathrm{e}^{-x^2} + C$

(5) 设 $f(x) = 2x$，则 $f(x)$ 的一个原函数是(　　)。

　　A. x^3　　　　　　　B. $x^2 - 1$　　　　　　C. $\dfrac{1}{2}x^2 + C$　　　　　　D. $2x + C$

(6) 设 $f'(x) = \mathrm{e}^x$，则 $f(x)$ 为(　　)。

　　A. $\dfrac{1}{2}\mathrm{e}^x$　　　　　　B. e^{2x}　　　　　　C. $\mathrm{e}^x + C$　　　　　　D. $2\mathrm{e}^x - 1$

(7) $\int \cos x\,\mathrm{d}x = ($　　$)$

　　A. $\cos x$　　　　　　B. $\sin x$　　　　　　C. $\sin x + C$　　　　　　D. $\cos x + C$

(8) $\int \mathrm{e}^{2x}\mathrm{d}x = ($　　$)$

　　A. $\mathrm{e}^{2x} + C$　　　　　B. $\dfrac{1}{2}\mathrm{e}^{2x} + C$　　　　C. e^{2x}　　　　　D. $\dfrac{1}{2}\mathrm{e}^{2x}$

(9) $\int \dfrac{1}{2x}\mathrm{d}x = ($　　$)$

　　A. $\ln|2x| + C$　　　B. $\dfrac{1}{2}\ln|2x| + C$　　C. $\dfrac{1}{2}\ln|2x|$　　　D. $\ln|2x|$

（10）设 $\int f(x)\,\mathrm{d}x = e^{2x} + C$,则 $f(x) = ($ ）。

A. $2e^{2x}$ B. e^{2x} C. $\dfrac{1}{2}e^{2x}$ D. $e^{2x}+C$

（11）$\int x^3\,\mathrm{d}x = ($ ）

A. x^3+C B. $4x^4$ C. $\dfrac{1}{4}x^4+C$ D. $\dfrac{1}{3}x^3$

（12）$\int \dfrac{2}{1+(2x)^2}\,\mathrm{d}x = ($ ）

A. $\arctan 2x+C$ B. $\arctan 2x$ C. $\arcsin 2x$ D. $\arcsin 2x+C$

（13）$\int 3^x\,\mathrm{d}x = ($ ）

A. $3^x\ln 3+C$ B. $\dfrac{3^x}{\ln 3}+C$ C. 3^x+C D. 3^x

（14）设 $\int f(x)\,\mathrm{d}x = x^2+C$,则 $f(x) = ($ ）

A. x^2 B. $2x$ C. x^2+C D. $2x+C$

（15）$2\int \sec^2 2x\,\mathrm{d}x = ($ ）

A. $\tan 2x+C$ B. $\tan 2x$ C. $\tan x$ D. $\tan x+C$

2. 填空题

（1）设 $\int f(x)\,\mathrm{d}x = \dfrac{1}{6}\ln(3x^2-1)+C$,则 $f(x) = $ _____

（2）经过点 $(1,2)$,且其切线的斜率为 $2x$ 的曲线方程为_____

（3）已知 $f'(x) = 2x+1$,且 $x=1$ 时 $y=2$,则 $f(x) = $ _____

（4）$\int (10^x + 3\sin x - \sqrt{x})\,\mathrm{d}x = $ _____

（5）$\int (a^2 + x^2)^2\,\mathrm{d}x = $ _____

（6）$\int \left(1 - x + x^3 - \dfrac{1}{\sqrt[3]{x^2}}\right)\mathrm{d}x = $ _____

（7）$\int \tan^2 x\,\mathrm{d}x = $ _____

（8）$\int (1+x)^n\,\mathrm{d}x = $ _____

（9）$\int \cos(3x+4)\,\mathrm{d}x = $ _____

（10）$\int \dfrac{x}{\sqrt{1-x^2}}\,\mathrm{d}x = $ _____.

（11）$\int e^{-x}\,\mathrm{d}x = $ _____

（12）$\int \sin \dfrac{x}{2}\,\mathrm{d}x = $ _____

(13) $\int x(x-2)\mathrm{d}x = $ _____

(14) $2\int \dfrac{1}{\sqrt{1-(2x)^2}}\mathrm{d}x = $ _____

(15) $\int \dfrac{1}{x-2}\mathrm{d}x = $ _____

3. 计算题

(1) $\int \dfrac{1}{\sqrt[3]{2-3x}}\mathrm{d}x$ (2) $\int \dfrac{\sin\sqrt{t}}{\sqrt{t}}\mathrm{d}t$

(3) $\int \tan^{10}x\sec^2x\mathrm{d}x$ (4) $\int xe^{-x^2}\mathrm{d}x$

(5) $\int \dfrac{\mathrm{d}x}{e^x+e^{-x}}$ (6) $\int \dfrac{x}{\sqrt{2-3x^2}}\mathrm{d}x$

(7) $\int \dfrac{3x^3}{1-x^4}\mathrm{d}x$ (8) $\int \dfrac{\sin x}{\cos^3 x}\mathrm{d}x$

4. 应用题

(1) 已知某产品产量的变化率是时间 t 的函数 $f(t) = at - b$（a,b 是常数），设此产品 t 时的产量函数为 $P(t)$，已知 $P(0)=0$，求 $P(t)$。

(2) 已知动点在时刻 t 的速度为 $v = 2t - 1$，且 $t = 0$ 时 $s = 4$，求此动点的运动方程。

(3) 已知质点在某时刻 t 的加速度为 $t^2 + 2$，且当 $t = 0$ 时，速度 $v = 1$、距离 $s = 0$，求此质点的运动方程。

(4) 设某产品的需求量 Q 是价格 P 的函数，该商品的最大需求量为 $1\,000$（即 $P = 0$ 时，$Q = 1\,000$），已知需求量的变化率（边际需求）为 $Q'(P) = -1\,000\ln4 \cdot \left(\dfrac{1}{4}\right)^P$，求需求量 Q 与价格 P 的函数关系。

(5) 设生产某产品 x 单位的总成本 C 是 x 的函数 $C(x)$，固定成本（即 $C(0)$）为 20 元，边际成本函数为 $C'(x) = 2x + 10$（元/单位），求总成本函数。

(6) 设某工厂生产某产品的总成本 y 的变化率是产量 x 的函数 $y' = 9 + \dfrac{20}{\sqrt[3]{x}}$，已知固定成本为 100 元，求总成本与产量的函数关系。

(7) 设某工厂生产某产品的边际成本 $C'(x)$ 与产量 x 的函数关系为 $C'(x) = 7 + \dfrac{25}{\sqrt{x}}$，已知固定成本为 $1\,000$，求成本与产量的函数。

(8) 已知生产某商品 x 单位时，边际收益函数为 $R'(x) = 100 - \dfrac{x}{20}$（元/单位），求生产 x 单位时总收益 $R(x)$ 以及平均单位收益 $\overline{R}(x)$，并求生产这种产品 $1\,000$ 单位时的总收益和平均单位收益。

(9) 已知生产某商品 x 单位时，边际收益函数为 $R'(x) = 300 - \dfrac{x}{100}$，求生产这种产品 $3\,000$ 单位时的总收益和平均单位收益。

（10）设曲线通过点$(1,2)$，且其上任一点处的切线斜率等于这点横坐标的两倍，求此曲线的方程。

参 考 答 案

1. 单项选择题

（1）D （2）D （3）D （4）C （5）B （6）C （7）C （8）B （9）B （10）A

（11）C （12）A （13）B （14）B （15）A

2. 填空题

（1）$\dfrac{x}{3x^2-1}$ （2）$y=x^2+1$ （3）x^2+x （4）$\dfrac{10^x}{\ln 10}-3\cos x+\dfrac{2}{3}x^{\frac{3}{2}}+C$

（5）$a^4x+\dfrac{2}{3}a^2x^3+\dfrac{1}{5}x^5+C$ （6）$x-\dfrac{1}{2}x^2+\dfrac{1}{4}x^4-3x^{\frac{1}{3}}+C$ （7）$\tan x-x+C$

（8）$\dfrac{(1+x)^{n+1}}{n+1}+C$ （9）$\dfrac{1}{3}\sin(3x+4)+C$ （10）$-\sqrt{1-x^2}+C$ （11）$-\mathrm{e}^x+C$

（12）$-2\cos\dfrac{1}{2}x+C$ （13）$\dfrac{1}{3}x^3-x^2+C$ （14）$\arcsin 2x+C$ （15）$\ln|x-2|+C$

3. 计算题

（1）$-\dfrac{1}{3}\displaystyle\int(2-3x)^{-\frac{1}{3}}\mathrm{d}(2-3x)=-\dfrac{1}{2}(2-3x)^{\frac{2}{3}}+C$

（2）$2\displaystyle\int\sin\sqrt{t}\,\mathrm{d}\sqrt{t}=-2\cos\sqrt{t}+C$

（3）$\displaystyle\int\tan^{10}x\,\mathrm{d}(\tan x)=\dfrac{1}{11}\tan^{11}x+C$

（4）$-\dfrac{1}{2}\displaystyle\int\mathrm{e}^{-x^2}\mathrm{d}(-x^2)=-\dfrac{1}{2}\mathrm{e}^{-x^2}+C$

（5）$\displaystyle\int\dfrac{\mathrm{e}^x}{1+\mathrm{e}^{2x}}\mathrm{d}x=\int\dfrac{1}{1+(\mathrm{e}^x)^2}\mathrm{d}\mathrm{e}^x=\arctan\mathrm{e}^x+C$

（6）$-\dfrac{1}{6}\displaystyle\int(2-3x^2)^{-\frac{1}{2}}\mathrm{d}(2-3x^2)=-\dfrac{1}{3}(2-3x^2)^{\frac{1}{2}}+C$

（7）$-\dfrac{3}{4}\displaystyle\int\dfrac{1}{1-x^4}\mathrm{d}(1-x^4)=-\dfrac{3}{4}\ln|1-x^4|+C$

（8）$\displaystyle\int\dfrac{\sin x}{\cos^3 x}\mathrm{d}x=-\int\dfrac{1}{\cos^3 x}\mathrm{d}(\cos x)=\dfrac{1}{2\cos^2 x}+C$

4. 应用题

（1）$p(t)=\displaystyle\int(at-b)\mathrm{d}t=\dfrac{1}{2}at^2-bt+C$，又$p(0)=0$，代入得$C=0$，故$p(t)=\dfrac{1}{2}at^2-bt$。

（2）$s=\displaystyle\int(2t-1)\mathrm{d}t=t^2-t+C$，又$t=0$时$s=4$，代入得$C=4$，故$s=t^2-t+4$。

（3）$v=\displaystyle\int(t^2+2)\mathrm{d}t=\dfrac{1}{3}t^3+2t+C$，又当$t=0$时，速度$v=1$，代入得$C=1$，故$v=\dfrac{1}{3}t^3+2t+$

1，从而有$s=\displaystyle\int v\mathrm{d}t=\int\left(\dfrac{1}{3}t^3+2t+1\right)\mathrm{d}t=\dfrac{1}{12}t^4+t^2+t+C$，又$t=0$时$s=0$，故$C=0$，得$s=$

$\dfrac{1}{12}t^4 + t^2 + t$。

（4）$Q = \displaystyle\int Q'(P)\,\mathrm{d}P = \int -1\,000\ln 4 \cdot \left(\dfrac{1}{4}\right)^p \mathrm{d}P = 1\,000\left(\dfrac{1}{4}\right)^p + C$，又 $P = 0$ 时 $Q = 1\,000$，故 $C = 0$，得 $Q = 1\,000\left(\dfrac{1}{4}\right)^p$。

（5）$C(x) = \displaystyle\int (2x + 10)\,\mathrm{d}x = x^2 + 10x + C$，又固定成本（即 $C(0)$）为 20 元，代入得 $C = 20$，故 $C(x) = x^2 + 10x + 20$。

（6）$y = \displaystyle\int\left(9 + \dfrac{20}{\sqrt[3]{x}}\right)\mathrm{d}x = 9x + 30x^{\frac{2}{3}} + C$，又已知固定成本为 100 元，即 $y(0) = 100$，代入得 $C = 100$，故 $y = 9x + 30x^{\frac{2}{3}} + 100$。

（7）$C(x) = \displaystyle\int\left(7 + \dfrac{25}{\sqrt{x}}\right)\mathrm{d}x = 7x + 50x^{\frac{1}{2}} + C$，又已知固定成本为 1\,000 元，即 $C(0) = 1\,000$，代入得 $C = 1\,000$，故 $C(x) = 7x + 50\sqrt{x} + 1\,000$。

（8）$R(x) = \displaystyle\int\left(100 - \dfrac{x}{20}\right)\mathrm{d}x = 100x - \dfrac{x^2}{40} + C$，又 $R(0) = 0$，故 $C = 0$，

得 $R(x) = 100x - \dfrac{x^2}{40}$，$\overline{R(x)} = \dfrac{R(x)}{x} = 100 - \dfrac{x}{40}$

$$R(1\,000) = 100 \times 1\,000 - \dfrac{1\,000^2}{40} = 75\,000\,(元)$$

$$\overline{R(1\,000)} = \dfrac{R(1\,000)}{1\,000} = 100 - \dfrac{1\,000}{40} = 75\,(元)$$

（9）$R(x) = \displaystyle\int\left(300 - \dfrac{x}{100}\right)\mathrm{d}x = 300x - \dfrac{x^2}{200} + C$，又 $R(0) = 0$，故 $C = 0$，得 $R(x) = 300x - \dfrac{x^2}{200}$，

$\overline{R(x)} = \dfrac{R(x)}{x} = 300 - \dfrac{x}{200}$

$$R(3\,000) = 300 \times 3\,000 - \dfrac{3\,000^2}{200} = 855\,000$$

$$\overline{R(3\,000)} = \dfrac{R(3\,000)}{3\,000} = 300 - \dfrac{3\,000}{200} = 285$$

（10）设所求的曲线方程为 $y = f(x)$，按题设，曲线上任一点 (x, y) 处的切线斜率为 $\dfrac{\mathrm{d}y}{\mathrm{d}x} = 2x$，即 $f(x)$ 是 $2x$ 的一个原函数。

因为 $\displaystyle\int 2x\,\mathrm{d}x = x^2 + C$，故必有某个常数 C 使 $f(x) = x^2 + C$，即曲线方程为 $y = x^2 + C$。因所求曲线通过点 $(1, 2)$，故 $2 = 1 + C$，$C = 1$。

于是所求曲线方程为 $y = x^2 + 1$。

（宋伟才）

❖❖❖ 第五章 ❖❖❖
定积分与应用

一、内容提要

1. 定积分的概念与性质

(1) 定积分的定义:设函数 $f(x)$ 在区间 $[a,b]$ 上有界,把 $[a,b]$ 任分为 n 个小区间 Δx_1、$\Delta x_2,\cdots,\Delta x_n$,在小区间 $\Delta x_i(i=1,2\cdots n)$ 上任取点 $\xi_i(x_{i-1} \leqslant \xi_i \leqslant x_i)$,记小区间中长度最大者为 $\lambda = \max\limits_{i=1}^{n}(\Delta x_i)$,若 $\lambda \to 0$ 时,和式极限 $\lim\limits_{\lambda \to 0}\sum\limits_{i=1}^{n}f(\xi_i)\Delta x_i$ 为定数且与区间 $[a,b]$ 的分法及点 ξ_i 取法无关,则称函数 $f(x)$ 在 $[a,b]$ 区间上可积,此和式极限为 $f(x)$ 在 $[a,b]$ 上的定积分,记为

$$\int_a^b f(x)\,\mathrm{d}x = \lim_{\lambda \to 0}\sum_{i=1}^{n}f(\xi_i)\Delta x_i$$

其中区间 $[a,b]$ 称为积分区间,a,b 分别称为积分下、上限。

注 1) 定积分存在的**必要条件**是:若 $f(x)$ 在闭区间 $[a,b]$ 上可积,则 $f(x)$ 在 $[a,b]$ 上有界。

2) 定积分存在的**充分条件**是:若 $f(x)$ 在闭区间 $[a,b]$ 上连续,则 $f(x)$ 在 $[a,b]$ 上可积。

3) 当 $y \geqslant 0$ 时,定积分的几何意义是由 $y=f(x)$,$y=0$ 及 $x=a,x=b$,$(a<b)$ 围成的曲边梯形的面积,即

$$A = \int_a^b f(x)\,\mathrm{d}x$$

当 $y \leqslant 0$ 时,定积分的值为面积的相反数;当 $f(x)$ 在 $[a,b]$ 上有正有负时,定积分的值表示 x 轴上方与下方曲边梯形面积的代数和。

4) 物理意义是速度为 $v(t)$ 的物体在时间区间 $[a,b]$ 上的运动路程,即

$$s = \int_a^b v(t)\,\mathrm{d}t$$

(2) 定积分的近似计算

1) 矩形法

将 $[a,b]$ 分成 n 等分,分点 $a=x_0<x_1<x_2<\cdots<x_{i-1}<x_i\cdots<x_{n-1}<x_n=b$,相应的纵坐标为 y_0,$y_1,\cdots,y_n$,小区间长度为 $\Delta x=\dfrac{b-a}{n}$,矩形法计算公式为

$$\int_a^b f(x)\,\mathrm{d}x \approx y_0\Delta x + y_1\Delta x + \cdots + y_{n-1}\Delta x = (y_0 + y_1 + \cdots + y_{n-1})\frac{b-a}{n}$$

矩形法的另一个计算公式为

$$\int_a^b f(x)\,\mathrm{d}x \approx y_1\Delta x + y_2\Delta x + \cdots + y_n\Delta x = (y_1 + y_2 + \cdots + y_n)\frac{b-a}{n}$$

2) 梯形法

分法同矩形法,梯形法计算公式为

$$\int_a^b f(x)\,dx \approx \frac{1}{2}(y_0 + y_1)\Delta x + \frac{1}{2}(y_1 + y_2)\Delta x + \cdots + \frac{1}{2}(y_{n-1} + y_n)\Delta x$$

$$= \frac{b-a}{n}\left(\frac{1}{2}y_0 + y_1 + y_2 + \cdots + y_{n-1} + \frac{1}{2}y_n\right)$$

（3）定积分的性质

假设 $f(x)$、$g(x)$ 在区间 $[a,b]$ 上可积，k 为常数。定积分有如下性质。

性质1 常数因子 k 可提到积分号外。

$$\int_a^b kf(x)\,dx = k\int_a^b f(x)\,dx$$

性质2 函数代数和的积分等于它们积分的代数和。

$$\int_a^b [f(x) \pm g(x)]\,dx = \int_a^b f(x)\,dx \pm \int_a^b g(x)\,dx$$

性质3 设 $a<c<b$ 则

$$\int_a^b f(x)\,dx = \int_a^c f(x)\,dx + \int_c^b f(x)\,dx$$

对性质3,可积区间中任意位置的 a,b,c 三点，即使 c 在 $[a,b]$ 外，也有同样结论。

性质4 $f(x)=k(k$ 为常数$),a\leqslant x\leqslant b$,则

$$\int_a^b k\,dx = k(b-a)$$

特别的,当 $k=1$ 时,$\int_a^b dx = b-a$ 。

性质5 若 $f(x)\leqslant g(x)(a\leqslant x\leqslant b)$,则 $f(x)$ 的积分不大于 $g(x)$ 的积分,即

$$\int_a^b f(x)\,dx \leqslant \int_a^b g(x)\,dx$$

性质6 若函数 $f(x)$ 在区间 $[a,b]$ 上的最大值与最小值分别为 M,m,则

$$m(b-a) \leqslant \int_a^b f(x)\,dx \leqslant M(b-a)$$

性质7 （积分中值定理）若 $f(x)$ 在 $[a,b]$ 上连续,则 $\exists \xi \in [a,b]$,使

$$\int_a^b f(x)\,dx = f(\xi)(b-a)$$

其中,$f(\xi)$ 称为连续函数 $f(x)$ 在 $[a,b]$ 上的**平均值**,记为 $\bar{y}$。即

$$\bar{y} = f(\xi) = \frac{1}{b-a}\int_a^b f(x)\,dx$$

2. 定积分的计算

（1）微积分基本定理:由定积分的定义可知,定积分是一个确定的数值,其值只与被积函数 $f(x)$、积分区间 $[a,b]$（积分上、下限）有关。现固定被积函数与积分下限,则定积分就只与积分上限有关,令上限为 x,定积分就是积分上限 x 的函数,记为

$$\Phi(x) = \int_a^x f(t)\,dt \quad (a \leqslant x \leqslant b)$$

通常称为积分上限函数。

原函数存在定理 若函数 $f(x)$ 在区间 $[a,b]$ 上连续,$x \in [a,b]$,则积分上限函数 $\Phi(x)$ 在 $[a,b]$ 上可导,且导数 $\Phi'(x)=f(x)$。

注 只要 $f(x)$ 连续,$f(x)$ 的原函数总是存在的,积分上限函数 $\Phi(x)$ 就是 $f(x)$ 的一个原

函数。

微积分基本定理 若 $F(x)$ 为连续函数 $f(x)$ 在 $[a,b]$ 上的任一个原函数，则

$$\int_a^b f(x)\,dx = F(b) - F(a)$$

注 微积分基本定理的结论，也称为牛顿-莱布尼茨（Newton-Leibniz）公式，记为

$$\int_a^b f(x)\,dx = \left[F(x)\right]_a^b = F(b) - F(a)$$

（2）定积分的换元积分法

定积分换元公式 若函数 $f(x)$ 在区间 $[a,b]$ 上连续，函数 $x=\varphi(t)$ 满足条件：$\varphi(\alpha)=a$，$\varphi(\beta)=b$；$x=\varphi(t)$ 在 $[\alpha,\beta]$ 上单值且具有连续导数，则有

$$\int_a^b f(x)\,dx = \int_\alpha^\beta f\left[\varphi(t)\right]\varphi'(t)\,dt$$

也可以写为

$$\int_a^b f(x)\,dx = \int_\alpha^\beta f\left[\varphi(t)\right]d\left[\varphi(t)\right]$$

注 使用换元积分法时，不仅被积表达式要变化，积分上下限也要作相应变化。

（3）定积分的分部积分法

定积分分部积分公式 若函数 $u(x)$，$v(x)$ 在区间 $[a,b]$ 上有连续导数，则有定积分的分部积分公式

$$\int_a^b u(x)\,dv(x) = \left[u(x)v(x)\right]_a^b - \int_a^b v(x)\,du(x)$$

3. 定积分的应用

（1）微元法：微元法基本步骤可分为两步，即

1）在区间 $[a,b]$ 中的任一小区间 $[x,x+dx]$ 上，以均匀变化近似代替非均匀变化，列出所求量的微元，即

$$dA = f(x)\,dx$$

2）在区间 $[a,b]$ 上对 $dA=f(x)\,dx$ 积分，则所求量为

$$A = \int_a^b f(x)\,dx$$

（2）直角坐标系下平面图形的面积

1）**x-型区域** 由两条连续曲线 $y=g(x)$、$y=h(x)$（$g(x)\leqslant h(x)$）及两条直线 $x=a$、$x=b$（$a<b$）围成的平面图形，称为 **x-型区域**。

x-型区域可用不等式表示为

$$a\leqslant x\leqslant b, \quad g(x)\leqslant y\leqslant h(x)$$

x-型区域 $a\leqslant x\leqslant b$，$g(x)\leqslant y\leqslant h(x)$ 的面积为

$$A = \int_a^b \left[h(x) - g(x)\right]dx$$

2）**y-型区域** 两条连续曲线 $x=\varphi(y)$、$x=\phi(y)$（$\varphi(y)\leqslant\phi(y)$）及两条直线 $y=c$、$y=d$（$c<d$）围成的平面图形，称为 **y-型区域**。

y-型区域可以用不等式表示为

$$c\leqslant y\leqslant d, \quad \varphi(y)\leqslant x\leqslant\phi(y)$$

y-型区域的面积为

$$A = \int_c^d \left[\phi(y) - \varphi(y) \right] \mathrm{d}y$$

（3）极坐标系中平面图形的面积

θ-型区域　在极坐标系中，曲线 $r = r(\theta)$ 与直线 $\theta = \alpha$、$\theta = \beta$ 围成的曲边扇形，称为 θ-型区域。

θ-型区域不等式为 $\alpha \leqslant \theta \leqslant \beta, 0 \leqslant r \leqslant r(\theta)$

θ-型区域的面积为

$$A = \frac{1}{2} \int_\alpha^\beta r^2(\theta) \mathrm{d}\theta$$

（4）旋转体的体积

旋转体　由曲边梯形 $a \leqslant x \leqslant b, 0 \leqslant y \leqslant f(x)$ 绕 x 轴旋转，生成的体积为

$$V_x = \pi \int_a^b f^2(x) \mathrm{d}x$$

注　1）由 x-型区域：$a \leqslant x \leqslant b$、$g(x) \leqslant y \leqslant h(x)$ 绕 x 轴旋转，生成的旋转体体积为

$$V_x = \pi \int_a^b \left[h^2(x) - g^2(x) \right] \mathrm{d}x$$

2）由 y-型区域 $c \leqslant y \leqslant d$、$\varphi(y) \leqslant x \leqslant \phi(y)$ 绕 y 轴旋转，生成的旋转体体积为

$$V_y = \pi \int_c^d \left[\phi^2(y) - \varphi^2(y) \right] \mathrm{d}y$$

（5）变力作功：若变力 $F(x)$ 使物体沿 x 轴从 $x = a$ 移动到 $x = b$，则可取微元 $[x, x+\mathrm{d}x] \subset [a, b]$，微元上视变力 $F(x)$ 为恒力，功微元为 $\mathrm{d}W = F(x)\mathrm{d}x$，变力在 $[a, b]$ 做功为

$$W = \int_a^b F(x) \mathrm{d}x$$

（6）液体压力：若液体的比重为 γ，则液体表面下深度 h 处液体的压强 $P = \gamma g h$，压力微元为 $\mathrm{d}F = \gamma g h \mathrm{d}s$。

4. 广义积分和 Γ 函数

（1）连续函数在无限区间上的积分

设 $f(x)$ 在区间 $[a, +\infty)$ 上连续，规定 $f(x)$ 在区间 $[a, +\infty)$ 上的广义积分为

$$\int_a^{+\infty} f(x) \mathrm{d}x = \lim_{b \to +\infty} \int_a^b f(x) \mathrm{d}x$$

设 $f(x)$ 在区间 $(-\infty, b]$ 上连续，规定 $f(x)$ 在区间 $(-\infty, b]$ 上的广义积分为

$$\int_{-\infty}^b f(x) \mathrm{d}x = \lim_{a \to -\infty} \int_a^b f(x) \mathrm{d}x$$

当极限存在时称**广义积分收敛**，极限不存在时称**广义积分发散**。

若 $f(x)$ 在区间 $(-\infty, +\infty)$ 上连续，则规定 $f(x)$ 在区间 $(-\infty, +\infty)$ 上的广义积分为

$$\int_{-\infty}^{+\infty} f(x) \mathrm{d}x = \lim_{a \to -\infty} \int_a^c f(x) \mathrm{d}x + \lim_{b \to +\infty} \int_c^b f(x) \mathrm{d}x$$

且 $f(x)$ 在 $(-\infty, c]$、$[c, +\infty)$ 的两个广义积分都收敛时，才称函数 $f(x)$ 在 $(-\infty, +\infty)$ 的广义积分是收敛的。

如 $F(x)$ 是 $f(x)$ 的一个原函数，广义积分的牛顿-莱布尼茨公式为

$$\int_a^{+\infty} f(x) \mathrm{d}x = F(x) \Big|_a^{+\infty} = F(+\infty) - F(a)$$

$$\int_{-\infty}^{b} f(x)\mathrm{d}x = F(x)\Big|_{-\infty}^{b} = F(b) - F(-\infty)$$

$$\int_{-\infty}^{+\infty} f(x)\mathrm{d}x = F(x)\Big|_{-\infty}^{+\infty} = F(+\infty) - F(-\infty)$$

其中，$F(+\infty) = \lim\limits_{x\to+\infty} F(x)$，$F(-\infty) = \lim\limits_{x\to-\infty} F(x)$。

（2）瑕积分——无界函数的积分

若 $f(x)$ 在 $[a,b)$ 上连续，$\lim\limits_{x\to b^-} f(x) = \infty$，则称 b 为**瑕点**，规定 $[a,b)$ 上**瑕积分**为

$$\int_{a}^{b} f(x)\mathrm{d}x = \lim\limits_{t\to b^-}\int_{a}^{t} f(x)\mathrm{d}x$$

若函数 $f(x)$ 在 $(a,b]$ 上连续，$\lim\limits_{x\to a^+} f(x) = \infty$，则称 a 为瑕点，规定 $(a,b]$ 上瑕积分为

$$\int_{a}^{b} f(x)\mathrm{d}x = \lim\limits_{t\to a^+}\int_{t}^{b} f(x)\mathrm{d}x$$

当极限存在时称**瑕积分收敛**，极限不存在时称**瑕积分发散**。

若 $f(x)$ 在 $[a,c)\cup(c,b]$ 连续，$\lim\limits_{x\to c} f(x) = \infty$，则称 c 为瑕点，规定 $[a,c)\cup(c,b]$ 上瑕积分为

$$\int_{a}^{b} f(x)\mathrm{d}x = \int_{a}^{c} f(x)\mathrm{d}x + \int_{c}^{b} f(x)\mathrm{d}x$$

且 $f(x)$ 在 $[a,c)$、$(c,b]$ 的两个瑕积分都收敛时，才称 $f(x)$ 在 $[a,c)\cup(c,b]$ 的瑕积分收敛。

注 由于瑕积分容易与定积分相混淆，一般不写成广义积分的牛顿-莱布尼茨公式形式。

（3）Γ 函数：由广义积分 $\Gamma(s) = \int_{0}^{+\infty} \mathrm{e}^{-x} x^{s-1}\mathrm{d}x\ (s > 0)$ 确定的函数称为 Γ **函数**。

Γ 函数的性质：

性质 1 $\Gamma(1) = 1$

性质 2 $\Gamma(s+1) = s\Gamma(s)$

对任意的 $r>1$，总有 $r = a+n$，n 为正整数，$0<a\leqslant 1$；逐次应用性质 2，计算得到

$$\Gamma(r) = \Gamma(a+n) = (a+n-1)(a+n-2)\cdots(a+1)a\Gamma(a)$$

因此，$\Gamma(s)$ 总可以化为 $0<a\leqslant 1$ 的 $\Gamma(a)$ 计算。对 Γ 函数作变量替换，可以把很多积分表示为 Γ 函数，从而可以查 Γ 函数表计算出积分的数值。

性质 3 $\Gamma(0.5) = \sqrt{\pi}$

性质 4 $\Gamma(\alpha)\Gamma(1-\alpha) = \dfrac{\pi}{\sin\pi\alpha}$

二、重难点解析

1. 定积分的定义 根据定积分的定义可以看出，定积分是一个数值，这个数值只与被积函数 $f(x)$ 及积分区间 $[a,b]$ 有关，与区间 $[a,b]$ 的分法和点 ξ 的取法无关，而且与积分变量的字母用哪一个表示也无关，所以有

$$\int_{a}^{b} f(x)\mathrm{d}x = \int_{a}^{b} f(u)\mathrm{d}u = \int_{a}^{b} f(t)\mathrm{d}t$$

函数 $f(x)$ 在 $[a,b]$ 上可积的条件与 $f(x)$ 在 $[a,b]$ 上连续或可导的条件相比是最弱的条件，即 $f(x)$ 在 $[a,b]$ 有以下关系。

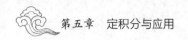

$$可导 \Rightarrow 连续 \Rightarrow 可积$$

反之都不一定成立。

2. 定积分的性质 理解并掌握定积分的性质,对于解决复杂问题至关重要。在定积分的性质中常用到的基本公式有

$$\int_a^b f(x)\,\mathrm{d}x = -\int_b^a f(x)\,\mathrm{d}x, \quad \int_a^a f(x)\,\mathrm{d}x = 0, \quad \int_a^b \mathrm{d}x = b - a$$

$$\int_{-a}^a f(x)\,\mathrm{d}x = \begin{cases} 0, & f(x)\ 为奇函数 \\ 2\int_0^a f(x)\,\mathrm{d}x, & f(x)\ 为偶函数 \\ \int_0^a [f(x) + f(-x)]\,\mathrm{d}x, & f(x)\ 为非奇非偶函数 \end{cases}$$

$$\int_a^b f(x)\,\mathrm{d}x = \int_a^c f(x)\,\mathrm{d}x + \int_c^b f(x)\,\mathrm{d}x$$

通过判断给定的被积函数是否具有奇偶性,以及其图形是否具有对称性,来决定是否应用偶倍奇零规则进行计算。如果函数是奇函数,那么在关于原点对称的积分区间上的定积分为零;如果函数是偶函数,则定积分为其单区间上值的两倍,应用这一规则进行简化计算。

在计算定积分时还常会出现定积分与函数值之间的关系,即定积分中值定理,若 $f(x)$ 在 $[a,b]$ 上连续,则在积分区间 $[a,b]$ 上至少存在一点 ξ,使

$$\int_a^b f(x)\,\mathrm{d}x = f(\xi)(b - a)$$

这个定理不仅在理论上有着重要的地位,而且在解决实际问题时也非常有用,例如在计算连续函数平均值、证明某些性质点、估计积分值等方面。在实际应用中,定积分中值定理可以帮助简化复杂的积分问题,通过找到这样的特殊点 ξ,将复杂的积分问题转化为对简单函数值的计算,从而使得问题的解决变得更加直接和简单。

3. 牛顿-莱布尼茨公式 牛顿-莱布尼茨公式不仅在定积分的内容中,而且在整个微积分理论中都是一个重要的结论,它是计算定积分的一种重要方法。牛顿-莱布尼茨公式表明了定积分与不定积分之间的联系,告诉我们,如果知道一个函数在某个区间上的原函数,在计算定积分时可以通过原函数来进行,求出该函数在该区间上的定积分值,即若 $F(x)$ 是 $f(x)$ 的一个原函数,则 $\int_a^b f(x)\,\mathrm{d}x = F(b) - F(a)$,它在计算曲线下面积、求函数的平均值等问题中有广泛的应用。

由此揭示了定积分与不定积分之间的本质联系,还会由以下公式说明

$$\frac{\mathrm{d}}{\mathrm{d}x}\int f(x)\,\mathrm{d}x = f(x)$$

$$\frac{\mathrm{d}}{\mathrm{d}x}\int_a^x f(u)\,\mathrm{d}u = f(x)$$

4. 定积分换元积分法和分部积分法 定积分的换元法与不定积分的换元法类似,但还有着差别。特别要注意在进行定积分计算采用换元法时,每进行一次变量替换,同时都要将定积分的上下限做相应的改变;而在关于新变量的原函数求出后,无须将新变量的解换成原来的积分变量。

定积分的分部积分法是解决某些特定类型定积分问题的有效方法,是基于微积分基本

定理和乘法法则的逆用。这种方法特别适用于那些由两个不同函数乘积组成的被积函数，通过将被积函数拆分成两部分进行积分，关键在于构造合适的 u 和 v 使得计算过程更为简便。

5. 定积分的应用　在定积分的几何应用中，在求面积时，选择恰当的积分变量，会使计算简化；在求旋转体体积时，要分清是绕哪一个坐标轴旋转。在解决物理应用问题时，要注意将实际问题与坐标系建立得当，并找出正确的微元。

三、例题解析

例 1　求 $\displaystyle\int_{-1}^{1} \frac{x^2}{1+\mathrm{e}^{-x}}\mathrm{d}x$

答案: $\dfrac{1}{3}$

解析　因为 $f(x)=\dfrac{x^2}{1+\mathrm{e}^{-x}}$ 是一非奇非偶函数，且

$$f(x)+f(-x)=\frac{x^2}{1+\mathrm{e}^{-x}}+\frac{x^2}{1+\mathrm{e}^{x}}=x^2\left(\frac{1}{1+\mathrm{e}^{-x}}+\frac{1}{1+\mathrm{e}^{x}}\right)=x^2$$

$$\int_{-1}^{1}\frac{x^2}{1+\mathrm{e}^{-x}}\mathrm{d}x=\int_{0}^{1}\left[f(x)+f(-x)\right]\mathrm{d}x=\int_{0}^{1}x^2\mathrm{d}x=\frac{x^3}{3}\bigg|_{0}^{1}=\frac{1}{3}$$

注　关于原点对称区间上的定积分，可利用被积函数的奇偶性进行简化计算。

例 2　求 $\displaystyle\int_{0}^{\pi}\sqrt{\sin^3 x-\sin^5 x}\,\mathrm{d}x$

答案: $\dfrac{4}{5}$

解析　因为 $f(x)=\sqrt{\sin^3 x-\sin^5 x}=|\cos x|(\sin x)^{3/2}$ 所以

$$\int_{0}^{\pi}\sqrt{\sin^3 x-\sin^5 x}\,\mathrm{d}x=\int_{0}^{\pi}|\cos x|(\sin x)^{3/2}\mathrm{d}x$$

$$=\int_{0}^{\pi/2}\cos x\,(\sin x)^{3/2}\mathrm{d}x-\int_{\pi/2}^{\pi}\cos x\,(\sin x)^{3/2}\mathrm{d}x$$

$$=\int_{0}^{\pi/2}(\sin x)^{3/2}\mathrm{d}(\sin x)-\int_{\pi/2}^{\pi}(\sin x)^{3/2}\mathrm{d}(\sin x)$$

$$=\frac{2}{5}(\sin x)^{5/2}\bigg|_{0}^{\pi/2}-\frac{2}{5}(\sin x)^{5/2}\bigg|_{\pi/2}^{\pi}=\frac{2}{5}-\left(-\frac{2}{5}\right)=\frac{4}{5}$$

注　若忽略 $\cos x$ 在区间 $[\pi/2,\pi]$ 上的非正性将导致结果错误。

例 3　求 $\displaystyle\lim_{x\to+\infty}\frac{\displaystyle\int_{0}^{x}(\arctan t)^2\mathrm{d}t}{\sqrt{1+x^2}}$

答案: $\dfrac{\pi^2}{4}$

解析　因为此极限属 $\dfrac{\infty}{\infty}$ 型，可利用洛必达法则计算。

$$\lim_{x\to+\infty} \frac{\int_0^x (\arctan t)^2 dt}{\sqrt{1+x^2}} = \lim_{x\to+\infty} \frac{(\arctan x)^2}{x/\sqrt{1+x^2}} = \lim_{x\to+\infty} (\arctan x)^2 \sqrt{1+\frac{1}{x^2}} = \frac{\pi^2}{4}$$

注　对积分上限函数求导时要用复合函数求导法则。

例 4　求函数 $f(x)=\sqrt{1-x^2}$ 在闭区间 $[-1,1]$ 上的平均值。

答案： $\dfrac{\pi}{4}$

解析　平均值 $\overline{f(x)} = \dfrac{1}{1-(-1)} \int_{-1}^1 \sqrt{1-x^2}\,dx = \dfrac{1}{2} \cdot \dfrac{\pi \cdot 1^2}{2} = \dfrac{\pi}{4}$

注　求连续函数的平均值要用定积分中值定理。

例 5　设 $f(x)$ 是连续函数，且 $f(x) = x + 2\int_0^1 f(t)\,dt$，求 $f(x)$。

答案： $f(x) = x-1$

解析　因 $f(x)$ 是连续函数，$f(x)$ 必可积，从而 $\int_0^1 f(t)\,dt$ 为常数。

所以，令 $\int_0^1 f(t)\,dt = A$，则 $f(x) = x + 2A$

从而 $\int_0^1 f(x)\,dx = \int_0^1 (x+2A)\,dx = \dfrac{1}{2} + 2A$

即 $A = \dfrac{1}{2} + 2A$，$A = -\dfrac{1}{2}$

$$f(x) = x-1$$

注　连续函数的定积分为常数。

例 6　计算下列积分：$(1)\displaystyle\int_{-1}^1 (x+\sqrt{1-x^2})^2 dx$；$(2)\displaystyle\int_{-\frac{\pi}{2}}^{\frac{\pi}{2}} 4\cos^4 x\,dx$。

(1) 答案： 2

解析　$\displaystyle\int_{-1}^1 (x+\sqrt{1-x^2})^2 dx = \int_{-1}^1 1\,dx + 2\int_{-1}^1 x\sqrt{1-x^2}\,dx = 2+0 = 2$

(2) 答案： $\dfrac{3}{2}\pi$

解析
$$\int_{-1}^1 (x+\sqrt{1-x^2})^2 dx = 2\int_0^{\frac{\pi}{2}} 4\cos^4 x\,dx = 2\int_0^{\frac{\pi}{2}} (2\cos^2 x)^2 dx$$
$$= 2\int_0^{\frac{\pi}{2}} (1+\cos 2x)^2 dx = 2\int_0^{\frac{\pi}{2}} (1+2\cos 2x + \cos^2 2x)\,dx$$
$$= 2x\Big|_0^{\frac{\pi}{2}} + 2\int_0^{\frac{\pi}{2}} \cos 2x\,dx + \int_0^{\frac{\pi}{2}} (1+\cos 4x)\,dx$$
$$= \pi + 2\sin 2x\Big|_0^{\frac{\pi}{2}} + \frac{\pi}{2} + \frac{1}{4}\int_0^{\frac{\pi}{2}} \cos 4x\,d(4x)$$
$$= \frac{3}{2}\pi + \frac{1}{4}\sin 4x\Big|_0^{\frac{\pi}{2}} = \frac{3}{2}\pi$$

注　关于原点对称区间上的定积分，可利用被积函数的奇偶性进行简化计算。

例7 求 $\int_0^2 xe^{\frac{x}{2}}dx$

答案: 4

解析 $\int_0^2 xe^{\frac{x}{2}}dx = 2xe^{\frac{x}{2}}\Big|_0^2 - 2\int_0^2 e^{\frac{x}{2}}dx = 4e - 4e^{\frac{x}{2}}\Big|_0^2 = 4e - 4e + 4 = 4$

例8 一平面经过半径为 R 的圆柱体的底圆直径,并与底面交成角 α,计算该平面截圆柱体所得立体的体积。

答案: $V = \dfrac{2}{3}R^3\tan\alpha$

解析 取该平面与圆柱体交线为 x 轴,底面上过圆心且垂直于 x 轴的直线为 y 轴,则底圆的方程为 $x^2+y^2=R^2$。所求立体中过点 x 且垂直于 x 轴的截面是一个直角三角形,其两直角边长分别是 y 与 $y\tan\alpha$,其面积为

$$A(x) = \frac{1}{2}y \cdot y\tan\alpha = \frac{1}{2}(R^2-x^2)\tan\alpha$$

由微元法所求立体的体积为 $\quad V = 2 \times \dfrac{1}{2}\int_0^R (R^2 - x^2)\tan\alpha dx = \dfrac{2}{3}R^3\tan\alpha$

注 要恰当选择坐标系与图形的位置关系。

例9 有一半径为 a,球心在原点的球体,被抛物线 $y = \dfrac{\sqrt{2}}{a}x^2$ 绕 x 轴旋转所成的旋转体分割,试计算球体被分割的两部分的体积。

答案: $V = 2\pi a^3\left(\dfrac{2}{3} - \dfrac{11}{30}\sqrt{2}\right)$

解析 所给球体可看作由圆 $x^2+y^2=a^2$ 绕 x 轴旋转所成,由对称性可知,只需计算 $x>0$ 部分旋转所得体积,即抛物线 $y = \dfrac{\sqrt{2}}{a}x^2$,$x \in \left[0, \dfrac{\sqrt{2}}{2}a\right]$ 绕 x 轴旋转所得的体积与圆 $x^2+y^2=a^2$,$x \in \left[\dfrac{\sqrt{2}}{2}a, a\right]$ 绕 x 轴旋转所成体积之和的 2 倍即为所求。

$$V = 2\left[\int_0^{\frac{\sqrt{2}}{2}a} \pi\left(\frac{\sqrt{2}}{a}x^2\right)^2 dx + \int_{\frac{\sqrt{2}}{2}a}^a \pi(a^2 - x^2)^2 dx\right] = 2\pi a^3\left(\frac{2}{3} - \frac{11}{30}\sqrt{2}\right)$$

注 要准确地确定所求体积与图形绕坐标轴旋转形成的关系。

例10 下列广义积分是否收敛,若收敛,则求出其值。

$(1)\int_0^6 (x-4)^{-\frac{2}{3}}dx$ $\quad(2)\int_0^{\frac{1}{4}} \dfrac{\arcsin\sqrt{x}}{\sqrt{x(1-x)}}dx$ $\quad(3)\int_0^1 \dfrac{\arcsin x}{\sqrt{1-x^2}}dx$

答案: $(1)\ 3(\sqrt[3]{2}+\sqrt[3]{4})$ $\quad(2)\ \dfrac{\pi^2}{36}$ $\quad(3)\ \dfrac{\pi^2}{8}$

解析 (1) $x=4$ 为瑕点,$\int_0^6 (x-4)^{-\frac{2}{3}}dx = \int_4^6 (x-4)^{-\frac{2}{3}}dx + \int_0^4 (x-4)^{-\frac{2}{3}}dx = 3\lim_{t\to 4^+}(x-4)^{\frac{1}{3}}\Big|_t^6 + 3\lim_{t\to 4^-}(x-4)^{\frac{1}{3}}\Big|_0^t = 3\cdot\sqrt[3]{2} - 0 + 0 - 3\sqrt[3]{-4} = 3(\sqrt[3]{2} + \sqrt[3]{4})$

广义积分收敛。

（2）$x=0$ 为瑕点，令 $\arcsin\sqrt{x}=t$，$\mathrm{d}t=\dfrac{1}{\sqrt{1-x}}\cdot\dfrac{\mathrm{d}x}{2\sqrt{x}}$，$x=\dfrac{1}{4}$ 时，$t=\dfrac{\pi}{6}$；$x=0$ 时，$t=0$，于是

$$\int_0^{\frac{1}{4}}\frac{\arcsin\sqrt{x}}{\sqrt{x(1-x)}}\mathrm{d}x=2\lim_{\varepsilon\to0^+}\int_0^{\frac{\pi}{6}}t\mathrm{d}t=\lim_{\varepsilon\to0^+}t^2\Big|_\varepsilon^{\frac{\pi}{6}}=\frac{\pi^2}{36}$$

广义积分收敛。

（3）$x=1$ 为瑕点，$\displaystyle\int_0^1\frac{\arcsin x}{\sqrt{1-x^2}}\mathrm{d}x=\lim_{t\to1^-}\int_0^t\frac{\arcsin x}{\sqrt{1-x^2}}\mathrm{d}x=\lim_{t\to1^-}\int_0^t\arcsin x\,\mathrm{d}(\arcsin x)=$

$\displaystyle\lim_{t\to1^-}\frac{1}{2}(\arcsin x)^2\Big|_0^t=\lim_{t\to1^-}\frac{1}{2}[\arcsin t]^2=\frac{\pi^2}{8}$

广义积分收敛。

注　广义积分的实质就是任意有限区间上定积分之极限。

四、习题与解答

1. 放射性物体的分解速度 v 是时间 t 的函数 $v=v(t)$，用定积分表示放射性物体从时间 T_0 到 T_1 的分解质量 m。

解　放射性物体从时间 T_0 到 T_1 的分解质量 $m=\displaystyle\int_{T_0}^{T_1}v(t)\,\mathrm{d}t$。

2. 一物体作直线运动，速度为 $v=2t$，求第 10 秒经过的路程。

解　第 10 秒经过的路程为 $s=\displaystyle\int_9^{10}2t\mathrm{d}t=2\times\frac{t^2}{2}\Big|_9^{10}=19$。

3. 利用定积分的几何意义求下列积分。

（1）$\displaystyle\int_0^t x\mathrm{d}x$　$(t>0)$

解　$\displaystyle\int_0^t x\mathrm{d}x$ 表示直线 $y=x$，$x=t$，及 x 轴所围成的等腰（边长为 t）直角三角形的面积，故

$\displaystyle\int_0^t x\mathrm{d}x=\frac{1}{2}t^2$。

（2）$\displaystyle\int_{-2}^4\left(\frac{x}{2}+3\right)\mathrm{d}x$

解　$\displaystyle\int_{-2}^4\left(\frac{x}{2}+3\right)\mathrm{d}x$ 表示直线 $y=\dfrac{x}{2}+3$，$x=-2$，$x=4$，以及 x 轴围成的曲边梯形面积，

$y(-2)=2$，$y(4)=5$，所以梯形两底长分别是 2 和 5，高为 $4-(-2)=6$，故 $\displaystyle\int_{-2}^4\left(\frac{x}{2}+3\right)\mathrm{d}x=$

$\dfrac{2+5}{2}\times6=21$。

（3）$\displaystyle\int_{-1}^2|x|\mathrm{d}x$

解　$\displaystyle\int_{-1}^2|x|\mathrm{d}x$ 表示两个等腰直角三角形的面积，两直角三角形腰长分别是 1 和 2，故

$\displaystyle\int_{-1}^2|x|\mathrm{d}x=\frac{1}{2}\times1^2+\frac{1}{2}\times2^2=\frac{5}{2}$。

(4) $\int_{-3}^{3} \sqrt{9-x^2}\,\mathrm{d}x$

解 $\int_{-3}^{3} \sqrt{9-x^2}\,\mathrm{d}x$ 表示圆心在原点,半径等于 3 的上半圆的面积,故 $\int_{-3}^{3} \sqrt{9-x^2}\,\mathrm{d}x = \frac{1}{2} \times \pi \times 3^2 = \frac{9}{2}\pi$。

4. 判断定积分的大小

(1) $\int_{0}^{1} x\,\mathrm{d}x, \int_{0}^{1} x^2\,\mathrm{d}x$

解 由于在 $[0,1]$ 上有 $x \geqslant x^2$,所以 $\int_{0}^{1} x\,\mathrm{d}x \geqslant \int_{0}^{1} x^2\,\mathrm{d}x$。

(2) $\int_{-2}^{-1} \left(\frac{1}{3}\right)^x\,\mathrm{d}x, \int_{0}^{1} 3^x\,\mathrm{d}x$

解 因为 $\int_{-2}^{-1} \left(\frac{1}{3}\right)^x\,\mathrm{d}x \xlongequal{\text{设}t=-x-1} \int_{0}^{1} 3 \cdot 3^t\,\mathrm{d}t = \int_{0}^{1} 3 \cdot 3^x\,\mathrm{d}x$,所以 $\int_{-2}^{-1} \left(\frac{1}{3}\right)^x\,\mathrm{d}x = \int_{0}^{1} 3 \cdot 3^x\,\mathrm{d}x > \int_{0}^{1} 3^x\,\mathrm{d}x$。

(3) $\int_{0}^{1} \mathrm{e}^{x^2}\,\mathrm{d}x, \int_{0}^{1} \mathrm{e}^{x^3}\,\mathrm{d}x$

解 由于当 $0 \leqslant x \leqslant 1$ 时, $x^2 \geqslant x^3$,而指数函数 e^x 是单调增函数,所以 $\mathrm{e}^{x^2} \geqslant \mathrm{e}^{x^3}$,因此由定积分性质, $\int_{0}^{1} \mathrm{e}^{x^2}\,\mathrm{d}x \geqslant \int_{0}^{1} \mathrm{e}^{x^3}\,\mathrm{d}x$。

(4) $\int_{1}^{2} \ln x\,\mathrm{d}x, \int_{1}^{2} \ln^2 x\,\mathrm{d}x$

解 因为在 $[1,2]$ 上, $0 \leqslant \ln x < 1$,故 $\ln x \geqslant \ln^2 x$,所以 $\int_{1}^{2} \ln x\,\mathrm{d}x \geqslant \int_{1}^{2} \ln^2 x\,\mathrm{d}x$。

5. 求下列函数在区间上的平均值。

(1) $f(x) = 2x^2+3x+3$ 在区间 $[1,4]$ 上。

解 由函数平均值计算公式可得

$$\bar{y} = \frac{1}{(4-1)} \int_{1}^{4} (2x^2 + 3x + 3)\,\mathrm{d}x = \frac{1}{3} \left(\frac{2}{3}x^3 + \frac{3}{2}x^2 + 3x\right)\Big|_{1}^{4} = \frac{49}{2}$$

(2) $f(x) = \frac{2}{\sqrt[3]{x^2}}$ 在区间 $[1,8]$ 上。

解 由函数平均值计算公式可得

$$\bar{y} = \frac{1}{(8-1)} \int_{1}^{8} \frac{2}{\sqrt[3]{x^2}}\,\mathrm{d}x = \left(\frac{2}{7} \times 3x^{\frac{1}{3}}\right)\Big|_{1}^{8} = \frac{6}{7}$$

6. 设 $\int_{-1}^{1} 3f(x)\,\mathrm{d}x = 9, \int_{-1}^{3} f(x)\,\mathrm{d}x = 2, \int_{-1}^{3} g(x)\,\mathrm{d}x = 5$,求下列各积分值。

(1) $\int_{-1}^{1} f(x)\,\mathrm{d}x$

解 $\int_{-1}^{1} f(x)\,\mathrm{d}x = \frac{1}{3} \int_{-1}^{1} 3f(x)\,\mathrm{d}x = \frac{1}{3} \times 9 = 3$

(2) $\displaystyle\int_{1}^{3} f(x)\,\mathrm{d}x$

解 $\displaystyle\int_{-1}^{3} f(x)\,\mathrm{d}x = \int_{-1}^{1} f(x)\,\mathrm{d}x + \int_{1}^{3} f(x)\,\mathrm{d}x$

$\therefore \displaystyle\int_{1}^{3} f(x)\,\mathrm{d}x = \int_{-1}^{3} f(x)\,\mathrm{d}x - \int_{-1}^{1} f(x)\,\mathrm{d}x = 2 - 3 = -1$

(3) $\displaystyle\int_{3}^{-1} g(x)\,\mathrm{d}x$

解 $\displaystyle\int_{3}^{-1} g(x)\,\mathrm{d}x = -\int_{-1}^{3} g(x)\,\mathrm{d}x = -(5) = -5$

(4) $\displaystyle\int_{-1}^{3} \frac{1}{5}\big[4f(x) + 3g(x)\big]\,\mathrm{d}x$

解 $\displaystyle\int_{-1}^{3} \frac{1}{5}\big[4f(x) + 3g(x)\big]\,\mathrm{d}x = \frac{4}{5}\int_{-1}^{3} f(x)\,\mathrm{d}x + \frac{3}{5}\int_{-1}^{3} g(x)\,\mathrm{d}x$

$$= \frac{4}{5} \times 2 + \frac{3}{5} \times 5 = \frac{8}{5} + \frac{15}{5} = \frac{23}{5}$$

7. 计算下列导数。

(1) $\displaystyle\frac{\mathrm{d}}{\mathrm{d}x}\int_{0}^{x^2} \sqrt{1+t^2}\,\mathrm{d}t$

解 $\displaystyle\frac{\mathrm{d}}{\mathrm{d}x}\int_{0}^{x^2} \sqrt{1+t^2}\,\mathrm{d}t = (x^2)' \cdot \sqrt{1+(x^2)^2} = 2x\sqrt{1+x^4}$

(2) $\displaystyle\frac{\mathrm{d}}{\mathrm{d}x}\int_{x^2}^{x^3} \frac{\mathrm{d}t}{\sqrt{1+t^2}}$

解 $\displaystyle\frac{\mathrm{d}}{\mathrm{d}x}\int_{x^2}^{x^3} \frac{\mathrm{d}t}{\sqrt{1+t^2}} = \frac{(x^3)'}{\sqrt{1+(x^3)^2}} - \frac{(x^2)'}{\sqrt{1+(x^2)^2}} = \frac{3x^2}{\sqrt{1+x^6}} - \frac{2x}{\sqrt{1+x^4}}$

(3) $\displaystyle\frac{\mathrm{d}}{\mathrm{d}x}\int_{\sin x}^{\cos x} \cos(\pi t^2)\,\mathrm{d}t$

解 $\displaystyle\frac{\mathrm{d}}{\mathrm{d}x}\int_{\sin x}^{\cos x} \cos(\pi t^2)\,\mathrm{d}t = \cos'x \cdot \cos(\pi \cdot \cos^2 x) - \sin'x \cdot \cos(\pi \cdot \sin^2 x)$

$$= -\sin x\cos(\pi\cos^2 x) - \cos x\cos\big[\pi(1 - \cos^2 x)\big]$$

$$= -\sin x\cos(\pi\cos^2 x) - \cos x\cos(\pi - \pi\cos^2 x)$$

$$= -\sin x\cos(\pi\cos^2 x) + \cos x\cos(\pi\cos^2 x)$$

$$= \cos(\pi\cos^2 x)(\cos x - \sin x)$$

(4) $\displaystyle\frac{\mathrm{d}}{\mathrm{d}x}\int_{a}^{\mathrm{e}^x} \frac{\ln t}{t}\,\mathrm{d}t$

解 $\displaystyle\frac{\mathrm{d}}{\mathrm{d}x}\int_{a}^{\mathrm{e}^x} \frac{\ln t}{t}\,\mathrm{d}t = (\mathrm{e}^x)' \cdot \frac{\ln \mathrm{e}^x}{\mathrm{e}^x} - 0 = \ln \mathrm{e}^x = x$

8. 计算下列定积分。

(1) $\displaystyle\int_{0}^{1}(3x^2 - x + 1)\,\mathrm{d}x$

解 $\displaystyle\int_{0}^{1}(3x^2 - x + 1)\,\mathrm{d}x = \left(x^3 - \frac{x^2}{2} + x\right)\Bigg|_{0}^{1} = \frac{3}{2}$

(2) $\displaystyle\int_1^2 (x + x^{-1})^2 dx$

解 $\displaystyle\int_1^2 (x + x^{-1})^2 dx = \int_1^2 (x^2 + 2 + x^{-2}) dx = \left(\frac{x^3}{3} + 2x - \frac{1}{x}\right)\bigg|_1^2 = \frac{29}{6}$

(3) $\displaystyle\int_0^{\pi/2} \sin x \cos^2 x dx$

解 $\displaystyle\int_0^{\pi/2} \sin x \cos^2 x dx = -\int_0^{\pi/2} \cos^2 x d\cos x = -\frac{\cos^3 x}{3}\bigg|_0^{\pi/2} = \frac{1}{3}$

(4) $\displaystyle\int_0^{1/2} \frac{2+x}{x^2 + 4x - 4} dx$

解 $\displaystyle\int_0^{1/2} \frac{2+x}{x^2 + 4x - 4} dx = \frac{1}{2}\int_0^{1/2} \frac{d(x^2 + 4x - 4)}{x^2 + 4x - 4} = \frac{1}{2}\ln(x^2 + 4x - 4)^{\frac{1}{2}}_0 = \frac{1}{2}\ln 7 - 2\ln 2$

(5) $\displaystyle\int_0^{\sqrt{3}a} \frac{dx}{a^2 + x^2}$

解 $\displaystyle\int_0^{\sqrt{3}a} \frac{dx}{a^2 + x^2} = \int_0^{\sqrt{3}a} \frac{1}{a} \cdot \frac{d\left(\dfrac{x}{a}\right)}{1 + \left(\dfrac{x}{a}\right)^2} = \frac{1}{a}\arctan\frac{x}{a}\bigg|_0^{\sqrt{3}a} = \frac{1}{a}(\arctan\sqrt{3} - \arctan 0)$

$$= \frac{1}{a} \cdot \frac{\pi}{3} = \frac{\pi}{3a}(a > 0)$$

(6) $\displaystyle\int_{-\frac{1}{2}}^{\frac{1}{2}} \frac{dx}{\sqrt{1 - x^2}}$

解 $\displaystyle\int_{-\frac{1}{2}}^{\frac{1}{2}} \frac{dx}{\sqrt{1 - x^2}} = \arcsin x\bigg|_{-\frac{1}{2}}^{\frac{1}{2}} = \frac{\pi}{6} - \left(-\frac{\pi}{6}\right) = \frac{\pi}{3}$

(7) $\displaystyle\int_0^{\frac{\pi}{4}} \tan^2 t dt$

解 $\displaystyle\int_0^{\frac{\pi}{4}} \tan^2 t dt = \int_0^{\frac{\pi}{4}} (\sec^2 t - 1) dt = (\tan t - t)\bigg|_0^{\frac{\pi}{4}} = 1 - \frac{\pi}{4}$

(8) $\displaystyle\int_{-2}^5 |x^2 - 2x - 3| dx$

解 $\displaystyle\int_{-2}^5 |x^2 - 2x - 3| dx = \int_{-2}^5 |(x-3)(x-1)| dx$

$$= \int_{-2}^{-1} (x-3)(x+1) dx + \int_{-1}^3 -(x-3)(x+1) dx +$$

$$\int_3^5 (x-3)(x+1) dx$$

$$= \left(\frac{x^2}{3} - x - 3x\right)\bigg|_{-2}^{-1} - \left(\frac{x^2}{3} - x - 3x\right)\bigg|_{-1}^3 + \left(\frac{x^2}{3} - x - 3x\right)\bigg|_3^5 = \frac{20}{3}.$$

9. 计算下列定积分。

(1) $\displaystyle\int_{-1}^1 \frac{x dx}{\sqrt{5 - 4x}}$

解 $\displaystyle\int_{-1}^{1}\frac{x\mathrm{d}x}{\sqrt{5-4x}}=-\frac{1}{16}\int_{-1}^{1}\frac{5-(5-4x)\mathrm{d}(5-4x)}{\sqrt{5-4x}}$

$\displaystyle\qquad\qquad\qquad=-\frac{1}{16}\int_{-1}^{1}\left[5(5-4x)^{-\frac{1}{2}}-(5-4x)^{\frac{1}{2}}\right]\mathrm{d}(5-4x)$

$\displaystyle\qquad\qquad\qquad=-\frac{1}{16}\left[5\times2\times(5-4x)^{\frac{1}{2}}-\frac{2}{3}\times(5-4x)^{\frac{3}{2}}\right]_{-1}^{1}=\frac{1}{6}$

(2) $\displaystyle\int_{0}^{1}\frac{x^{3/2}\mathrm{d}x}{1+x}$

解 设 $t=\sqrt{x}$,$x=t^2$,$\mathrm{d}x=2t\mathrm{d}t$

$$\int_{0}^{1}\frac{x^{3/2}\mathrm{d}x}{1+x}=\int_{0}^{1}\frac{t^3\times2t\mathrm{d}t}{1+t^2}=2\left[\frac{t^3}{3}-t+\arctan t\right]_{0}^{1}=\frac{\pi}{2}-\frac{4}{3}$$

(3) $\displaystyle\int_{0}^{1}\frac{\mathrm{d}x}{1+\mathrm{e}^{x}}$

解 设 $t=\mathrm{e}^x$,$x=\ln t$,$\mathrm{d}x=\dfrac{1}{t}\mathrm{d}t$

$$\int_{0}^{1}\frac{\mathrm{d}x}{1+\mathrm{e}^{x}}=\int_{1}^{\mathrm{e}}\frac{1}{t}\cdot\frac{1}{1+t}\mathrm{d}t=\int_{1}^{\mathrm{e}}\left(\frac{1}{t}-\frac{1}{1+t}\right)\mathrm{d}t=(\ln|t|-\ln|1+t|)_{1}^{\mathrm{e}}$$

$$=\ln\left|\frac{t}{1+t}\right|_{1}^{\mathrm{e}}=1+\ln\left|\frac{2}{1+\mathrm{e}}\right|$$

(4) $\displaystyle\int_{0}^{a}x^{2}\sqrt{a^2-x^2}\,\mathrm{d}x$

解 设 $x=a\sin t$,$\mathrm{d}x=a\cos t\mathrm{d}t$;$x=0,t=0$;$x=a,t=\pi/2$

$$\int_{0}^{a}x^{2}\sqrt{a^2-x^2}\,\mathrm{d}x=\int_{0}^{\pi/2}a^2\sin^2t\cdot a^2\cos^2t\mathrm{d}t=\frac{a^4}{4}\int_{0}^{\pi/2}\sin^22t\mathrm{d}t=\frac{\pi}{16}a^4$$

(5) $\displaystyle\int_{0}^{1}\frac{\mathrm{d}x}{\sqrt{x+1}+\sqrt{(x+1)^3}}$

解 设 $t=\sqrt{x+1}$,$x=t^2-1$,$\mathrm{d}x=2t\mathrm{d}t$;$x=1,t=\sqrt{2}$;$x=0,t=1$

$$\int_{0}^{1}\frac{\mathrm{d}x}{\sqrt{x+1}+\sqrt{(x+1)^3}}=\int_{1}^{\sqrt{2}}\frac{2t\mathrm{d}t}{t+t^3}=2\int_{1}^{\sqrt{2}}\frac{\mathrm{d}t}{1+t^2}=2(\arctan t)\Big|_{1}^{\sqrt{2}}=2\arctan\sqrt{2}-\frac{\pi}{2}$$

(6) $\displaystyle\int_{0}^{\ln2}\sqrt{1-\mathrm{e}^{-2x}}\,\mathrm{d}x$

解 设 $\mathrm{e}^{-x}=\sin t$,$x=-\ln\sin t$,$\mathrm{d}x=-\dfrac{\cos t}{\sin t}\mathrm{d}t$;$x=0,t=\dfrac{\pi}{2}$;$x=\ln2,t=\dfrac{\pi}{6}$

$$\int_{0}^{\ln2}\sqrt{1-\mathrm{e}^{-2x}}\,\mathrm{d}x=-\int_{\frac{\pi}{2}}^{\frac{\pi}{6}}\sqrt{1-\sin^2t}\cdot\frac{\cos t}{\sin t}\mathrm{d}t=\int_{\frac{\pi}{6}}^{\frac{\pi}{2}}\frac{\cos^2t}{\sin t}\mathrm{d}t$$

$$=\int_{\frac{\pi}{6}}^{\frac{\pi}{2}}\left(\frac{1}{\sin t}-\sin t\right)\mathrm{d}t=\ln|\csc t-\cot t|+\cos t\Big|_{\frac{\pi}{6}}^{\frac{\pi}{2}}=\ln(2+\sqrt{3})-\frac{\sqrt{3}}{2}$$

10. 计算下列定积分。

(1) $\displaystyle\int_{0}^{\mathrm{e}-1}\ln(x+1)\mathrm{d}x$

解 $\displaystyle\int_0^{e-1}\ln(x+1)\mathrm{d}x = x\ln(x+1)\Big|_0^{e-1} - \int_0^{e-1} x\cdot\frac{1}{x+1}\mathrm{d}x = e-1 - \int_0^{e-1}\frac{x+1-1}{x+1}\mathrm{d}x$

$$= e-1 - [x+1]_0^{e-1} + [\ln(x+1)]_0^{e-1} = 1$$

（2）$\displaystyle\int_0^{\pi} x^3\sin x\mathrm{d}x$

解 $\displaystyle\int_0^{\pi} x^3\sin x\mathrm{d}x = -\int_0^{\pi} x^3\mathrm{d}\cos x = -x^3\cos x\Big|_0^{\pi} + \int_0^{\pi} 3x^2\cos x\mathrm{d}x$

$$= \pi^3 + (3x^2\sin x)_0^{\pi} - \int_0^{\pi} 6x\sin x\mathrm{d}x$$

$$= \pi^3 + (6x\cos x)_0^{\pi} - 6\int_0^{\pi}\cos x\mathrm{d}x$$

$$= \pi^3 - 6\pi$$

（3）$\displaystyle\int_0^1 x^2\arctan x\mathrm{d}x$

解 $\displaystyle\int_0^1 x^2\arctan x\mathrm{d}x = \frac{1}{3}\int_0^1\arctan x\mathrm{d}x^3$

$$= \left[\frac{1}{3}x^3\arctan x\right]_0^1 - \frac{1}{3}\int_0^1\frac{x^3}{1+x^2}\mathrm{d}x = \frac{\pi}{12} - \frac{1}{3\times 2}\int_0^1\frac{x^2}{1+x^2}\mathrm{d}x^2$$

$$= \frac{\pi}{12} - \frac{1}{6}\int_0^1\frac{x^2+1-1}{1+x^2}\mathrm{d}x^2 = \frac{\pi}{12} - \frac{1}{6}x^2\Big|_0^1 + \frac{1}{6}\ln(1+x^2)\Big|_0^1$$

$$= (\pi - 2 + 2\ln 2)/12$$

（4）$\displaystyle\int_1^4\frac{\ln x}{\sqrt{x}}\mathrm{d}x$

解 $\displaystyle\int_1^4\frac{\ln x}{\sqrt{x}}\mathrm{d}x = 2\int_1^4\ln x\mathrm{d}\sqrt{x} = 2\sqrt{x}\ln x\Big|_1^4 - 2\int_1^4\sqrt{x}\cdot\frac{1}{x}\mathrm{d}x$

$$= 8\ln 2 - 4\sqrt{x}\Big|_1^4 = 8\ln 2 - 4$$

（5）$\displaystyle\int_1^e\sin\ln x\mathrm{d}x$

解 $\displaystyle\int_1^e\sin\ln x\mathrm{d}x = x\sin\ln x\Big|_1^e - \int_1^e x\cdot\cos\ln x\cdot\frac{1}{x}\mathrm{d}x$

$$= e\sin 1 - (x\cos\ln x\Big|_1^e + \int_1^e\sin\ln x\mathrm{d}x)$$

$$= e\sin 1 - e\cos 1 + 1 - \int_1^e\sin\ln x\mathrm{d}x$$

$$\int_1^e\sin\ln x\mathrm{d}x = \frac{1}{2}(e\sin 1 - e\cos 1 + 1)$$

（6）$\displaystyle\int_1^2\frac{1}{x^3}e^{\frac{1}{x}}\mathrm{d}x$

解 $\displaystyle\int_1^2\frac{1}{x^3}e^{\frac{1}{x}}\mathrm{d}x = -\int_1^2\frac{1}{x}e^{\frac{1}{x}}\mathrm{d}\frac{1}{x} = -\int_1^2\frac{1}{x}\mathrm{d}e^{\frac{1}{x}} = -\frac{1}{x}\cdot e^{\frac{1}{x}}\Big|_1^2 + \int_1^2 e^{\frac{1}{x}}\mathrm{d}\frac{1}{x}$

$$= -\frac{1}{x}e^{\frac{1}{x}}\Big|_1^2 + e^{\frac{1}{x}}\Big|_1^2 = e^{\frac{1}{x}}\left(1-\frac{1}{x}\right)\Big|_1^2 = \frac{\sqrt{e}}{2}$$

11. 计算直角坐标系中下列平面图形的面积。

（1）$y=x^2-4x+5$、$x=3$、$x=5$、$y=0$ 围成平面图形的面积。

解 所围平面面积，$A = \int_3^5 (x^2 - 4x + 5)\,dx = (x^3/3 - 2x^2 + 5x)\Big|_3^5 = \dfrac{32}{3}$

（2）$y=\ln x$、$x=0$、$y=\ln a$、$y=\ln b\,(0<a<b)$ 围成平面图形的面积。

解 按 y-型区域求平面面积，$A = \int_{\ln a}^{\ln b} e^y\,dy = e^y\Big|_{\ln a}^{\ln b} = b - a$

（3）$y=e^x$、$y=e^{-x}$、$x=1$ 围成平面图形的面积。

解 所围平面面积 $A = \int_0^1 (e^x - e^{-x})\,dx = [e^x + e^{-x}]_0^1 = e + \dfrac{1}{e} - 2$

（4）$y=x^2$、$y=x$、$y=2x$ 围成平面图形的面积。

解 所围平面面积 $A = \int_0^1 (2x - x)\,dx + \int_1^2 (2x - x^2)\,dx = \dfrac{x^2}{2}\Big|_0^1 + \left[x^2 - \dfrac{x^3}{3}\right]_1^2 = \dfrac{7}{6}$

（5）$y^2=(4-x)^3$、$x=0$ 围成平面图形的面积。

解 由 $y^2=(4-x)^3$ 得 $x=4-y^{\frac{2}{3}}$，所围平面面积

$$A = 2\int_0^8 \left(4 - y^{\frac{2}{3}}\right)dy = 2\left(4y - \dfrac{3}{5}y^{\frac{5}{3}}\right)\Big|_0^8 = 25.6$$

（6）$y=\dfrac{x^2}{2}$、$x^2+y^2=8$ 围成两部分图形的各自面积。

解 上半部分面积为

$$A_1 = 2\int_0^2 \left(\sqrt{8-x^2} - \dfrac{1}{2}x^2\right)dx = 2\left[\dfrac{x\sqrt{8-x^2}}{2} + \dfrac{8}{2}\arcsin\dfrac{x}{\sqrt{8}} - \dfrac{x^3}{6}\right]_0^2 = 2\pi + \dfrac{4}{3}$$

下半部分面积为

$$A_2 = 8\pi - 2\pi - 4/3 = 6\pi - 4/3$$

12. 计算极坐标系中下列平面图形的面积。

（1）心形线 $r=a(1+\cos\theta)$ 围成的图形面积。

解 $A = 2 \times \dfrac{1}{2}\int_0^\pi a^2(1+\cos\theta)^2\,d\theta = \pi a^2 + \dfrac{a^2}{2}\left[\theta + \dfrac{1}{2}\sin 2\theta\right]_0^\pi = \dfrac{3}{2}\pi a^2$

（2）三叶线 $r=a\sin 3\theta$ 围成的图形面积。

解 $A = \dfrac{3}{2}\int_0^{\frac{\pi}{3}} a^2\sin^2 3\theta\,d\theta = \dfrac{3a^2}{2}\int_0^{\frac{\pi}{3}}\dfrac{1-\cos 6\theta}{2}\,d\theta = \dfrac{3a^2}{4}\left[\theta - \dfrac{\sin 6\theta}{6}\right]_0^{\frac{\pi}{3}} = \dfrac{1}{4}\pi a^2$

13. 计算下列旋转体体积。

（1）$xy=a$、$x=a$、$x=2a$、$y=0$ 围成的图形绕 x 轴旋转。

解 $V_x = \pi\int_a^{2a}\dfrac{a^2}{x^2}\,dx = \pi a^2\left[-\dfrac{1}{x}\right]_a^{2a} = \dfrac{1}{2}\pi a$

（2）$x^2+(y-5)^2=16$ 围成的图形绕 x 轴旋转。

解 $V_x = 2\pi\int_0^4\left[(5+\sqrt{16-x^2})^2 - (5-\sqrt{16-x^2})^2\right]dx = 40\pi\int_0^4\sqrt{16-x^2}\,dx = 160\pi^2$

（3）设 D_1 是由抛物线 $y=2x^2$ 和直线 $x=a$，$x=2$，$y=0$ 围成的区域；D_2 是由 $y=2x^2$ 和 $x=a$，$y=0$ 围成的区域。试求由 D_1 绕 x 轴旋转所成旋转体体积 V_1 和 D_2 绕 y 轴旋转所成旋转

体体积 V_2。

解 $V_1 = \int_a^2 \pi(2x^2)^2 dx = \frac{4}{5}\pi x^5\Big|_a^2 = \frac{4}{5}\pi(32-a^5)$

$$V_2 = \pi a^2 \times 2a^2 - \pi\int_0^{2a^2} \frac{y}{2}dy = \pi a^4$$

14. 计算下列弧的长度。

(1) 曲线 $y=\ln x$ 上相应于 $\sqrt{3}\leq x\leq\sqrt{8}$ 的一段弧的长度。

解 根据曲线方程的形式,所求弧长为

$$S = \int_{\sqrt{3}}^{\sqrt{8}} \sqrt{1+(y')^2}dx = \int_{\sqrt{3}}^{\sqrt{8}} \sqrt{1+\left(\frac{1}{x}\right)^2}dx = \int_{\sqrt{3}}^{\sqrt{8}} \frac{\sqrt{1+x^2}}{x}dx$$

设 $t=\sqrt{1+x^2}$, $x=\sqrt{t^2-1}$; $x=\sqrt{3}$, $t=2$; $x=\sqrt{8}$, $t=3$

$$S = \int_2^3 \frac{t^2}{t^2-1}dt = \int_2^3 \left(1+\frac{1}{t^2-1}\right)dt = \left[t+\frac{1}{2}\ln\left|\frac{t-1}{t+1}\right|\right]_2^3 = 1+\frac{1}{2}\ln\frac{3}{2}$$

(2) 星形线 $x=a\cos^3 t$, $y=a\sin^3 t$ 的全部弧的长度。

解 因为 $y_t'=3a\sin^2 t\cos t$, $x_t'=3a\cos^2 t(-\sin t)$

故 $S = 4\int_0^{\frac{\pi}{2}} \sqrt{(3a\sin^2 t\cos t)^2+(-3a\cos^2 t\sin t)^2}dt = 12a\int_0^{\frac{\pi}{2}} \sin t\cos t dt$

$$= 6a\sin^2 t\Big|_0^{\frac{\pi}{2}} = 6a$$

15. 计算变力做功。

(1) 一物体由静止开始作直线运动,加速度为 $2t$,阻力与速度的平方成正比,比例系数 $k>0$,求物体从 $s=0$ 到 $s=c$ 克服阻力所做的功。

解 因为 $a=2t$,可得 $v=t^2$, $s=\frac{1}{3}t^3$, $t=(3s)^{\frac{1}{3}}$

阻力 $f=kv^2=kt^4=k(3s)^{\frac{4}{3}}$,克服阻力所做的功为

$$W = \int_0^c f ds = \int_0^c k(3s)^{\frac{4}{3}}ds = k\cdot 3\sqrt{3}\cdot\frac{3}{7}\cdot s^{\frac{7}{3}}\Big|_0^c = \frac{9\sqrt{3}kc^{\frac{7}{3}}}{7}$$

(2) 一圆台形贮水池,高 3m,上、下底半径分别为 1m、2m,求吸尽一池水所做的功。

解 设吸尽水池水所做的功为 W,则由 $\rho=1\,000(\text{kg/m}^3)$ 有

$$dW=\rho gx\pi y^2 dx, \quad y=\frac{1}{3}x+1,\text{所做的功为}$$

$$W = \int_0^3 \rho gx\pi\left(\frac{1}{3}x+1\right)^2 dx = \rho g\pi\left[\frac{x^4}{36}+\frac{2x^3}{9}+\frac{x^2}{2}\right]_0^3 = \frac{51\rho g\pi}{4}$$

$$= 12\,750\pi(\text{kg}\cdot\text{m})$$

(3) 半径为 r 的球沉入水中,球的上部与水面相切,球的密度与水相同,现将球从水中取出,需做多少功?(图 5-1)

解 如图取坐标系,取球上 $[x,x+\Delta x]$ 体积微元,由题中知球密度与水相同,该微元在水下时不做功,到水平上要做功,

$dW=\pi g[r^2-(r-x)^2](2r-x)dx$,故所求功为 $W = \pi\int_0^{2r} g(2r-$

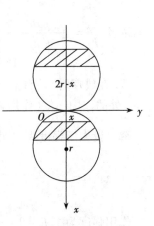

图 5-1

$$x)\left[r^2 - (r-x)^2\right]\mathrm{d}x = \pi y \int_0^{2r}(2r-x)^2\mathrm{d}x = \frac{4}{3}\pi r^4 g。$$

16. 计算液体压力。

（1）半径为 $a(\mathrm{m})$ 的半圆形闸门，直径与水面相齐，求水对闸门的压力。

解 设水对闸门的压力为 F，则由 $\rho = 1\,000(\mathrm{kg/m^3})$ 有

$$\mathrm{d}F = \rho g x \cdot 2y\mathrm{d}x, \quad y = \sqrt{a^2 - x^2}$$

则水对闸门的压力为

$$F = \int_0^a \rho g x 2\sqrt{a^2 - x^2}\,\mathrm{d}x = -\frac{2\rho g}{3}(a^2 - x^2)^{\frac{3}{2}}\Big|_0^a = \frac{2\rho g a^3}{3} = \frac{2\,000}{3}a^3(\mathrm{kg})$$

（2）椭圆形薄板垂直插入水中一半，短轴与水面相齐，求水对薄板每面的压力。

解 设水对薄板每面的压力为 F，则由 $\rho = 1\,000(\mathrm{kg/m^3})$ 有

$$\mathrm{d}F = \rho g x \cdot 2y\mathrm{d}x, \quad y = \frac{b}{a}\sqrt{a^2 - x^2}$$

$$F = \int_0^a 2\rho g x \frac{b}{a}\sqrt{a^2 - x^2}\,\mathrm{d}x = -\frac{2b\rho g}{3}(a^2 - x^2)^{\frac{3}{2}}\Big|_0^a = \frac{2\rho g a^2 b}{3} = \frac{2\,000}{3}a^2 b(\mathrm{kg})$$

（3）某闸门的形状上半部分由矩形 $ABCD$ 构成，其高度为 h；下半部分由抛物线 $y = x^2$：AOB 构成，其高度为 1；当水面与闸门的上端相平时，欲使闸门矩形部分承受的水压力与闸门下部承受的压力之比为 $5:4$，问闸门矩形部分的高 h 是多少？

解 闸门矩形部分的压力为

$$\mathrm{d}F_1 = \rho g \times 2 \times 1 \times \mathrm{d}y(h + 1 - y)$$

$$F_1 = 2\int_1^{h+1}\rho g(h+1-y)\mathrm{d}y = 2\rho g\left[(h+1)y - \frac{y^2}{2}\right]_1^{h+1} = \rho g h^2$$

闸门下部分承受压力为

$$\mathrm{d}F_2 = 2\rho g\sqrt{y}\,\mathrm{d}y(h + 1 - y)$$

$$F_2 = \int_0^1 2\rho g(h+1-y)\sqrt{y}\,\mathrm{d}y$$

$$= 2\rho g\left[\frac{2}{3}(h+1)y^{\frac{3}{2}} - \frac{2}{5}y^{\frac{5}{2}}\right]_0^1 = 4\rho g\left(\frac{h}{3} + \frac{2}{15}\right)$$

依题：$\dfrac{F_1}{F_2} = \dfrac{\rho g h^2}{4\rho g\left(\dfrac{h}{3} + \dfrac{2}{15}\right)} = \dfrac{5}{4}$，解之 $h = 2$（负值舍去）

17. 在放疗时，镭针长 $a(\mathrm{cm})$，均匀含有 $m(\mathrm{mg})$ 镭，求作用在其延长线上距针近端 $c(\mathrm{cm})$ 处的作用强度（作用强度与镭量成正比、与距离的平方成反比）。

解 设作用强度为 E，由题意有 $E = \dfrac{km}{r^2}$，则有强度微元

$$\mathrm{d}E = \frac{km\mathrm{d}x}{c(c+a-x)^2}$$

作用强度为 $\quad E = \int_0^a \dfrac{km\mathrm{d}x}{c(c+a-x)^2} = \dfrac{km}{c}\left(\dfrac{1}{c+a-x}\right)_0^a = \dfrac{km}{c(c+a)}$

18. 已知某化学反应的速度为 $v = ake^{-kt}$（a、k 为常数），求反应在时间区间 $[0, t]$ 内的平均速度。

解 平均速度为 $\bar{v} = \dfrac{1}{t}\displaystyle\int_0^t ake^{-ks}ds = -\dfrac{a}{t}\int_0^t e^{-ks}d(-ks) = \dfrac{a}{t}(1 - e^{-kt})$

19. 设一快速静脉注射某药物后所得的 $C\text{-}t$ 曲线为 $C = \dfrac{D}{V}e^{-kt}$（$k>0$），其中 k 表示消除速率常数，D 表示药物剂量，V 表示分布容积，求 $C\text{-}t$ 曲线下的总面积 AUC 之值。

解 $AUC = \displaystyle\int_0^{+\infty} c(t)dt = \int_0^{+\infty} \dfrac{D}{V}e^{-kt}dt = \dfrac{D}{V}e^{-kt} \times \left(-\dfrac{1}{k}\right)\Big|_0^{+\infty} = \dfrac{D}{kV}$

20. 计算下列广义积分。

(1) $\displaystyle\int_{-\infty}^1 e^x dx$

解 $\displaystyle\int_{-\infty}^1 e^x dx = (e^x)\Big|_{-\infty}^1 = e - \lim_{a \to -\infty} e^a = e - 0 = e$

(2) $\displaystyle\int_e^{+\infty} \dfrac{dx}{x(\ln x)^2}$

解 $\displaystyle\int_e^{+\infty} \dfrac{dx}{x(\ln x)^2} = \int_e^{+\infty} \dfrac{d\ln x}{(\ln x)^2} = \left[-\dfrac{1}{\ln x}\right]_e^{+\infty} = 1$

(3) $\displaystyle\int_{-\infty}^{+\infty} \dfrac{dx}{x^2 + 2x + 2}$

解 $\displaystyle\int_{-\infty}^{+\infty} \dfrac{dx}{x^2 + 2x + 2} = \int_{-\infty}^{+\infty} \dfrac{d(x+1)}{(x+1)^2 + 1} = \arctan(x+1)_{-\infty}^{+\infty} = \dfrac{\pi}{2} - \left(-\dfrac{\pi}{2}\right) = \pi$

(4) $\displaystyle\int_0^{+\infty} e^{-x}\sin x\, dx$

解 $\displaystyle\int_0^{+\infty} e^{-x}\sin x\, dx = \int_0^{+\infty} e^{-x}d\cos x$

$\qquad = (-e^{-x}\cos x - e^{-x}\sin x)_0^{+\infty} - \displaystyle\int_0^{+\infty} e^{-x}\sin x\, dx$

$\qquad = 1 - \displaystyle\int_0^{+\infty} e^{-x}\sin x\, dx$

$\displaystyle\int_0^{+\infty} e^{-x}\sin x\, dx = \dfrac{1}{2}$

(5) $\displaystyle\int_1^2 \dfrac{x\, dx}{\sqrt{x-1}}$

解 $x = 1$ 为瑕点，设 $t = \sqrt{x-1}$，$x = 1$ 时，$t = 0$，则

$\displaystyle\int_1^2 \dfrac{x\, dx}{\sqrt{x-1}} = \lim_{\varepsilon \to 0^+}\int_{\varepsilon}^1 \dfrac{(t^2+1)\cdot 2t\, dt}{t} = 2\lim_{\varepsilon \to 0^+}\int_{\varepsilon}^1 (t^2+1)\cdot dt = \lim_{\varepsilon \to 0^+}\left(\dfrac{2}{3}t^3 + 2t\right)\Big|_{\varepsilon}^1 = \dfrac{8}{3}$

(6) $\displaystyle\int_0^1 \dfrac{x^2\arcsin x}{\sqrt{1-x^2}}dx$

解 $x = 1$ 为瑕点，令 $x = \sin t$，$x = 1$ 时，$t = \dfrac{\pi}{2}$，则

$$\int_0^1 \frac{x^2 \arcsin x}{\sqrt{1-x^2}} dx = \lim_{\varepsilon \to \frac{\pi}{2}^-} \int_0^\varepsilon \frac{t \sin^2 t}{\cos t} \cdot \cos t dt = \lim_{\varepsilon \to \frac{\pi}{2}^-} \int_0^\varepsilon t \sin^2 t dt = \lim_{\varepsilon \to \frac{\pi}{2}^-} \int_0^\varepsilon \left(\frac{t}{2} - \frac{t \cos 2t}{2} \right) dt$$

$$= \lim_{\varepsilon \to \frac{\pi}{2}^-} \frac{t^2}{4} \bigg|_0^\varepsilon - \frac{1}{4} \lim_{\varepsilon \to \frac{\pi}{2}^-} \int_0^\varepsilon t d \sin 2t = \frac{\pi^2}{16} + \frac{1}{4}$$

21. 用 Γ 函数表示曲线 $f(x) = \frac{1}{\sqrt{2\pi}} e^{-\frac{x^2}{2}}$ 下的面积。

解 设 $u = \frac{x^2}{2}$，$x = \sqrt{2u}$，$dx = \frac{du}{\sqrt{2u}}$，所求面积为

$$S = 2\int_0^{+\infty} f(x) dx = \frac{2}{\sqrt{2\pi}} \int_0^{+\infty} e^{-\frac{x^2}{2}} dx = \frac{2}{\sqrt{2\pi}\sqrt{2}} \int_0^{+\infty} u^{-\frac{1}{2}} e^{-u} du = \Gamma(0.5) / \sqrt{\pi} = 1$$

22. 自动记录仪记录每半小时氢气流量如表 5-2 所示，用梯形法求 8 小时的总量。

解 8 小时总量为

$$Q = \int_0^8 V(t) dt \approx \frac{8}{16} \left(\frac{25.0}{2} + 24.5 + 24.1 + 24.0 + 25.0 + 26.0 + 25.5 + 25.8 + 24.2 + \right.$$

$$\left. 23.8 + 24.5 + 25.5 + 25.0 + 24.6 + 24.0 + 23.5 + \frac{23.0}{2} \right) = 196.475 \text{(L)}$$

23. 某烧伤病人需要植皮，根据测定，皮的大小和数据如下图所示（单位为 cm），求皮的面积。（图 5-2）

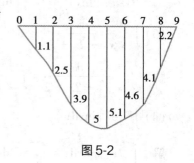

解 植皮的面积为

$$s = \int_0^9 f(t) dt$$

$$\approx \frac{9-0}{9} \left(\frac{0}{2} + 1.1 + 2.5 + 3.9 + 5 + 5.1 + 4.6 + 4.1 + \frac{2.2}{2} \right)$$

$$= 27.4 \text{(cm}^2)$$

图 5-2

五、经典考题

1. 单项选择题

（1）$I = \int_b^a |2x - a - b| dx$，则正确的计算方法是（　　）。

  A. $I = \frac{1}{2} \int_a^b |2x - a - b| d |2x - a - b| = \left[\frac{1}{4} |2x - a - b|^2 \right]_a^b = 0$

  B. $I = \int_a^{\frac{a+b}{2}} (a + b - 2x) dx + \int_{\frac{a+b}{2}}^b (2x - a - b) dx = (a - b)^2$

  C. $I = \int_a^0 (a + b - 2x) dx + \int_0^b (2x - a - b) dx = -2ab$

  D. $I = \int_a^{\frac{b-a}{2}} (a + b - 2x) dx + \int_{\frac{b-a}{2}}^b (2x - a - b) dx = \frac{1}{2} (a^2 + 4ab + b^2)$

（2）$\int_0^1 \frac{e^x}{e^x + e^{-x}} dx = （　　）$。

A. $\ln(e^2+1)-\ln2$　　　　　　　　B. $\dfrac{1}{2}\big[\ln(e+1)-\ln2\big]$

C. $\dfrac{1}{2}\ln(e^2+1)-\dfrac{1}{2}\ln2$　　　　　D. 以上都不对

（3）当(　　)时广义积分 $\displaystyle\int_{-\infty}^{0}e^{-kx}\,dx$ 收敛。

A. $k>0$　　　　　B. $k\geqslant0$　　　　　C. $k<0$　　　　　D. $k\leqslant0$

（4）设 $\displaystyle\int_{0}^{x}f(t)\,dt=\dfrac{1}{2}f(x)-\dfrac{1}{2}$，且 $f(0)=1$，则 $f(x)=(\quad)$。

A. $e^{\frac{\pi}{2}}$　　　　　B. $\dfrac{1}{2}e^{x}$　　　　　C. e^{2x}　　　　　D. $\dfrac{3}{2}e^{2x}$

（5）$I=\displaystyle\int_{0}^{1}e^{\sqrt{x}}\,dx$，则(　　)较为简单。

A. 先用分部积分法后用换元法计算

B. 令 $e^{\sqrt{x}}=t,x=(\ln t)^2$；$I=\displaystyle\int_{0}^{1}t\cdot2\ln t\cdot\dfrac{1}{t}\,dt=\int_{0}^{1}\ln t\,dt$

C. 令 $\sqrt{x}=t$ 后再用分部积分法计算

D. 直接用分部积分法计算

（6）曲线 $r=ae^{\theta},\theta=-\pi$ 及 $\theta=\pi$ 所围成的面积是(　　)。

A. $\dfrac{1}{2}\displaystyle\int_{0}^{\pi}a^{2}e^{2\theta}\,d\theta$　　　　　　B. $\displaystyle\int_{0}^{2\pi}\dfrac{1}{2}a^{2}e^{2\theta}\,d\theta$

C. $\displaystyle\int_{-\pi}^{\pi}a^{2}e^{2\theta}\,d\theta$　　　　　　D. $\displaystyle\int_{-\pi}^{\pi}\dfrac{1}{2}a^{2}e^{2\theta}\,d\theta$

（7）若 $\displaystyle\int_{0}^{1}(2x+k)\,dx=2$，则 $k=(\quad)$。

A. 0　　　　　B. -1　　　　　C. 1　　　　　D. $\dfrac{1}{2}$

（8）设 $F(x)=\displaystyle\int_{0}^{x}f(t)\,dt$，则 $\Delta F(x)=(\quad)$。

A. $\displaystyle\int_{0}^{x}\big[f(t+\Delta t)-f(t)\big]\,dt$　　　　B. $f(x)\Delta x$

C. $\displaystyle\int_{0}^{x+\Delta x}f(t)\,dt-\int_{0}^{x}f(t)\,dt$　　　　D. $\displaystyle\int_{0}^{x}f(t)\,d(t+\Delta t)-\int_{0}^{x}f(t)\,dt$

（9）下列式子中正确的有(　　)。

A. $\dfrac{d}{dx}\displaystyle\int_{a}^{b}f(x)\,dx=f(x)$　　　　B. $\dfrac{d}{dx}\displaystyle\int f(x)\,dx=f(x)$

C. $\dfrac{d}{dx}\displaystyle\int_{a}^{x}f(x)\,dx=f(a)$　　　　D. $\displaystyle\int f(x)\,dx=f(x)$

（10）$y=f(x),y=g(x)$ 两曲线相交于点 $(x_1,y_1),(x_2,y_2)$；$f(x)>0,g(x)>0$ 所围图形绕 x 轴旋转一周所得的旋转体体积是 $V=(\quad)$。

A. $\displaystyle\int_{x_1}^{x_2}\pi\big[f(x)-g(x)\big]^{2}\,dx$　　　　B. $\displaystyle\int_{x_1}^{x_2}\pi\,|f^{2}(x)-g^{2}(x)|\,dx$

C. $\displaystyle\int_{x_1}^{x_2} \pi\left[f(x)\right]^2 \mathrm{d}x - \int_{x_1}^{x_2} \pi\left[g(x)\right]^2 \mathrm{d}x$　　　　D. $\displaystyle\int_{x_1}^{x_2}\left[\pi f(x)-\pi g(x)\right]^2 \mathrm{d}x$

(11) 设 $f(x)$ 是连续函数, 且 $f(x)=x+2\displaystyle\int_0^1 f(t)\mathrm{d}t$, 则 $f(x)=$ (　　　)。

　　A. $x-1$　　　　　　B. x　　　　　　　C. x^2-1　　　　　　D. x^2+1

(12) 已知 $f(x)=\begin{cases}x, & 0\leqslant x\leqslant 1\\ 2-x, & 1<x\leqslant 2\end{cases}$, 则 $\displaystyle\int_0^2 f(x)\mathrm{e}^{-x}\mathrm{d}x=$ (　　　)。

　　A. $1+\dfrac{1}{\mathrm{e}}$　　　　　B. $\dfrac{1}{\mathrm{e}^2}$　　　　　C. $\left(1-\dfrac{1}{\mathrm{e}}\right)^2$　　　　D. $(1-\mathrm{e})^2$

(13) 已知 $f(x)=\begin{cases}x, & 0\leqslant x\leqslant 1\\ 2-x, & 1<x\leqslant 2\end{cases}$, 则 $\displaystyle\int_2^4 f(x-2)\mathrm{e}^{-x}\mathrm{d}x=$ (　　　)。

　　A. e^{-2}　　　　　B. $\mathrm{e}^{-2}\left(1-\dfrac{1}{\mathrm{e}}\right)^2$　　　C. $\left(1-\dfrac{1}{\mathrm{e}}\right)^2$　　　D. $(1-\mathrm{e})^2$

(14) 定积分 $\displaystyle\int_1^a f\left(x^2+\dfrac{a}{x^2}\right)\dfrac{\mathrm{d}x}{x}$ 与(　　　)相等。

　　A. $\displaystyle\int_1^a f\left(x+\dfrac{a^2}{x}\right)\dfrac{\mathrm{d}x}{x}$　　　　　　　　B. $\displaystyle\int_1^a f\left(x^2+\dfrac{a^2}{x^2}\right)\dfrac{\mathrm{d}x}{x}$

　　C. $\displaystyle\int_1^a f\left(a^2+\dfrac{x}{a^2}\right)\dfrac{\mathrm{d}x}{x}$　　　　　　　　D. $\displaystyle\int_1^a f\left(a+\dfrac{x}{a}\right)\dfrac{\mathrm{d}x}{x}$

(15) 下列广义积分发散的是(　　　)。

　　A. $\displaystyle\int_{-1}^1 \dfrac{1}{\sin x}\mathrm{d}x$　　　　　　　　　　B. $\displaystyle\int_{-1}^1 \dfrac{1}{\sqrt{1-x^2}}\mathrm{d}x$

　　C. $\displaystyle\int_0^{+\infty}\mathrm{e}^{-x^2}\mathrm{d}x$　　　　　　　　　　D. $\displaystyle\int_2^{+\infty}\dfrac{1}{x\ln^2 x}\mathrm{d}x$

(16) 广义积分 $\displaystyle\int_0^{+\infty} x^{24}\mathrm{e}^{-x}\mathrm{d}x$ 为(　　　)。

　　A. $23!$　　　　　　B. $24!$　　　　　　C. $25!$　　　　　　D. $26!$

2. 填空题

(1) $\displaystyle\int_0^{\frac{\pi}{4}}\tan^3\theta\mathrm{d}\theta=$ _____。

(2) 积分中值定理 $\displaystyle\int_a^b f(x)\mathrm{d}x=f(\zeta)(b-a)$, 其中 ζ 是 $[a,b]$ 内_____点。

(3) 设 $I_1=\displaystyle\int_0^{\frac{\pi}{2}}x\mathrm{d}x, I_2=\int_0^{\frac{\pi}{2}}\sin x\mathrm{d}x, I_3=\int_0^{\frac{\pi}{2}}\tan x\mathrm{d}x$, 则三者的大小关系是_____。

(4) 函数 $y=x^2$ 在区间 $[1,3]$ 上的平均值为_____。

(5) $f(x)$ 在 $[a,b]$ 连续, $\varphi(x)=\displaystyle\int_a^x f(t)\mathrm{d}t$, 则_____是_____在 $[a,b]$ 上一个原函数。

(6) $\dfrac{\mathrm{d}}{\mathrm{d}x}\displaystyle\int_a^b \arctan x\mathrm{d}x=$ _____。

(7) 若 $f(x)$ 是奇函数, 则 $\displaystyle\int_{-a}^a f(x)\mathrm{d}x=$ _____。

(8) 无穷区间 $[a,+\infty)$ 上的广义积分的定义是：$\int_a^{+\infty} f(x)\,dx = $ _____。

(9) 积分中值定理 $\int_a^b f(x)\,dx = f(\zeta)(b-a)$，$(a\leqslant\zeta\leqslant b)$ 的几何意义是_____。

(10) 若 $f(x)$ 在 $[a,b]$ 上_____，则 $f(x)$ 在 $[a,b]$ 上可积。

(11) 计算 $y^2 = 2x$ 与 $y = x-4$ 包围的面积时，选用_____作积分变量较为简捷。

(12) $\int_{-1}^1 \sqrt{x^2}\,dx = $ _____。

(13) $\int_{-3}^3 \dfrac{x^5\cos x}{x^6 + 2x^4 + 2}\,dx = $ _____。

(14) 一物体以 $v = \dfrac{1}{2}t + 2$ 做直线运动，把该物体在时间间隔 $[0,3]$ 内走过的路程表示为定积分 $S = $ _____。

(15) 由 y-型区域 $c\leqslant y\leqslant d$，$\varphi(y)\leqslant x\leqslant\phi(y)$ 绕 y 轴旋转，生成的旋转体体积为_____。

3. 计算题

(1) 求 $I = \int_0^\pi \sqrt{1 - \sin x}\,dx$。

(2) 求 $I = \int_0^{+\infty} \dfrac{x}{(1 + x^3)}\,dx$。

(3) 设 $\lim\limits_{x\to\infty}\left(\dfrac{x+1}{x}\right)^{ax} = \int_{-\infty}^a te^t\,dt$，试求 a。

(4) 已知 $\dfrac{\sin x}{x}$ 是 $f(x)$ 的一个原函数，求 $\int_{\frac{\pi}{2}}^\pi x^3 f'(x)\,dx$。

(5) 设 $f'(\ln x) = 1 + x$，求 $\int_0^1 f'(x)\,dx$。

(6) 求 $\int_0^2 x^2\sqrt{4 - x^2}\,dx$。

(7) 求 $\int_0^{\frac{\pi}{4}} \sec^4 x\,dx$。

(8) 求 $\int_{\frac{\sqrt{2}}{2}}^1 \dfrac{\sqrt{1 - x^2}}{x^2}\,dx$。

(9) 设 $f(x) = \begin{cases} xe^{x^2}, & -\dfrac{1}{2}\leqslant x < \dfrac{1}{2} \\ -1, & x > \dfrac{1}{2} \end{cases}$，求 $\int_{-\frac{1}{2}}^{\frac{3}{2}} f(x)\,dx$。

(10) 求 $\int_{\frac{1}{2}}^1 \dfrac{1}{x^3}e^{\frac{1}{x}}\,dx$。

4. 应用题

(1) 求两个椭圆 $x^2 + \dfrac{y^2}{3} = 1$ 和 $\dfrac{x^2}{3} + y^2 = 1$ 的公共部分的面积。

(2) 在抛物线 $y = -x^2 + 1(x\geqslant 0)$ 上找一点 $P(x_1, y_1)$，其中 $x_1\neq 0$，过点作抛物线的切线，

使此切线与抛物线及两坐标轴所围平面图形的面积最小。

（3）设平面有界区域 D 由曲线 $y=x\sqrt{|x|}$ 与 x 轴和直线 $x=a(a>0)$ 围成。若 D 绕 x 轴旋转所成旋转体的体积等于 4π，求 a 的值。

（4）某种类型的阿司匹林药物进入血液系统的量称作有效药量，其进入速率可表示为函数：$f(t)=0.15t(t-3)^2,(0\leqslant t\leqslant 3)$，求何时速率最大？此时的速率是多少？有效药量是多少？

参 考 答 案

1. 单项选择题

（1）B （2）C （3）C （4）C （5）C （6）C （7）C （8）C （9）B （10）B

（11）A 设 $\int_0^1 f(t)\mathrm{d}t=I,f(x)=x+2I,I=\int_0^1(x+2I)\mathrm{d}x=\dfrac{1}{2}+2I,$ 可得 $I=-\dfrac{1}{2}$，即 $f(x)=x-1$

（12）C

$$\int_0^2 f(x)\mathrm{e}^{-x}\mathrm{d}x=\int_0^1 x\mathrm{e}^{-x}\mathrm{d}x+\int_1^2(x-2)\mathrm{e}^{-x}\mathrm{d}x=1-\frac{2}{\mathrm{e}}+\frac{1}{\mathrm{e}^2}=\left(1-\frac{1}{\mathrm{e}}\right)^2$$

（13）B 设 $t=x-2,\int_2^4 f(x-2)\mathrm{e}^{-x}\mathrm{d}x=\int_0^2 f(t)\mathrm{e}^{-t}\mathrm{e}^{-2}\mathrm{d}t=\mathrm{e}^{-2}\left(1-\dfrac{1}{\mathrm{e}}\right)^2$

（14）A 设 $t=x^2,\int_1^a f\left(x^2+\dfrac{a}{x^2}\right)\dfrac{\mathrm{d}x}{x}=\dfrac{1}{2}\left[\int_1^a f\left(t+\dfrac{a^2}{t}\right)\dfrac{\mathrm{d}t}{t}+\int_a^{a^2}f\left(t+\dfrac{a^2}{t}\right)\dfrac{\mathrm{d}t}{t}\right]$

设 $u=\dfrac{a^2}{t},\int_a^{a^2}f\left(t+\dfrac{a^2}{t}\right)\dfrac{\mathrm{d}t}{t}=-\int_a^1 f\left(u+\dfrac{a^2}{u}\right)\dfrac{\mathrm{d}u}{u}=\int_1^a f\left(u+\dfrac{a^2}{u}\right)\dfrac{\mathrm{d}u}{u}$

故有 $\int_1^a f\left(x^2+\dfrac{a}{x^2}\right)\dfrac{\mathrm{d}x}{x}=\int_1^a f\left(u+\dfrac{a^2}{u}\right)\dfrac{\mathrm{d}u}{u}=\int_1^a f\left(x+\dfrac{a^2}{x}\right)\dfrac{\mathrm{d}x}{x}$

（15）A （16）B

2. 填空题

（1）$\dfrac{1}{2}(1-\ln2)$ （2）必存在的某一 （3）$I_2<I_1<I_3$ 因为

$\sin x<x<\tan x,x\in\left(0,\dfrac{\pi}{2}\right)$，利用定积分性质有 $I_2<I_1<I_3$

（4）$\dfrac{13}{3}$ （5）$\varphi(x)$、$f(x)$ （6）0 （7）0 （8）$\lim\limits_{b\to+\infty}\int_a^b f(x)\mathrm{d}x$ （9）曲边梯形的面积等于以 $(b-a)$ 为底，$f(\zeta)$ 为高的矩形的面积 （10）连续或分段连续 （11）y （12）$\int_{-1}^0 -x\mathrm{d}x+\int_0^1 x\mathrm{d}x=1$ （13）0 因为被积函数是奇函数 （14）$\int_0^3\left(\dfrac{1}{2}t+2\right)\mathrm{d}t$ （15）$V_y=\pi\int_c^d\left[\phi^2(y)-\varphi^2(y)\right]\mathrm{d}y$

3. 计算题

（1）$I=\int_0^\pi\sqrt{1-\sin x}\mathrm{d}x=\int_0^\pi\sqrt{\cos^2\dfrac{x}{2}+\sin^2\dfrac{x}{2}-2\sin\dfrac{x}{2}\cos\dfrac{x}{2}}\mathrm{d}x$

$$= \int_0^\pi \sqrt{\left(\cos\frac{x}{2} - \sin\frac{x}{2}\right)^2}\,dx = \int_0^\pi \left|\cos\frac{x}{2} - \sin\frac{x}{2}\right|\,dx$$

设 $u = \dfrac{x}{2}$，则有 $I = 2\displaystyle\int_0^{\frac{\pi}{2}} |\cos u - \sin u|\,du$

$$= 2\left[\int_0^{\frac{\pi}{4}} (\cos u - \sin u)\,du + \int_{\frac{\pi}{4}}^{\frac{\pi}{2}} (\sin u - \cos u)\,du\right] = 4\sqrt{2} - 4$$

(2) $I = \displaystyle\int_0^{+\infty} \frac{x}{(1+x^3)}\,dx = \int_0^{+\infty} \frac{(x+1) - 1}{(1+x^3)}\,dx = \left[-\frac{1}{x+1} + \frac{1}{2(x+1)^2}\right]_0^{+\infty} = \frac{1}{2}$

(3) 由已知，左 $= \displaystyle\lim_{x \to \infty} \left(\frac{1+x}{x}\right)^{\alpha x} = e^\alpha$

右 $= \displaystyle\int_{-\infty}^a te^t\,dt = te^t \big|_{-\infty}^a - \int_{-\infty}^a e^t\,dt = e^a(a-1)$，即

$e^a = e^a(a-1)$，所以 $a = 2$

(4) 由题意可得 $f(x) = \left(\dfrac{\sin x}{x}\right)' = \dfrac{x\cos x - \sin x}{x^2}$，所以

$$\int_{\frac{\pi}{2}}^\pi x^3 f'(x)\,dx = x^3 f'(x) \big|_{\frac{\pi}{2}}^\pi - 3\int_{\frac{\pi}{2}}^\pi x^2 f(x)\,dx$$

$$= (x^2\cos x - 4x\sin x - 6\cos x) \big|_{\frac{\pi}{2}}^\pi = 6 + 2\pi - \pi^2$$

(5) $f'(\ln x) = 1 + x = 1 + e^{\ln x}$，故有 $f'(x) = 1 + e^x$，即

$$\int_0^1 f'(x)\,dx = \int_0^1 (1 + e^x)\,dx = 1 + e - 1 = e$$

(6) 令 $x = 2\sin t$，则 $\displaystyle\int_0^2 x^2\sqrt{4-x^2}\,dx$

$$= \int_0^{\frac{\pi}{2}} 4\sin^2 t \cdot 2\cos t\,d(2\sin t) = 16\int_0^{\frac{\pi}{2}} \sin^2 t \cdot \cos^2 t\,dt$$

$$= 4\int_0^{\frac{\pi}{2}} \sin^2 2t\,dt = 4\int_0^{\frac{\pi}{2}} \frac{1 - \cos 4t}{2}\,dt$$

$$= \frac{1}{2}\int_0^{\frac{\pi}{2}} (1 - \cos 4t)\,d(4t) = \frac{1}{2}(4t - \sin 4t) \Big|_0^{\frac{\pi}{2}} = \pi$$

(7) $\displaystyle\int_0^{\frac{\pi}{4}} \sec^4 x\,dx = \int_0^{\frac{\pi}{4}} \sec^2 x\,d\tan x = \int_0^{\frac{\pi}{4}} (1 + \tan^2 x)\,d\tan x = \left(\tan x + \frac{1}{3}\tan^3 x\right) \Big|_0^{\frac{\pi}{4}} = \frac{4}{3}$

(8) 令 $x = \sin t$，$x = \dfrac{\sqrt{2}}{2}$，$t = \dfrac{\pi}{4}$，$x = 1$，$t = \dfrac{\pi}{2}$

$$\int_{\frac{\sqrt{2}}{2}}^1 \frac{\sqrt{1-x^2}}{x^2}\,dx = \int_{\frac{\pi}{4}}^{\frac{\pi}{2}} \frac{\cos t}{\sin^2 t}\cos t\,dt = \int_{\frac{\pi}{4}}^{\frac{\pi}{2}} \cot^2 t\,dt$$

$$= \int_{\frac{\pi}{4}}^{\frac{\pi}{2}} (\csc^2 t - 1)\,dt = (-\cot t - t) \big|_{\frac{\pi}{4}}^{\frac{\pi}{2}} = 1 - \frac{\pi}{4}$$

(9) $\displaystyle\int_{-\frac{1}{2}}^{\frac{3}{2}} f(x)\,dx = \int_{-\frac{1}{2}}^{\frac{1}{2}} xe^{x^2}\,dx + \int_{\frac{1}{2}}^{\frac{3}{2}} (-1)\,dx = 0 - 1 = -1$

（10）$\displaystyle\int_{\frac{1}{2}}^{1}\frac{1}{x^3}\mathrm{e}^{\frac{1}{x}}\mathrm{d}x = -\int_{\frac{1}{2}}^{1}\frac{1}{x}\mathrm{e}^{\frac{1}{x}}\mathrm{d}\left(\frac{1}{x}\right) = -\int_{\frac{1}{2}}^{1}\frac{1}{x}\mathrm{d}\left(\mathrm{e}^{\frac{1}{x}}\right)$

$$= -\frac{1}{x}\mathrm{e}^{\frac{1}{x}}\Big|_{\frac{1}{2}}^{1} + \int_{\frac{1}{2}}^{1}\mathrm{e}^{\frac{1}{x}}\mathrm{d}\left(\frac{1}{x}\right) = -\frac{1}{x}\mathrm{e}^{\frac{1}{x}}\Big|_{\frac{1}{2}}^{1} + \mathrm{e}^{\frac{1}{x}}\Big|_{\frac{1}{2}}^{1} = \mathrm{e}^2$$

4. 应用题

（1）解法一　在直角坐标系下计算

由 $\begin{cases} x^2+\dfrac{y^2}{3}=1 \\[2mm] \dfrac{x^2}{3}+y^2=1 \end{cases}$　解得第一象限交点坐标 $\left(\dfrac{\sqrt{3}}{2},\dfrac{\sqrt{3}}{2}\right)$

所求面积为 $S = 8S_1 = 8\displaystyle\int_0^{\frac{\sqrt{3}}{2}}\left(\sqrt{1-\frac{y^2}{3}}-y\right)\mathrm{d}y = 8\left[\frac{1}{\sqrt{3}}\int_0^{\frac{\sqrt{3}}{2}}\sqrt{3-y^2}\,\mathrm{d}y - \frac{3}{8}\right]$

令 $y=\sqrt{3}\sin t$，则 $\mathrm{d}y=\sqrt{3}\cos t\mathrm{d}t$

有　　　　$S_1 = \dfrac{1}{\sqrt{3}}\displaystyle\int_0^{\frac{\sqrt{3}}{2}}\sqrt{3-y^2}\,\mathrm{d}y - \dfrac{3}{8} = \dfrac{1}{\sqrt{3}}\int_0^{\frac{\pi}{6}}\sqrt{3}\cos t\cdot\sqrt{3}\cos t\mathrm{d}t - \dfrac{3}{8}$

$$= \frac{\sqrt{3}}{2}\left[t+\frac{1}{2}\sin 2t\right]_0^{\frac{\pi}{6}} - \frac{3}{8} = \frac{\sqrt{3}}{12}\pi$$

两椭圆公共部分面积为　　　　$S = 8S_1 = 8\times\dfrac{\sqrt{3}}{12}\pi = \dfrac{2\sqrt{3}}{3}\pi$

解法二　在极坐标系下计算

将 $x=r\cos t$　$y=r\sin t$ 代入 $x^2+\dfrac{y^2}{3}=1$

得该椭圆的极坐标方程　　　　$r^2 = \dfrac{3}{3\cos^3\theta+\sin^2\theta}$

从而　　　　$S_1 = \dfrac{1}{2}\displaystyle\int_0^{\frac{\pi}{4}}r^2(\theta)\mathrm{d}\theta = \dfrac{1}{2}\int_0^{\frac{\pi}{4}}\dfrac{3\mathrm{d}\theta}{3\cos^3\theta+\sin^2\theta}$

$$= \frac{1}{2}\int_0^{\frac{\pi}{4}}\frac{3\mathrm{d}\tan\theta}{3+\tan^2\theta} = \frac{3}{2}\left[\frac{1}{\sqrt{3}}\arctan\frac{\tan\theta}{\sqrt{3}}\right]_0^{\frac{\pi}{4}} = \frac{\sqrt{3}}{12}\pi$$

因此，两椭圆公共部分面积为　　$S = 8S_1 = 8\times\dfrac{\sqrt{3}}{12}\pi = \dfrac{2\sqrt{3}}{3}\pi$

（2）首先求出所围成的图形面积的表达式

由于 $y'=-2x$，过点 $P(x_1,y_1)$ 的切线方程为　　　　$y-y_1 = -2x_1(x-x_1)$

该切线与 x,y 坐标轴的交点坐标分别是　　$\left(\dfrac{x^2+1}{2x_1},0\right),(0,1+x_1^2)$

所求面积 $A = \dfrac{1}{2}\left(\dfrac{x_1^2+1}{2x_1}\right)\cdot(1+x_1^2) - \displaystyle\int_0^1(-x^2+1)\mathrm{d}x = \dfrac{1}{4}\left(x_1^3+2x_1+\dfrac{1}{x_1}\right) - \dfrac{2}{3}$

因为　　　　$\dfrac{\mathrm{d}A}{\mathrm{d}x_1} = \dfrac{1}{4}\left(3x_1^2+2-\dfrac{1}{x_1^2}\right) = \dfrac{1}{4}\left(3x_1-\dfrac{1}{x_1}\right)\left(x_1+\dfrac{1}{x_1}\right)$

令 $\dfrac{\mathrm{d}A}{\mathrm{d}x_1}=0$，由题意 $x_1+\dfrac{1}{x_1}>0$

从而有 $3x_1-\dfrac{1}{x_1}=0$，即 $x_1=\dfrac{1}{\sqrt{3}}$（唯一合理驻点）

故切点为 $P\left(\dfrac{1}{\sqrt{3}},\dfrac{2}{3}\right)$ 时，所求面积最小。

（3）$y=x\sqrt{|x|}$ 为奇函数，当 $x\geqslant0$ 时，$y=x\sqrt{|x|}=x^{\frac{3}{2}}$；当 $x<0$ 时，$y=x\sqrt{|x|}=x\cdot(-x)^{\frac{1}{2}}$；

x 轴和直线 $x=a$ 围成区域绕 x 轴旋转体积为 $V_x=\pi\displaystyle\int_0^a(x^{\frac{3}{2}})^2\mathrm{d}x=\dfrac{\pi}{4}a^4=4\pi\Rightarrow a=2$

（4）$f'(t)=0.15[(t-3)^2+2t(t-3)]=0.45(t^2-4t+3)=0.45(t-3)(t-1)$

$\qquad\qquad f''(t)=0.45(2t-4)=0.9(t-2)$

令 $f'(t)=0$，得驻点 $t_1=1,t_2=3$；且 $f''(1)=-0.9<0,f''(3)=0.9>0$

可知，在 $t=1$ 时，药物进入速率最大，其最大值为 $f(1)=0.15\times1\times(1-3)^2=0.6$；

有效药量为

$$W=\int_0^3 0.15t(t-3)^2\mathrm{d}t=0.15\int_0^3(t^3-6t^2+9t)\mathrm{d}t=0.15\left(\dfrac{t^4}{4}-2t^3+\dfrac{9t^2}{2}\right)\Big|_0^3$$

$$=0.15\times\dfrac{27}{4}=\dfrac{81}{80}=1.012\ 5$$

（陈婷婷　陈继红）

第六章
微 分 方 程

一、内容提要

1. 常微分方程的基本概念

（1）微分方程：含有自变量、未知函数及未知函数的导数/微分的函数方程。

（2）常微分方程：未知函数是一元函数。

（3）偏微分方程：未知函数是多元函数，方程中含有偏导数。

（4）微分方程的阶：未知函数导数的最高阶数。

（5）高阶微分方程：二阶和二阶以上的微分方程。

（6）微分方程的解：代入微分方程中，使其成为恒等式的函数。

（7）通解：含任意常数的个数等于微分方程的阶数的解。

（8）特解：通解中的任意常数确定之后的解。

（9）初始条件：用以确定通解中任意常数的条件。

（10）初值问题：求微分方程满足某初始条件的解的问题。

2. 一阶微分方程

（1）形如 $f(y)\mathrm{d}y = g(x)\mathrm{d}x$ 方程：分离变量法。

（2）形如 $y' = f\left(\dfrac{y}{x}\right)$ 的齐次方程：令 $u = \dfrac{y}{x}$，方程转化为可分离变量方程。

（3）形如 $y' + P(x)y = Q(x)$ 的一阶线性非齐次微分方程：常数变易法。

（4）形如 $\dfrac{\mathrm{d}y}{\mathrm{d}x} + P(x)y = Q(x)y^n$ 的伯努利方程：令 $y^{1-n} = z$，转化为常数变易法。

3. 二阶微分方程

（1）直接积分型：$y'' = f(x)$。

（2）不显含 y 型：$y'' = f(x, y')$，令 $y' = p(x)$ 降阶。

（3）不显含 x 型：$y'' = f(y, y')$，令 $y' = p(y)$ 降阶。

（4）二阶微分方程解的结构（叠加原理）：$A(x)y'' + B(x)y' + C(x)y = 0$ 的任意两个解的线性组合仍为方程的解。

（5）线性齐次方程通解结构定理：$A(x)y'' + B(x)y' + C(x)y = 0$ 的两个线性无关的特解的线性组合为方程的通解，可以表示为

$$y = c_1 y_1(x) + c_2 y_2(x) \quad （其中 c_1, c_2 为任意常数）$$

（6）非齐次方程通解结构定理：

设 y^* 是 $A(x)y'' + B(x)y' + C(x)y = f(x)$ 的特解，$Y = c_1 y_1(x) + c_2 y_2(x)$ 是对应的齐次方程的通解，则 $y = y^* + Y$ 是 $A(x)y'' + B(x)y' + C(x)y = f(x)$ 的通解。

（7）线性相关：设函数 $f(x)$ 与 $g(x)$ 在某区间有定义，若 $\dfrac{f(x)}{g(x)}$ 或 $\dfrac{g(x)}{f(x)}$ 是常数，则称

$f(x)$ 与 $g(x)$ 线性相关,否则称线性无关。

（8）二阶常系数线性齐次微分方程 $ay''+by'+cy=0$ 的特征根法。

1）两个不等实根 r_1,r_2,通解为 $y=c_1\mathrm{e}^{r_1x}+c_2\mathrm{e}^{r_2x}$。

2）两个相等的实根 $r_1=r_2=r$,通解为 $y=c_1\mathrm{e}^{rx}+c_2x\mathrm{e}^{rx}$。

3）一对共轭复根 $r_{1,2}=\alpha\pm\beta i$,通解为 $y=\mathrm{e}^{\alpha x}(c_1\cos\beta x+c_2\sin\beta x)$。

（9）二阶常系数线性非齐次方程:$f(x)=\mathrm{e}^{\lambda x}p_m(x)$ 型。

1）当 λ 不是特征根时,则 $k=0$,特解是

$$y^*=\mathrm{e}^{\lambda x}Q_m(x)$$

2）当 λ 是特征单根时(一重特征根),则 $k=1$,特解是

$$y^*=\mathrm{e}^{\lambda x}xQ_m(x)$$

3）当 λ 是特征重根时(二重特征根),则 $k=2$,特解是

$$y^*=\mathrm{e}^{\lambda x}x^2Q_m(x)$$

（10）二阶常系数线性非齐次方程:$f(x)=\mathrm{e}^{\lambda x}[P_L(x)\cos\omega x+R_n(x)\sin\omega x]$ 型。

1）若 $\lambda+\omega i$ 不是特征方程的根,则 $k=0$,特解为

$$y^*=\mathrm{e}^{\lambda x}[R_m(x)\cos\omega x+S_m(x)\sin\omega x]$$

2）若 $\lambda+\omega i$ 是特征方程的根,则 $k=1$,特解为

$$y^*=x\mathrm{e}^{\lambda x}[R_m(x)\cos\omega x+S_m(x)\sin\omega x]$$

4. 拉普拉斯变换求解微分方程

（1）拉普拉斯变换与逆变换的概念。

（2）拉普拉斯变换的线性性质、微分性质、积分性质、平移性质。

（3）拉普拉斯变换求解微分方程。

5. 微分方程的简单应用

二、重难点解析

1. 微分方程是指含有自变量、未知函数以及未知函数的导数/微分的方程,注意方程中可以不显含自变量和未知函数,但一定要有未知函数的导数/微分。

2. 微分方程的通解未必包含了它的全部解,如方程 $(y')^2+y^2-1=0$ 的通解是 $y=\sin(x+C)$,但是 $y=\pm1$ 也是方程的解,后者并不包含在通解中,无论通解中 C 取何值,都不可能得到 $y=\pm1$。$y=\pm1$ 称为方程的奇解,本章并不要求掌握,大家了解即可。

3. 在求微分方程的通解时,尤其是使用分离变量法时,由于移项等原因会造成丢解或增解情况,本章只要求对方程求出通解即可,不必过分追求通解的完整性,造成解题的烦琐。实际问题中要求满足条件的特解,在分离变量时要检查一下丢掉的解是否是适合初值条件的解。

4. 一阶线性微分方程中"线性"指关于未知函数及未知函数的导数必须为一次有理式形式。

5. 解微分方程主要是要找出满足方程的 x,y 之间的函数关系,这种函数关系既可以表达成 $y=y(x)$,也可以表达成 $x=x(y)$,因此方程中的自变量和未知函数是相对的。如方程 $y'=\dfrac{y}{y^2+x}$,若把 y 看成未知函数,x 看作自变量,则方程是非线性的,但 y' 可以写成 $\dfrac{\mathrm{d}y}{\mathrm{d}x}$,上面方

程可以化成 $\dfrac{\mathrm{d}x}{\mathrm{d}y}-\dfrac{1}{y}x=y$ 是一阶线性方程。

6. 齐次方程与伯努利方程都是用变量代换的方法求解。变量代换能把一个较为复杂的微分方程化为一个较为简单的微分方程。在使用变量代换时一定要弄清楚代换后的方程中的变量是什么,而且最终方程中应该有且只有两个变量。

7. 在求形如 $y''=f(y,y')$ 的方程时,令 $y'=p(y)$ 后 $y''=p\dfrac{\mathrm{d}p}{\mathrm{d}y}$,而不是 $y''=p'$,否则方程中将有三个变量 x,y,p,无法进一步求解。当 $y''=p\dfrac{\mathrm{d}p}{\mathrm{d}y}$ 代入方程中后方程化为关于 y,p 的一阶方程,其中 p 是未知函数,y 是自变量。再把 $p=p(y)$ 带回 $y'=p(y)$ 后,左边的 y' 为 $\dfrac{\mathrm{d}y}{\mathrm{d}x}$,要分离变量后求解,不能两边直接积分(因为方程右侧是 y 的函数)。

三、例题解析

例1 求方程 $\dfrac{\mathrm{d}y}{\mathrm{d}x}=-\dfrac{xy}{1+x^2}$ 的通解及 $y\big|_{x=0}=2$ 的特解。

答案:$y=\dfrac{2}{\sqrt{1+x^2}}$

解析 先求方程的通解。

将方程分离变量

$$\frac{\mathrm{d}y}{y}=-\frac{x}{1+x^2}\mathrm{d}x$$

方程两端积分

$$\ln y=-\ln\sqrt{1+x^2}+c_1$$

$$y=\mathrm{e}^{c_1}\frac{1}{\sqrt{1+x^2}}$$

令, $\quad\quad\quad\quad y=\mathrm{e}^{c_1}\dfrac{1}{\sqrt{1+x^2}}$ 变为

$$y=\frac{c}{\sqrt{1+x^2}}\quad(c\neq 0)$$

又因为 $y\equiv 0$ 恒为方程解,故 $y=\dfrac{c}{\sqrt{1+x^2}}(c\in R)$ 为所求通解。

利用初值条件 $y\big|_{x=0}=2$,所以 $y\big|_{x=0}=\dfrac{c}{\sqrt{1+x^2}}\bigg|_{x=0}=c=2$

即 $y=\dfrac{2}{\sqrt{1+x^2}}$ 为所求特解。

例2 求方程 $y'\tan x+y=-3$ 通解。

答案:$3+y=\dfrac{c}{\sin x},c\in R$

解析 分离变量得到

$$\frac{\mathrm{d}y}{3+y} = -\cot x \mathrm{d}x$$

两边积分得到

$$\ln(3+y) = -\ln\sin x + \ln c_1$$

化简有

$$3+y = \frac{c_1}{\sin x}$$

所求通解为

$$3+y = \frac{c}{\sin x} \quad (c \text{ 为任意常数})$$

例3 求方程 $xy\mathrm{d}x - (x^2-y^2)\mathrm{d}y = 0$ 的通解。

答案: $y = ce^{-\frac{x^2}{2y^2}}$

解析 这个方程不是很明显的分离变量或者是齐次方程,要对其进行必要的初等变形。

将方程改写为

$$\frac{\mathrm{d}y}{\mathrm{d}x} = \frac{xy}{x^2-y^2} = \frac{\dfrac{y}{x}}{1-\left(\dfrac{y}{x}\right)^2}$$

这是一个齐次方程,令 $u = \dfrac{y}{x}$,即 $y = ux$

$y' = u' \cdot x + u$ 代入方程中,有

$$u + x\frac{\mathrm{d}u}{\mathrm{d}x} = \frac{u}{1-u^2}$$

分离变量得

$$\frac{1-u^2}{u^3}\mathrm{d}u = \frac{1}{x}\mathrm{d}x$$

解得

$$-\frac{1}{2u^2} - \ln u = \ln x + c$$

即 $xu = ce^{-\frac{1}{2u^2}}$,代入 $u = \dfrac{y}{x}$,得 $y = ce^{-\frac{x^2}{2y^2}}$ （c 为任意常数）

为所求通解。

例4 求方程 $\dfrac{\mathrm{d}y}{\mathrm{d}x} + \dfrac{1}{x}y = \dfrac{\sin x}{x}$ 通解。

答案: $y = \dfrac{1}{x}(-\cos x + C)$

解析 方法一 这是一个一阶非齐次线性方程,用常数变易法求解。

（1）先求对应齐次方程为 $\dfrac{\mathrm{d}y}{\mathrm{d}x} + \dfrac{1}{x}y = 0$ 的通解

分离变量

$$\frac{\mathrm{d}y}{y} = -\frac{\mathrm{d}x}{x}$$

两边积分

$$\ln y = -\ln x + \ln c$$

得到 $\dfrac{\mathrm{d}y}{\mathrm{d}x} + \dfrac{1}{x}y = 0$ 通解为

$$y = \frac{c}{x} \quad (c \text{ 为任意常数})$$

（2）常数变易，令 $y = \dfrac{c(x)}{x}$ 为 $\dfrac{\mathrm{d}y}{\mathrm{d}x} + \dfrac{1}{x}y = \dfrac{\sin x}{x}$ 的解

（3）将 $y = \dfrac{c(x)}{x}$ 代入方程 $\dfrac{\mathrm{d}y}{\mathrm{d}x} + \dfrac{1}{x}y = \dfrac{\sin x}{x}$ 中，有

$$c'(x) = \sin x$$

解得

$$c(x) = -\cos x + C$$

（4）将 $c(x) = -\cos x + C$ 带回 $y = \dfrac{c(x)}{x}$ 中，$y = \dfrac{1}{x}(-\cos x + C)$ 为所求通解。

方法二　也可以代入公式 $y = \left(\displaystyle\int Q(x) \mathrm{e}^{\int P(x)\mathrm{d}x}\mathrm{d}x + C \right) \mathrm{e}^{-\int P(x)\mathrm{d}x}$ 中用公式法求解。

代入上面公式，得

$$y = \left(\int \frac{\sin x}{x} \mathrm{e}^{\int \frac{1}{x}\mathrm{d}x}\mathrm{d}x + C \right) \mathrm{e}^{-\int \frac{1}{x}\mathrm{d}x} = \frac{1}{x}(-\cos x + C)$$

注　一定要把方程化成标准的一阶线性非齐次方程，对应写出

$$P(x) = \frac{1}{x}, \quad Q(x) = \frac{\sin x}{x}$$

例5　求方程 $(1+y^2)\mathrm{d}x - (\arctan y - x)\mathrm{d}y = 0$ 的通解。

答案：$x = \arctan y - 1 + c\mathrm{e}^{-\arctan y}$

解析　若将 y 看成函数，x 作为变量，此方程不是一阶线性方程。故将 x 看成函数，y 作为变量，则原方程化为

$$\frac{\mathrm{d}x}{\mathrm{d}y} + \frac{1}{1+y^2}x = \frac{\arctan y}{1+y^2}$$

（1）先求对应齐次方程为 $\dfrac{\mathrm{d}x}{\mathrm{d}y} + \dfrac{1}{1+y^2}x = 0$ 的通解

分离变量

$$\frac{\mathrm{d}x}{x} = -\frac{\mathrm{d}y}{1+y^2}$$

两边积分

$$\ln x = -\arctan y + \ln c$$

得到 $\dfrac{\mathrm{d}x}{\mathrm{d}y} + \dfrac{1}{1+y^2}x = 0$ 通解为

$$x = c\mathrm{e}^{-\arctan y} \quad (c \text{ 为任意常数})$$

（2）常数变易，令 $x = c(y)\mathrm{e}^{-\arctan y}$ 为 $\dfrac{\mathrm{d}x}{\mathrm{d}y} + \dfrac{1}{1+y^2}x = \dfrac{\arctan y}{1+y^2}$ 的解

（3）将 $x = c(y) e^{-\arctan y}$ 代入方程 $\dfrac{dx}{dy} + \dfrac{1}{1+y^2} x = \dfrac{\arctan y}{1+y^2}$ 中，有

$$c'(y) e^{-\arctan y} + c(y) e^{-\arctan y} \cdot \left(-\dfrac{1}{1+y^2} \right) + \dfrac{c(y) e^{-\arctan y}}{1+y^2} = \dfrac{\arctan y}{1+y^2}$$

$$c'(y) = e^{\arctan y} \cdot \dfrac{\arctan y}{1+y^2}$$

$$c(y) = \int e^{\arctan y} \cdot \dfrac{\arctan y}{1+y^2} dy$$

$$= \int e^{\arctan y} \cdot \arctan y \, d\arctan y$$

分部积分，得

$$c(y) = \int \arctan y \, de^{\arctan y}$$

$$= \arctan y \cdot e^{\arctan y} - \int e^{\arctan y} \, d\arctan y$$

$$= \arctan y \cdot e^{\arctan y} - e^{\arctan y} + c$$

（4）将 $c(y) = \arctan y \cdot e^{\arctan y} - e^{\arctan y} + c$，代回 $x = c(y) e^{-\arctan y}$ 中，得

$x = \arctan y - 1 + c e^{-\arctan y}$ 为所求通解。

例 6 求方程 $x dy - [y + xy^3(1+\ln x)] dx = 0$ 的通解。

答案：$\dfrac{1}{y^2} = -\dfrac{2}{3}x + \dfrac{2}{3}x\ln x - \dfrac{2}{9}x + Cx^{-2}$

解析 化简方程为

$$x\dfrac{dy}{dx} - y = xy^3(1+\ln x)$$

这是 $n = 3$ 时的伯努利方程。

两边同时除以 y^3，有

$$y^{-3}\dfrac{dy}{dx} - \dfrac{1}{xy^2} = 1 + \ln x$$

化简为伯努利方程标准形式

$$\dfrac{d(y^{-2})}{dx} + 2\dfrac{y^{-2}}{x} = -2(1+\ln x)$$

令 $z = y^{-2}$，有

$$\dfrac{dz}{dx} + 2\dfrac{z}{x} = -2(1+\ln x)$$

这是线性方程，按照常数变易的步骤求解。

（1）求 $\dfrac{dz}{dx} + 2\dfrac{z}{x} = 0$ 通解，得到

$$z = cx^{-2}$$

（2）常数变易，令 $z = c(x)x^{-2}$

（3）将 $z = c(x)x^{-2}$，代入 $\dfrac{dz}{dx} + 2\dfrac{z}{x} = -2(1+\ln x)$ 中，求得

$$c'(x) = -2x^2 + 2x^2 \ln x$$

$$c(x) = -\frac{2}{3}x^3 + \frac{2}{3}x^3 \ln x - \frac{2}{9}x^3 + C$$

（4）代回得到

$$z = -\frac{2}{3}x + \frac{2}{3}x\ln x - \frac{2}{9}x + Cx^{-2}$$

又因为 $z = y^{-2}$，所以

$$\frac{1}{y^2} = -\frac{2}{3}x + \frac{2}{3}x\ln x - \frac{2}{9}x + Cx^{-2} \text{ 为原方程的通解}（C \text{ 为任意常数}）。$$

例 7 求方程 $xy'' = y'\ln y'$，当 $y|_{x=1} = 0, y'|_{x=1} = e$ 时的特解。

答案： $y = e^x - e$

解析 方程右端不显含 y，是形如 $y'' = f(y', x)$ 的方程。

令 $y' = p$，则 $p' = y''$，代入方程得

$$xp' = p\ln p$$

分离变量，得通解 $p = e^{c_1 x}$

由 $y'|_{x=1} = e$，得 $c_1 = 1, \quad p = e^x$

积分得 $y = e^x + c_2$

由初值条件：$y|_{x=1} = 0$，求出 $c_2 = -e$

所求解为 $y = e^x - e$

例 8 求方程 $y'' = \dfrac{1 + (y')^2}{2y}$ 的通解。

答案： $\dfrac{4}{c_1^2}(c_1 y - 1) = (x + c_2)^2$（$c_1, c_2$ 为任意常数）

解析 方程右端不显含 x，是形如 $y'' = f(y', y)$ 的方程。

令 $y' = p(y)$，则 $y'' = p\dfrac{\mathrm{d}p}{\mathrm{d}y}$，从而

$$p\frac{\mathrm{d}p}{\mathrm{d}y} = \frac{1+p^2}{2y}$$

$$p\frac{\mathrm{d}p}{1+p^2} = \frac{\mathrm{d}y}{2y}$$

两边积分，得

$$\frac{1}{2}\ln(1+p^2) = \frac{1}{2}\ln|y| + \frac{1}{2}\ln c_1$$

化简有 $p^2 = c_1 y - 1$

$$p = \pm\sqrt{c_1 y - 1}$$

$$\frac{\mathrm{d}y}{\mathrm{d}x} = \pm\sqrt{c_1 y - 1}$$

分离变量

$$\frac{\mathrm{d}y}{\pm\sqrt{c_1 y - 1}} = \mathrm{d}x$$

$$\pm\frac{2}{c_1}\sqrt{c_1 y-1}=x+c_2$$

化简得到

$$\frac{4}{c_1^2}(c_1 y-1)=(x+c_2)^2 \quad (c_1,c_2 \text{ 为任意常数})$$

是原方程的通解。

例 9 已知二阶线性非齐次方程 $y''+p(x)y'+q(x)y=f(x)$ 得三个特解为 $y_1=x,y_2=e^x$，$y_2=e^{2x}$，试求方程满足初值条件 $y|_{x=0}=1,y'|_{x=0}=3$ 的特解。

答案：$y=2e^{2x}-e^x$

解析 根据线性方程组解的结构理论,非齐次线性方程的通解可以表示为:非齐次方程的通解等于齐次方程通解加上非齐次方程特解。

题目已经给出非齐次方程的特解,只需求出齐次方程的通解即可,而任意两个非齐次方程的特解之差都是齐次方程的一个解,所以:$e^x-x,e^{2x}-x$ 是齐次方程解,齐次方程通解为

$$y=c_1(e^x-x)+c_2(e^{2x}-x)$$

非齐次方程的通解为

$$y=x+c_1(e^x-x)+c_2(e^{2x}-x)$$

利用初值条件

$$y|_{x=0}=1, \quad y'|_{x=0}=3$$

得

$$c_1=-1, \quad c_2=2$$

所求特解为

$$y=2e^{2x}-e^x$$

例 10 口服药片的疗效研究中,需要了解药片的溶解浓度,溶解浓度是时间 t 的函数 $C=C(t)$,由实验知道,微溶药片在 t 时刻的溶解速度与药片的表面积 A 及浓度差 C_s-C 的乘积成正比(C_s 是药溶液的饱和浓度,A 是常数),求药片的溶解浓度。

答案：$C=C_s-C_s e^{-DAt}$

解析 根据题意,列出方程

$$\frac{dC}{dt}=DA(C_s-C) \quad (\text{其中 } D \text{ 为溶解常数},C_s、A \text{ 为常数})$$

分离变量,得

$$\frac{dC}{C_s-C}=DAdt$$

方程两边积分,有

$$\ln|C_s-C|=-DAt+\ln B \quad (B \text{ 为任意常数})$$

化简得到

$$C_s-C=Be^{-DAt}$$

又由于当 $t=0$ 时,$C=0$;所以 $B=C_s$

故所求溶解浓度为

$$C=C_s-C_s e^{-DAt}$$

四、习题与解答

1. 求一条曲线,使其上任一点处切线斜率等于该点横坐标加1,且曲线过点(0,1)。

解　由导数的几何含义知道 $y'=x+1$，两边积分得到 $y=\dfrac{x^2}{2}+x+c$。

又因为 $x=0,y=1$，所以 $c=1$，于是所求曲线方程为 $y=\dfrac{x^2}{2}+x+1$。

2. 验证下列各题中函数（或方程）是否为微分方程的解。

（1）$xy'=2y,y=5x^2$

（2）$(x-2y)y'=2x-y,x^2-xy+y^2=C$

（3）$y''+y=0,y=3\sin x-4\cos x$

（4）$y''-y'+y=0,y=x^2e^x$

解　（1）是　（2）是　（3）是　（4）不是

3. 给下列微分方程命名（写出方程阶数与是否是线性）。

（1）$A(x)y''+B(x)y'+C(x)y-f(x)=0$

（2）$xy'+y-x^2+3x+2=0$　　　（3）$\dfrac{\mathrm{d}^2y}{\mathrm{d}x^2}=-ay^2$

（4）$(y^2+x)\mathrm{d}y+x\mathrm{d}x=0$　　　（5）$\dfrac{\mathrm{d}^2y}{\mathrm{d}x^2}-2x-\sin y=0$

（6）$x\left(\dfrac{\mathrm{d}y}{\mathrm{d}x}\right)^2+2y\dfrac{\mathrm{d}y}{\mathrm{d}x}+3x=0$

解　（1）二阶线性方程　（2）一阶线性方程　（3）二阶非线性方程　（4）一阶非线性方程　（5）二阶非线性方程　（6）一阶非线性微分方程

4. 求下列可分离变量的微分方程的解。

（1）$(\tan x)y'+\sec y=0$

解　分离变量 $\dfrac{\mathrm{d}y}{\mathrm{d}x}=-\dfrac{\sec y}{\tan x}$

$$\cos y\mathrm{d}y=-\dfrac{\mathrm{d}x}{\tan x}$$

两边积分得　　　　　　　　　$\sin y=-\ln\sin x+c$　（c 为任意常数）

（2）$(x+xy^2)\mathrm{d}x-(x^2y+y)\mathrm{d}y=0$

解　方程简化为 $\dfrac{\mathrm{d}y}{\mathrm{d}x}=\dfrac{x+xy^2}{x^2y+y}=\dfrac{x}{x^2+1}\cdot\dfrac{1+y^2}{y}$，可分离变量

$$\dfrac{y}{1+y^2}\mathrm{d}y=\dfrac{x\mathrm{d}x}{x^2+1}$$

两边积分得　　　　　　$\dfrac{1}{2}\ln(1+y^2)=\dfrac{1}{2}\ln(1+x^2)+\dfrac{1}{2}\ln c$

所求解为　　　　　　　$1+y^2=c(1+x^2)$　（c 为任意常数）

（3）$2\mathrm{d}y+y\tan x\mathrm{d}x=0$

解　$\dfrac{\mathrm{d}y}{\mathrm{d}x}=-\dfrac{y\tan x}{2}$，分离变量有

$$\dfrac{1}{y}\mathrm{d}y=-\dfrac{\tan x\mathrm{d}x}{2}$$

两边积分得
$$\ln|y|=\frac{1}{2}\ln|\cos x|+\ln c$$

所求解为
$$y=\pm c_1\sqrt{|\cos x|}$$

又由于 $y=0$ 显然为方程奇解,所以解为

$$y=c\sqrt{|\cos x|}\quad(c\text{ 为任意常数})$$

(4) $3x^2+5x-5y'=0$

解 $\dfrac{\mathrm{d}y}{\mathrm{d}x}=\dfrac{3x^2+5x}{5}$ 直接积分得 $y=\dfrac{1}{5}x^3+\dfrac{1}{2}x^2+c$($c$ 为任意常数)

(5) $\dfrac{\mathrm{d}y}{\mathrm{d}x}+\dfrac{\mathrm{e}^{y^2+3x}}{y}=0$

解 $2\mathrm{e}^{3x}-3\mathrm{e}^{-y^2}=c$($c$ 为任意常数)

(6) $y\mathrm{d}x+(x^2-4x)\mathrm{d}y=0$

解 分离变量并积分 $\displaystyle\int\frac{1}{y}\mathrm{d}y=\int\frac{1}{4x-x^2}\mathrm{d}x$

$$\ln y=\frac{1}{4}\big[\ln x-\ln(x-4)\big]+\ln c$$

所求解为
$$y^4=\frac{cx}{x-4}\quad(c\text{ 为任意常数})$$

(7) $y'-xy'=2(y^2+y')$

解 $\dfrac{\mathrm{d}y}{\mathrm{d}x}=\dfrac{-2y^2}{x+1}$

分离变量
$$\frac{\mathrm{d}y}{y^2}=\frac{-2\mathrm{d}x}{x+1}$$

积分
$$\frac{1}{y}=\ln(x+1)^2+c$$

解为
$$\frac{1}{y}=\ln(x+1)^2+c\quad(c\text{ 为任意常数})$$

(8) $(\mathrm{e}^{x+y}-\mathrm{e}^x)\mathrm{d}x+(\mathrm{e}^{x+y}-\mathrm{e}^y)\mathrm{d}y=0$

解 $\dfrac{\mathrm{d}y}{\mathrm{d}x}=\dfrac{\mathrm{e}^{x+y}-\mathrm{e}^x}{\mathrm{e}^y-\mathrm{e}^{x+y}}=\dfrac{\mathrm{e}^x}{1-\mathrm{e}^x}\cdot\dfrac{\mathrm{e}^y-1}{\mathrm{e}^y}$

分离变量
$$\frac{\mathrm{e}^y\mathrm{d}y}{\mathrm{e}^y-1}=\frac{\mathrm{e}^x}{1-\mathrm{e}^x}\mathrm{d}x$$

积分 $\quad\ln(\mathrm{e}^y-1)=-\ln(\mathrm{e}^x-1)+\ln c$

所求解为 $\quad(\mathrm{e}^y-1)(\mathrm{e}^x-1)=c$

又由于 $y=0$ 为奇解,所以解为

$$(\mathrm{e}^y-1)(\mathrm{e}^x-1)=c\quad(c\geqslant0\text{ 的任意常数})$$

(9) $\mathrm{e}^x\mathrm{d}x=\mathrm{d}x+\sin 2y\mathrm{d}y$

解 $\dfrac{\mathrm{d}y}{\mathrm{d}x}=\dfrac{\mathrm{e}^x-1}{\sin 2y}$

分离变量 $\quad\sin 2y\mathrm{d}y=(\mathrm{e}^x-1)\mathrm{d}x$

所求解为 $\qquad -\dfrac{1}{2}\cos 2y = e^x - x + c$ （c 为任意常数）

（10）$y' = xye^{x^2}\ln y$

解 分离变量 $\dfrac{dy}{y\ln y} = xe^{x^2}dx$

所求解为 $\qquad \ln|\ln y| = \dfrac{1}{2}e^{x^2} + c$ （c 为任意常数）

（11）$xy' - y = \sqrt{y^2 - x^2}$

解 这是一个齐次方程。

$$\frac{dy}{dx} = \frac{y}{x} + \sqrt{\left(\frac{y}{x}\right)^2 - 1}$$

令 $u = \dfrac{y}{x}$，有 $\qquad\qquad y' = u' \cdot x + u$

代入原方程有 $\qquad\qquad u'x + u = u + \sqrt{u^2 - 1}$

$$\ln(u + \sqrt{u^2 - 1}) = \ln|x| + \ln c$$

所求解为 $\qquad y + \sqrt{y^2 - x^2} = cx^2$ （c 为任意常数）

（12）$x\dfrac{dy}{dx} = y\ln\dfrac{y}{x}$

解 这是一个齐次方程。

$$\frac{dy}{dx} = \frac{y}{x}\ln\frac{y}{x}$$

令 $u = \dfrac{y}{x}$，有 $\qquad\qquad y' = u' \cdot x + u$

代入原方程有 $\qquad\qquad u'x + u = u\ln u$

$$u' = \frac{u\ln u - u}{x}$$

$$\frac{du}{u\ln u - u} = \frac{dx}{x}$$

$$\ln|\ln u - 1| = \ln|x| + \ln c$$

$$\ln u - 1 = cx$$

所求解为 $\qquad \ln\dfrac{y}{x} - 1 = cx$ （c 为任意常数）

（13）$(x^2 + y^2)dx - xydy = 0$

解 这是一个齐次方程。

$$\frac{dy}{dx} = \frac{x}{y} + \frac{y}{x}$$

令 $u = \dfrac{y}{x}$，有 $\qquad\qquad y' = u' \cdot x + u$

代入原方程有 $\qquad\qquad u'x + u = u + \dfrac{1}{u}$

$$u\mathrm{d}u = \frac{\mathrm{d}x}{x}$$

$$\frac{u^2}{2} = \ln x + \ln c$$

通解为 $\qquad y^2 = 2x^2 \ln cx$ （c 为任意常数）

（14）$(x^3 + y^3)\mathrm{d}x - 3xy^2\mathrm{d}y = 0$

解 这是一个齐次方程。

$$\frac{\mathrm{d}y}{\mathrm{d}x} = \frac{x^3 + y^3}{3xy^2} = \frac{1 + \left(\dfrac{y}{x}\right)^3}{3\left(\dfrac{y}{x}\right)^2}$$

令 $u = \dfrac{y}{x}$，有 $\qquad y' = u' \cdot x + u$

$$u'x + u = \frac{1 + u^3}{3u^2}$$

$$\frac{3u^2}{2u^3 - 1}\mathrm{d}u = -\frac{\mathrm{d}x}{x}$$

$$\frac{1}{2}\ln(2u^3 - 1) = -\ln x + \frac{1}{2}\ln c$$

$$2u^3 - 1 = \frac{c}{x^2}$$

即 $\qquad 2y^3 - x^3 = cx$ （c 为任意常数）

（15）$y' = \mathrm{e}^{2x-y}, y\big|_{x=0} = 0$

解 分离变量并积分 $\qquad \int \mathrm{e}^y \mathrm{d}y = \int \mathrm{e}^{2x}\mathrm{d}x$

$$\mathrm{e}^y = \frac{\mathrm{e}^{2x}}{2} + c$$

因为 $y\big|_{x=0} = 0$，所以 $\qquad c = \dfrac{1}{2}$

所求特解为 $\qquad \mathrm{e}^y = \dfrac{\mathrm{e}^{2x}}{2} + \dfrac{1}{2}$

（16）$(y^2 - 3x^2)\mathrm{d}y + 2xy\mathrm{d}x = 0, y\big|_{x=0} = 1$

解 这是一个齐次方程。

$$\frac{\mathrm{d}x}{\mathrm{d}y} = \frac{3x^2 - y^2}{2xy} = \frac{3}{2}\frac{x}{y} - \frac{1}{2}\frac{y}{x}$$

令 $u = \dfrac{x}{y}$，有 $\qquad \dfrac{\mathrm{d}x}{\mathrm{d}y} = \dfrac{\mathrm{d}u}{\mathrm{d}y} \cdot y + u$

代入原方程有 $\qquad \dfrac{\mathrm{d}u}{\mathrm{d}y}y + u = \dfrac{3}{2}u - \dfrac{1}{2u}$

$$\frac{2u\mathrm{d}u}{u^2 - 1} = \frac{1}{y}\mathrm{d}y$$

$$\ln(u^2-1)=\ln y+\ln c$$
$$u^2-1=cy$$

即 $x^2-y^2=cy^3$，因为 $y\big|_{x=0}=1$，所以 $c=-1$

所求解为 $\qquad\qquad x^2-y^2+y^3=0$

（17） $xdy+2ydx=0,\ y\big|_{x=2}=1$

解 $\quad\dfrac{dy}{y}=-\dfrac{2dx}{x}$

$\ln y=-2\ln x+\ln c$ 得 $\qquad\qquad x^2y=c$

因为 $y\big|_{x=2}=1$，所以 $\qquad\qquad c=4$

所求解为 $\qquad\qquad x^2y=4$

（18） $xy'+1=4e^{-y},\ y\big|_{x=-2}=0$

解 $\quad\dfrac{dy}{4e^{-y}-1}=\dfrac{dx}{x}$

$$-\ln(4-e^y)=\ln x+\ln c$$
$$(4-e^y)x=c$$

当 $y\big|_{x=-2}=0$ 时，$c=-6$，即 $(e^y-4)x=6$ 为所求解。

5. 求下列一阶线性微分方程的解。

（1） $xy'+y=xe^x$

解 $\quad xy'+y=xe^x$ 为一阶线性非齐次方程，故用常数变易法求解。

1）先求对应齐次方程 $xy'+y=0$ 的通解

分离变量得

$$\frac{dy}{y}=-\frac{1}{x}dx$$

两边积分，得

$$\ln y=-\ln x+\ln c$$

于是得到 $xy'+y=0$ 通解为

$$y=\frac{c}{x}\quad（c\ 为任意常数）$$

2）常数变易，令 $y=\dfrac{c(x)}{x}$ 为 $xy'+y=xe^x$ 的解

3）将 $y=\dfrac{c(x)}{x}$ 代入方程 $xy'+y=xe^x$ 中，有

$$c'(x)=x\cdot e^x$$

解得

$$c(x)=xe^x-e^x+C$$

4）将 $c(x)=xe^x-e^x+C$ 代回 $y=\dfrac{c(x)}{x}$ 中

$$y=\frac{xe^x-e^x+C}{x}为所求通解\quad（C\ 为任意常数）$$

（2） $y'+y\cos x=e^{-\sin x}$

解　这是一阶线性非齐次方程,故用常数变易法求解。

1) 先求对应齐次方程通解

分离变量得

$$\frac{\mathrm{d}y}{y}=-\cos x\mathrm{d}x$$

两边积分,得

$$\ln y=-\sin x+\ln c$$

通解为

$$y=ce^{-\sin x}\quad(c\text{ 为任意常数})$$

2) 常数变易,令 $y=ce^{-\sin x}$ 为 $y'+y\cos x=e^{-\sin x}$ 的解

3) 将 $y=c(x)e^{-\sin x}$ 代入方程 $y'+y\cos x=e^{-\sin x}$ 中,有

$$c'(x)=1$$

解得

$$c(x)=x+C$$

4) 将 $c(x)=x+C$ 代回 $y=c(x)e^{-\sin x}$ 中,$y=(x+C)e^{-\sin x}$ 为所求通解(C 为任意常数)。

(3) $(x^2-1)y'+2xy=\cos x$

解　这是一阶线性非齐次方程,故用常数变易法求解。

1) 先求 $(x^2-1)y'+2xy=0$ 的通解

分离变量得

$$\frac{\mathrm{d}y}{y}=\frac{2x}{1-x^2}\mathrm{d}x$$

两边积分,得

$$\ln y=-\ln(1-x^2)+\ln c$$

通解为

$$y=\frac{c}{1-x^2}\quad(c\text{ 为任意常数})$$

2) 常数变易,令 $y=\frac{c(x)}{1-x^2}$ 为 $(x^2-1)y'+2xy=\cos x$ 的解

3) 将 $y=\frac{c(x)}{1-x^2}$ 代入方程 $(x^2-1)y'+2xy=\cos x$ 中,有

$$c'(x)=-\cos x$$

解得

$$c(x)=-\sin x+C$$

4) 将 $c(x)=-\sin x+C$ 代回 $y=\frac{c(x)}{1-x^2}$ 中,$y=\frac{-\sin x+C}{1-x^2}$ 为所求通解(C 为任意常数)。

(4) $y\ln y\mathrm{d}x+(x-\ln y)\mathrm{d}y=0$

解　$\frac{\mathrm{d}x}{\mathrm{d}y}+\frac{1}{y\ln y}x=\frac{1}{y}$ 是关于 x 的一阶线性方程,用常数变易法求解。

1) 求对应的方程 $\frac{\mathrm{d}x}{\mathrm{d}y}+\frac{1}{y\ln y}x=0$ 的通解

$$x = c \cdot (\ln y)^{-1}$$

2）常数变易，令 $x = c(y) \cdot (\ln y)^{-1}$

3）将 $x = c(y) \cdot (\ln y)^{-1}$ 代入非齐次方程中，有

$$c'(y) = y^{-1} \ln y$$

解得

$$c(y) = \frac{(\ln y)^2}{2} + C$$

4）将 $c(y) = \frac{(\ln y)^2}{2} + C$ 代回得方程的通解为

$$x = \frac{\ln y}{2} + \frac{C}{\ln y}（C \text{ 为任意常数}）。$$

(5) $\dfrac{\mathrm{d}y}{\mathrm{d}x} + 2xy = 4x$

解 这是一阶线性非齐次方程，故用常数变易法求解。

1）先求 $\dfrac{\mathrm{d}y}{\mathrm{d}x} + 2xy = 0$ 的通解

分离变量得

$$\frac{\mathrm{d}y}{y} = -2x\mathrm{d}x$$

两边积分，得

$$\ln y = -x^2 + \ln c$$

通解为

$$y = c\mathrm{e}^{-x^2} \quad （c \text{ 为任意常数}）$$

2）常数变易，令 $y = c(x)\mathrm{e}^{-x^2}$ 为 $\dfrac{\mathrm{d}y}{\mathrm{d}x} + 2xy = 4x$ 的解，

3）将 $y = c(x)\mathrm{e}^{-x^2}$ 代入方程 $\dfrac{\mathrm{d}y}{\mathrm{d}x} + 2xy = 4x$ 中，有

$$c'(x) = 4x\mathrm{e}^{x^2}$$

解得

$$c(x) = 2\mathrm{e}^{x^2} + C$$

4）$c(x) = 2\mathrm{e}^{x^2} + C$ 代回 $\dfrac{\mathrm{d}y}{\mathrm{d}x} + 2xy = 4x$ 中，$y = C\mathrm{e}^{-x^2} + 2$ 为所求通解（C 为任意常数）。

(6) $(y^2 - 6x)\dfrac{\mathrm{d}y}{\mathrm{d}x} + 2y = 0$

解 $\dfrac{\mathrm{d}x}{\mathrm{d}y} - \dfrac{3}{y}x = -\dfrac{y}{2}$ 是关于 x 的一阶线性方程，用常数变易法求解。

1）求对应的方程 $\dfrac{\mathrm{d}x}{\mathrm{d}y} - \dfrac{3}{y}x = 0$ 的通解

$$x = c \cdot y^3$$

2）常数变易，令 $x = c(y) \cdot y^3$

3）将 $x = c(y) \cdot y^3$ 代入非齐次方程中，有

$$c'(y) = -\frac{1}{2y^2}$$

解得

$$c(y) = \frac{1}{2y} + C$$

4) 将 $c(y) = \frac{1}{2y} + C$ 代回, 得方程的通解为

$$x = \frac{y^2}{2} + Cy^3 \quad （C 为任意常数）$$

(7) $\frac{\mathrm{d}y}{\mathrm{d}x} + \frac{y}{x} = \frac{\sin x}{x}, y\big|_{x=\pi} = 1$

解 这是一阶线性非齐次方程, 故用常数变易法求解。

1) 先求 $\frac{\mathrm{d}y}{\mathrm{d}x} + \frac{y}{x} = 0$ 的通解

分离变量得

$$\frac{\mathrm{d}y}{y} = -\frac{1}{x}\mathrm{d}x$$

两边积分, 得

$$\ln y = -\ln x + \ln c$$

通解为

$$y = \frac{c}{x} \quad （c 为任意常数）$$

2) 常数变易, 令 $y = \frac{c(x)}{x}$ 为 $\frac{\mathrm{d}y}{\mathrm{d}x} + \frac{y}{x} = \frac{\sin x}{x}$ 的解

3) 将 $y = \frac{c(x)}{x}$ 代入方程 $\frac{\mathrm{d}y}{\mathrm{d}x} + \frac{y}{x} = \frac{\sin x}{x}$ 中, 有

$$c'(x) = \sin x$$

解得

$$c(x) = -\cos x + C$$

4) 将 $c(x) = -\cos x + C$ 代回 $\frac{\mathrm{d}y}{\mathrm{d}x} + \frac{y}{x} = \frac{\sin x}{x}$ 中

$y = \frac{-\cos x + C}{x}$ 为所求通解（C 为任意常数）

将 $y\big|_{x=\pi} = 1$ 代入, 有 $c = \pi - 1$

于是特解为 $\quad y = \frac{-\cos x + \pi - 1}{x}$

(8) $\frac{\mathrm{d}y}{\mathrm{d}x} + 3y = 8, y\big|_{x=0} = 2$

解 1) 先求 $\frac{\mathrm{d}y}{\mathrm{d}x} + 3y = 0$ 的通解

分离变量得

$$\frac{\mathrm{d}y}{y} = -3\mathrm{d}x$$

两边积分, 得

$$\ln y = -3x + \ln c$$

通解为

$$y = ce^{-3x} \quad (c \text{ 为任意常数})$$

2) 常数变易, 令 $y = c(x)e^{-3x}$ 为 $\frac{\mathrm{d}y}{\mathrm{d}x} + 3y = 8$ 的解

3) 将 $y = c(x)e^{-3x}$ 代入方程 $\frac{\mathrm{d}y}{\mathrm{d}x} + 3y = 8$ 中, 有

$$c'(x) = 8e^{3x}$$

解得

$$c(x) = \frac{8}{3}e^{3x} + C$$

4) 将 $c(x) = \frac{8}{3}e^{3x} + C$ 代回 $y = c(x)e^{-3x}$ 中, $y = \frac{8}{3} + Ce^{-3x}$ 为所求通解(C 为任意常数)。

因为 $y|_{x=0} = 2, C = -\frac{2}{3}$, 所以 $y = \frac{8}{3} - \frac{2}{3}e^{-3x}$

6. 求下面伯努利方程的解。

（1） $\frac{\mathrm{d}y}{\mathrm{d}x} - 3xy = xy^2$

解　这是 $n = 2$ 时的伯努利方程。

两边同时除以 y^2, 有

$$y^{-2}\frac{\mathrm{d}y}{\mathrm{d}x} - 3\frac{1}{y}x = x$$

简化为伯努利方程标准形式

$$\frac{\mathrm{d}(y^{-1})}{\mathrm{d}x} + 3xy^{-1} = -x$$

令 $z = y^{-1}$, 有

$$\frac{\mathrm{d}z}{\mathrm{d}x} + 3xz = -x$$

这是线性方程, 按照常数变易的步骤求解。

1) 求 $\frac{\mathrm{d}z}{\mathrm{d}x} + 3xz = 0$ 通解, 得到

$$z = ce^{\frac{-3x^2}{2}}$$

2) 常数变易, 令 $z = c(x)e^{\frac{-3x^2}{2}}$

3) 将 $z = c(x)e^{\frac{-3x^2}{2}}$, 代入 $\frac{\mathrm{d}z}{\mathrm{d}x} + 3xz = -x$ 中, 求得

$$c'(x) = -xe^{-\frac{3}{2}x^2}$$

$$c(x) = -\frac{1}{3}e^{-\frac{3}{2}x^2} + C$$

4）代回得到

$$z = -\frac{1}{3} + Ce^{-\frac{3}{2}x^2}$$

又因为 $z = y^{-1}$，所以 $\dfrac{1}{y} + \dfrac{1}{3} = Ce^{-\frac{3}{2}x^2}$ 为原方程的通解（C 为任意常数）。

（2）$\dfrac{dy}{dx} + y = y^2(\cos x - \sin x)$

解 这是 $n = 2$ 时的伯努利方程。两边同时除以 y^2，有

$$y^{-2}\frac{dy}{dx} + \frac{1}{y} = \cos x - \sin x$$

简化为伯努利方程标准形式

$$\frac{d(y^{-1})}{dx} - y^{-1} = \sin x - \cos x$$

令 $z = y^{-1}$，有

$$\frac{dz}{dx} - z = \sin x - \cos x$$

这是线性方程，按照常数变易的步骤求解。

1）求 $\dfrac{dz}{dx} - z = 0$ 通解，得到

$$z = ce^x$$

2）常数变易，令 $z = c(x)e^x$

3）将 $z = c(x)e^x$，代入 $\dfrac{dz}{dx} - z = \sin x - \cos x$ 中，求得

$$c'(x) = (\sin x - \cos x)e^{-x}$$

$$c(x) = -\sin x \cdot e^{-x} + C$$

4）代回得到

$$z = -\sin x + Ce^x$$

又因为 $z = y^{-1}$，所以 $\dfrac{1}{y} = -\sin x + Ce^x$ 为原方程的通解（C 为任意常数）。

（3）$\dfrac{dy}{dx} - y = xy^5$

解 这是 $n = 5$ 时的伯努利方程。两边同时除以 y^5，有

$$y^{-5}\frac{dy}{dx} - \frac{1}{y^4} = x$$

简化为伯努利方程标准形式

$$\frac{d(y^{-4})}{dx} + 4y^{-4} = -4x$$

令 $z = y^{-4}$，有

$$\frac{\mathrm{d}z}{\mathrm{d}x}+4z=-4x$$

这是线性方程,按照常数变易的步骤求解。

1) 求$\frac{\mathrm{d}z}{\mathrm{d}x}+4z=0$通解,得到

$$z=c\mathrm{e}^{-4x}$$

2) 常数变易,令$z=c(x)\mathrm{e}^{-4x}$

3) 将$z=c(x)\mathrm{e}^{-4x}$,代入$\frac{\mathrm{d}z}{\mathrm{d}x}+4z=-4x$中,求得

$$c'(x)=-4x\mathrm{e}^{4x}$$

$$c(x)=\frac{1}{4}\mathrm{e}^{4x}-x\mathrm{e}^{4x}+C$$

4) 代回得到

$$z=C\mathrm{e}^{-4x}-x+\frac{1}{4}$$

又因为$z=y^{-4}$,所以$\frac{1}{y}=C\mathrm{e}^{-4x}-x+\frac{1}{4}$为原方程的通解($C$为任意常数)。

(4) $\frac{\mathrm{d}y}{\mathrm{d}x}-y=y^{2}\mathrm{e}^{-x}$,$y\mid_{x=0}=-2$

解 这是$n=2$时的伯努利方程。两边同时除以y^{2},有

$$y^{-2}\frac{\mathrm{d}y}{\mathrm{d}x}-\frac{1}{y}=\mathrm{e}^{-x}$$

简化为伯努利方程标准形式

$$\frac{\mathrm{d}(y^{-1})}{\mathrm{d}x}+y^{-1}=-\mathrm{e}^{-x}$$

令$z=y^{-1}$,有

$$\frac{\mathrm{d}z}{\mathrm{d}x}+z=-\mathrm{e}^{-x}$$

这是线性方程,按照常数变易的步骤求解。

1) 求$\frac{\mathrm{d}z}{\mathrm{d}x}+z=0$通解,得到

$$z=c\mathrm{e}^{-x}$$

2) 常数变易,令$z=c(x)\mathrm{e}^{-x}$

3) 将$z=c(x)\mathrm{e}^{-x}$,代入$\frac{\mathrm{d}z}{\mathrm{d}x}+z=-\mathrm{e}^{-x}$中,求得

$$c'(x)=-1$$

$$c(x)=-x+C$$

4) 代回得到

$$z=-x\mathrm{e}^{-x}+C\mathrm{e}^{-x}$$

又因为$z=y^{-1}$,所以$\frac{1}{y}=-x\mathrm{e}^{-x}+C\mathrm{e}^{-x}$为原方程的通解。

因为 $y\big|_{x=0}=-2,-\dfrac{1}{2}=C$，所以 $\dfrac{1}{y}=-x\mathrm{e}^{-x}-\dfrac{1}{2}\mathrm{e}^{-x}$ 为所求方程的特解。

7. 求下列可降阶的二阶微分方程的解。

（1）$y''=x+\sin x$

解 $\quad y'=\displaystyle\int(x+\sin x)\,\mathrm{d}x=\dfrac{x^2}{2}-\cos x+c_1$

$\qquad y=\displaystyle\int\left(\dfrac{x^2}{2}-\cos x+c_1\right)\mathrm{d}x=\dfrac{1}{6}x^3-\sin x+c_1x+c_2$ （c_1,c_2 为任意常数）

（2）$y''=\dfrac{1}{1+x^2}$

解 $\quad y'=\displaystyle\int\dfrac{1}{1+x^2}\mathrm{d}x=\arctan x+c_1$

$\qquad y=\displaystyle\int(\arctan x+c_1)\mathrm{d}x=x\arctan x-\dfrac{1}{2}\ln(1+x^2)+c_1x+c_2$ （c_1,c_2 为任意常数）

（3）$y''=1+(y')^2$

解 令 $y'=p$，则 $p'=y''$，代入方程得

$$p'=p^2+1$$

分离变量，得到

$$\dfrac{\mathrm{d}p}{p^2+1}=\mathrm{d}x$$

所以 $\qquad\qquad \arctan p=c_1+x,\quad$ 即 $y'=p=\tan(c_1+x)$

$\mathrm{d}y=\tan(c_1+x)\mathrm{d}x$ 两边积分得 $\quad y=-\ln|\cos(x+c_1)|+c_2$ （c_1,c_2 为任意常数）

（4）$xy''+y'=0$

解 令 $y'=p$，则 $p'=y''$，代入方程得

$$xp'+p=0$$

分离变量，得到

$$\dfrac{\mathrm{d}p}{p}=-\dfrac{\mathrm{d}x}{x}$$

所以 $\qquad\qquad \ln p=\ln c_1-\ln x,\quad y'=p=\dfrac{c_2}{x}$

$$y=\int\dfrac{c_2}{x}\mathrm{d}x=c_2\ln x+c_3 \quad（c_2,c_3 \text{ 为任意常数}）$$

（5）$y^3y''-1=0$

解 令 $y'=p(y)$，则 $y''=p\dfrac{\mathrm{d}p}{\mathrm{d}y}$，从而 $p\dfrac{\mathrm{d}p}{\mathrm{d}y}=y^{-3}$

即 $\qquad\qquad\qquad p\,\mathrm{d}p=y^{-3}\mathrm{d}y$

两边积分，得 $\qquad\qquad \dfrac{1}{2}p^2=-\dfrac{1}{2}y^{-2}+\dfrac{c_1}{2}$

所以 $\qquad\qquad\qquad p=\pm\dfrac{\sqrt{c_1y^2-1}}{y}$

即
$$y' = \pm \frac{\sqrt{c_1 y^2 - 1}}{y}$$

分离变量,两边积分
$$\int \frac{y\mathrm{d}y}{\sqrt{c_1 y^2 - 1}} = \pm \int \mathrm{d}x$$

所以
$$x = \pm \frac{1}{c_1}\sqrt{c_1 y^2 - 1} + c_2$$

所求方程解为 $\quad (c_1 x + c_2)^2 = c_1 y^2 - 1 \quad (c_1, c_2$ 为任意常数)

(6) $y'' = y' + x, y|_{x=0} = 1, y'|_{x=0} = 0$

解 令 $y' = p$,则 $p' = y''$,代入方程得
$$p' = p + x \quad (\text{一阶线性非齐次方程})$$

利用常数变易,得通解 $\quad p = -1 - x + c_1 \mathrm{e}^x$

又 $p = y'$,所以 $\quad y' = -1 - x + c_1 \mathrm{e}^x$

两边积分得通解 $\quad y = -\dfrac{1}{2}x^2 - x + c_1 \mathrm{e}^x + c_2 \quad (c_1, c_2$ 为任意常数)

因 $c_1 = 1, c_2 = 1$,所以 $y = -\dfrac{1}{2}x^2 - x + \mathrm{e}^x + 1$

(7) $y'' = 3\sqrt{y}, y|_{x=0} = 1, y'|_{x=0} = 2$

解 令 $y' = p(y)$,则 $y'' = p\dfrac{\mathrm{d}p}{\mathrm{d}y}$,从而
$$p\frac{\mathrm{d}p}{\mathrm{d}y} = 3\sqrt{y}$$

即
$$p\mathrm{d}p = 3\sqrt{y}\,\mathrm{d}y$$

两边积分,得
$$\frac{1}{2}p^2 = 2y^{\frac{3}{2}} + c_1$$

由 $y(0) = 1, y'(0) = 2$,得 $y = 1$ 时,$p = 2$,代入上式得 $c_1 = 0$

由 $y'(0) = 2$ 知 $p > 0$,故 $p = 2y^{\frac{3}{4}}$

即
$$\frac{\mathrm{d}y}{\mathrm{d}x} = 2y^{\frac{3}{4}}$$

分离变量,两边积分
$$\frac{y^{-\frac{3}{4}}}{2}\mathrm{d}y = \mathrm{d}x$$

所以
$$4y^{\frac{1}{4}} = 2x + c_2$$

由 $y(0) = 1$ 知 $c_2 = 4$

所求方程解为
$$y = \left(\frac{x}{2} + 1\right)^4$$

(8) $y'' - a(y')^2 = 0, \quad y|_{x=0} = 0, y'|_{x=0} = -1$

解 令 $y' = p$,则 $p' = y''$,代入方程得
$$p' = ap^2$$

分离变量,得
$$\frac{\mathrm{d}p}{p^2} = a\mathrm{d}x$$

即
$$\frac{1}{p} = -ax + c_1$$

由于 $y|_{x=0} = 0, y'|_{x=0} = -1$,所以 $c_1 = -1$

得到
$$\frac{1}{p} = -ax - 1, \quad y' = \frac{-1}{ax+1}$$

两边积分得通解
$$y = -\frac{1}{a}\ln(ax+1) + c_2$$

由 $y|_{x=0} = 0$ 知 $c_2 = 0$,所求特解为 $y = -\frac{1}{a}\ln(ax+1)$。

8. 下列函数组在其定义区间上哪些是线性无关的?

(1) $\sin x\cos x, \sin 2x$ (2) e^{-x}, e^x (3) x, x^2 (4) $\ln x, \ln x^x$

解 (2)(3)(4)均线性无关。

9. 求下列二阶常系数线性微分方程的解。

(1) $y'' + y' - 2y = 0$

解 特征方程为 $r^2 + r - 2 = 0$,则 $r_1 = 1, r_2 = -2$

从而通解为
$$y = c_1 e^x + c_2 e^{-2x} \quad (c_1, c_2 \text{ 为任意常数})$$

(2) $y'' - 4y' = 0$

解 特征方程为 $r^2 - 4r = 0$,则 $r_1 = 0, r_2 = 4$

从而通解为
$$y = c_1 + c_2 e^{4x} \quad (c_1, c_2 \text{ 为任意常数})$$

(3) $y'' + 4y = 0$

解 特征方程为 $r^2 + 4 = 0$,则 $r_1 = 2i, r_2 = -2i$,知 $\alpha = 0, \beta = 2$

从而通解为
$$y = c_1\cos 2x + c_2\sin 2x \quad (c_1, c_2 \text{ 为任意常数})$$

(4) $y'' + 6y' + 13y = 0$

解 特征方程为 $r^2 + 6r + 13 = 0$,则 $r = \frac{-6 \pm 4i}{2}$,知 $\alpha = -3, \beta = 2$

从而通解为
$$y = e^{-3x}(c_1\cos 2x + c_2\sin 2x) \quad (c_1, c_2 \text{ 为任意常数})$$

(5) $y'' + 3y' + 2y = 3xe^{-x}$

解 齐次方程的特征方程为 $r^2 + 3r + 2 = 0$,则 $r_1 = -2, r_2 = -1$

对应齐次方程通解为 $Y = c_1 e^{-2x} + c_2 e^{-x} \quad (c_1, c_2 \text{ 为任意常数})$

由于 $\lambda = -1$ 是特征单根,则 $k = 1$,故设特解为
$$y^* = xQ_1(x)e^{-x} = x(ax+b)e^{-x}$$
$$(y^*)' = (2ax+b)e^{-x} - (ax^2+bx)e^{-x}$$
$$(y^*)'' = [ax^2 + (b-4a)x + (2a-2b)]e^{-x}$$

代入方程,比较系数得
$$[2ax + (2a+b)x]e^{-x} = 3xe^{-x}$$

所以
$$a = \frac{3}{2}, \quad b = -3$$

得特解

$$y^* = e^{-x}\left(\frac{3}{2}x^2 - 3x\right)$$

于是,所求方程通解为

$$y = c_1 e^{-2x} + c_2 e^{-x} + e^{-x}\left(\frac{3}{2}x^2 - 3x\right) \quad (c_1, c_2 \text{ 为任意常数})$$

（6）$y'' - 6y' + 9y = (x+1)e^{3x}$

解 齐次方程的特征方程为 $r^2 - 6r + 9 = 0$,则 $r_1 = r_2 = 3$

对应齐次方程通解为 $Y = c_1 x e^{3x} + c_2 e^{3x}$

由于 $\lambda = 3$ 是特征单根,则 $k = 2$,故设特解为

$$y^* = x^2 Q_1(x)e^{-x} = x(ax+b)e^{3x}$$
$$(y^*)' = [3ax^3 + (3a+3b)x^2 + 2bx]e^{3x}$$
$$(y^*)'' = [9ax^3 + (15a+9b)x^2 + (6a+12b)x + 2b]e^{3x}$$

代入方程,比较系数得 $\quad (6ax + 2b)e^{3x} = (x+1)e^{-x}$

所以

$$a = \frac{1}{6}, \quad b = \frac{1}{2}$$

得特解

$$y^* = \frac{1}{6}x^2(3+x)e^{3x}$$

于是,所求方程通解为 $\quad y = c_1 x e^{3x} + c_2 e^{3x} + \frac{1}{6}x^2(3+x)e^{3x} \quad (c_1, c_2 \text{ 为任意常数})$

（7）$y'' - 4y' + 3y = 0, y|_{x=0} = 6, y'|_{x=0} = 10$

解 特征方程为 $r^2 - 4r + 3 = 0$,则 $r_1 = 1, r_2 = 3$

从而通解为 $\quad y = c_1 e^x + c_2 e^{3x}$

由 $y|_{x=0} = 6, y'|_{x=0} = 10$,知 $c_1 = 4, c_2 = 2$

特解为 $\quad y = 4e^x + 2e^{3x}$

（8）$4y'' + 4y' + y = 0, y|_{x=0} = 2, y'|_{x=0} = 0$

解 特征方程为 $4r^2 + 4r + 1 = 0$,则 $r_1 = r_2 = -\frac{1}{2}$

从而通解为 $\quad y = c_1 x e^{-\frac{1}{2}x} + c_2 e^{-\frac{1}{2}x}$

由 $y|_{x=0} = 2, y'|_{x=0} = 0$,知 $c_1 = 1, c_2 = 2$

所求解为 $\quad y = x e^{-\frac{x}{2}} + 2e^{-\frac{x}{2}}$

（9）$y'' + y + \sin 2x = 0, y|_{x=\pi} = 1, y'|_{x=\pi} = 1$

解 齐次方程的特征方程为 $r^2 + 1 = 0$,则 $r = \pm i$

对应齐次方程通解为 $Y = c_1 \sin x + c_2 \cos x$

由题意知 $\lambda = 0, \omega = 2$,故 $\lambda + \omega i = 2i$ 不是特征方程的根。

所以 $\quad k = 0$

从而特解设为

$$y^* = a\cos 2x + b\sin 2x$$
$$(y^*)' = -2\sin 2x + 2b\cos 2x$$
$$(y^*)'' = -4a\cos 2x - 4b\sin 2x$$

代入方程比较系数,得 $a=0, \quad b=\dfrac{1}{3}$

故所求特解为 $y^*=\dfrac{1}{3}\sin2x$

故通解为 $y=c_1\sin x+c_2\cos x+\dfrac{1}{3}\sin2x$

代入 $y|_{x=\pi}=1, y'|_{x=\pi}=1$,求得 $c_1=-\dfrac{1}{3}, c_2=-1$

$$y=-\dfrac{1}{3}\sin x-\cos x+\dfrac{1}{3}\sin2x$$

(10) $y''-y=4xe^x, y|_{x=0}=0, y'|_{x=0}=1$

解 齐次方程的特征方程为 $r^2-1=0$,则 $r=\pm1$

对应齐次方程通解为 $Y=c_1e^{-x}+c_2e^x$

由题意知,$\lambda=1$ 是单根,所以 $k=0$

从而特解设为 $y^*=x(ax+b)e^x$

故 $(y^*)'=(2ax+b)e^x+(ax^2+bx)e^x$

$(y^*)''=[ax^2+(4a+b)x+2a+2b]e^x$

代入方程,比较系数得 $a=1, \quad b=-1$

得特解 $y^*=(x^2-x)e^x$

于是,所求方程通解为 $y=c_1e^{-x}+c_2e^x+(x^2-x)e^x$

当 $y|_{x=0}=0, y'|_{x=0}=1$,求得 $c_1=-1, c_2=1$

$$y=-e^{-x}+e^x+(x^2-x)e^x$$

10. 查表求下面函数的拉氏变换。

(1) $f(t)=2e^t$

解 $F(s)=L\{2e^t\}=\dfrac{2}{s-1}$

(2) $f(t)=5\sin2t-2\cos3t$

解 $F(s)=5L\{\sin2t\}-2L\{\cos3t\}$

$=\dfrac{10}{s^2+4}-\dfrac{2s}{s^2+9}$

(3) $f(t)=e^{3t}+\sin2t+1$

解 $F(s)=L\{e^{3t}\}+L\{\sin2t\}+L\{1\}$

$=\dfrac{1}{s-3}+\dfrac{1}{s^2+4}+\dfrac{1}{s}$

(4) $f(t)=x^2-3x+1$

解 $F(s)=L\{x^2\}-3L\{x\}+L\{1\}$

$=\dfrac{2}{s^3}-\dfrac{1}{s^2}+\dfrac{1}{s}$

11. 查表求下面函数的拉氏逆变换。

(1) $F(s)=\dfrac{1}{s^2(s+1)}$

解 $L^{-1}\{F(s)\}=L^{-1}\left\{\dfrac{1}{s^2}-\dfrac{1}{s}+\dfrac{1}{s+1}\right\}=t-1+\mathrm{e}^{-t}$

(2) $F(s)=\dfrac{s+1}{s(s+2)}$

解 $L^{-1}\{F(s)\}=L^{-1}\left\{\dfrac{1}{2(s+2)}+\dfrac{1}{2s}\right\}=\dfrac{\mathrm{e}^{-2t}}{2}+\dfrac{1}{2}$

(3) $F(s)=\dfrac{4}{(s+2)^3}$

解 $L^{-1}\{F(s)\}=2t^2\mathrm{e}^{-2t}$

(4) $F(s)=\dfrac{s+1}{s^2+s-6}$

解 $L^{-1}\{F(s)\}=L^{-1}\left\{\dfrac{2}{5(s+3)}+\dfrac{3}{5(s-2)}\right\}=\dfrac{2}{5}\mathrm{e}^{-3t}+\dfrac{3}{5}\mathrm{e}^{2t}$

12. 用拉氏变换求下列方程(或方程组)解。

(1) $y''-2y'+y=30t\mathrm{e}^t,\ y\big|_{t=0}=y'\big|_{t=0}=0$

解 对方程两边同时进行拉氏变换

$$L\{y''-2y'+y\}=L\{30t\mathrm{e}^t\}$$

利用拉氏变换的微分性质并查表,得到

$$L\{y''\}=s^2L\{y\}-sy(0)-y'(0)$$
$$L\{y'\}=sL\{y\}-y(0)$$

代入得到方程 $[s^2L\{y\}-sy(0)-y'(0)]-2[sL\{y\}-y(0)]+L\{y\}=L\{30t\mathrm{e}^t\}$

设 $L\{y\}=F(s)$,代入初始条件,$y\big|_{t=0}=y'\big|_{t=0}=0$ 得

$$s^2F(s)-2sF(s)+F(s)=\dfrac{30}{(s-1)^2}$$

解得

$$F(s)=\dfrac{30}{(s-1)^4}$$

所求方程特解

$$y(t)=5t^3\mathrm{e}^t$$

(2) $y''-4y'+3y=\sin t,\ y\big|_{t=0}=y'\big|_{t=0}=0$

解 对方程两边同时进行拉氏变换

$$L\{y''-4y'+3y\}=L\{\sin t\}$$

即

$$L\{y''\}-4L\{y'\}+3L\{y\}=L\{\sin t\}$$

求象函数 $F(s)$ 的代数方程。利用拉氏变换的微分性质并查表,得到

$$L\{y''\}=s^2L\{y\}-sy(0)-y'(0)$$
$$L\{y'\}=sL\{y\}-y(0)$$

代入得到方程

$$[s^2L\{y\}-sy(0)-y'(0)]-4[sL\{y\}-y(0)]+L\{y\}=L\{\sin t\}$$

设 $L\{y\}=F(s)$,代入初始条件,$y\big|_{t=0}=y'\big|_{t=0}=0$,得

$$s^2F(s)-4sF(s)+3F(s)=\dfrac{1}{s^2+1}$$

求象函数 $F(s)$,利用待定系数法拆项得到

$$F(s) = \frac{1}{(s^2-4s+3)(s^2+1)} = \frac{1}{20(s-3)} - \frac{1}{4(s-1)} + \frac{\frac{1}{5}s+\frac{1}{10}}{s^2+1}$$

对 $F(s)$ 进行拉氏逆变换,求象原函数 $y=y(t)$,查表得到 $y(t) = \frac{1}{20}e^{3t} - \frac{1}{4}e^t + \frac{1}{5}\cos t + \frac{1}{10}\sin t$,即为所求方程特解。

(3)求方程组 $\begin{cases} \dfrac{dy}{dt} = 3x-2y \\ \dfrac{dx}{dt} = 2x-y \end{cases}$ 满足初始条件 $x|_{t=0}=1, y|_{t=0}=0$ 的解。

解 记 $L\{y\}=F(s), L\{x\}=G(s)$ 对方程组作拉氏逆变换,有

$$\begin{cases} sF(s)-1=3F(s)-2G(s) \\ sG(s)-0=2F(s)-G(s) \end{cases}$$

化简后

$$\begin{cases} (s-2)F(s)-G(s)=0 \\ F(s)+(s-4)G(s)=1 \end{cases}$$

解出

$$\begin{cases} F(s) = \dfrac{s+1}{(s-1)^2} = \dfrac{1}{s-1} + \dfrac{2}{(s-1)^2} \\ G(s) = \dfrac{2}{(s-1)^2} \end{cases}$$

对上式取拉氏逆变换,得 $\begin{cases} y=2te^{2t}+e^t \\ x=2te^{2t} \end{cases}$ 为所求解。

13. 一种细菌按这样的方式增加:在每个时刻,它按小时计算的增长速率等于它当时细菌总量的两倍。问一小时后这种细菌的总量是多少?

解 $\dfrac{dy}{dx} = 2y$

$y=Ce^{2t}$,由 $y(0)=y_0$ 得到 $C=y_0$,$y=y_0e^{2t}$,当 $t=1$ 时 $y \approx 7.4y_0$

14. 心理学家发现,在一定条件下,一个人回忆一个给定专题的事物的速率正比于他记忆中信息的储存量。某大学做了这样一个试验:让一组大学男生回忆他们认得的女孩的名字。结果证明上面的推断是正确的。

现在假定有一个男生,他一共知道 64 个女孩的名字。他在前 90 秒内回忆出 16 个名字。问他回忆出 48 个名字需要多长时间?

解 用 y 来表示时刻 t 这个男生回忆不起来的女孩名字的个数,有

$$\frac{d(64-y)}{dt} = ky \quad (k>0) \quad y=Ce^{-kt} \quad (C \text{ 为任意常数})$$

由 $y(0)=64 \Rightarrow C=64 \Rightarrow k=-\frac{1}{t}\ln\frac{y}{64}$

$t=1.5$ 分时,$y=64-16=48$,得 $k=-\frac{1}{1.5}\ln\frac{48}{64} = -\frac{2}{3}\ln\frac{3}{4}$

$t=-\frac{1}{k}\ln\frac{16}{64} \approx 7.2$ 分

15. 衰变问题：衰变速度与未衰变原子含量 M 成正比，已知 $M\big|_{t=0}=M_0$，求衰变过程中铀含量 $M(t)$ 随时间 t 变化的规律。

解 由衰变速度与未衰变原子含量 M 成正比，得到

$$\frac{\mathrm{d}M}{\mathrm{d}t}=-kM \quad (k>0)$$

求解得

$$M=c\mathrm{e}^{-kt}$$

又由于 $M\big|_{t=0}=M_0$，求得 $c=M_0$

故衰变规律为

$$M=M_0\mathrm{e}^{-kt}$$

16. 某物体开始时温度为 100℃，空气温度为 20℃，经 20 分钟此物体温度降为 60℃（注意：物体自身不能发热），问：该物体温度随时间变化的规律如何？（提示：根据 Newton 冷却定律，在一定的温度范围内，物体的温度变化速度与这个物体的温度和其所在介质温度的差值成比例。）

解 设时刻 t 物体的温度为 $x(t)$，由 Newton 冷却定律：
物体的温度变化速度与这个物体的温度和其所在介质温度的差值成比例。

得

$$\frac{\mathrm{d}x}{\mathrm{d}t}=-k(x-20) \quad (k>0)$$

求出通解为

$$x=c\mathrm{e}^{-kt}+20$$

$t=0$ 时，$x=100$，得 $C=80$

$t=20$ 时，$x=60$，得出 $k=-\dfrac{1}{20}\ln\left(\dfrac{1}{2}\right)$

所求解为

$$x=80\left(\frac{1}{2}\right)^{\frac{t}{20}}+20$$

五、经典考题

1. 单项选择题

（1）下列是微分方程的有（　　　）

A. $u'v+v'u=(uv)'$ 　　B. $\mathrm{d}y=\mathrm{e}^x+\sin x$ 　　C. $\dfrac{\mathrm{d}y}{\mathrm{d}x}+\mathrm{e}^x=\dfrac{\mathrm{d}(y+\mathrm{e}^x)}{\mathrm{d}x}$ 　　D. $y''+3y'+4y=0$

（2）下列方程中（　　　）为线性微分方程

A. $(y')^2+xy'=x$ 　　　　　　　　　　B. $yy'-2y=x$

C. $y''-\dfrac{2}{x}y'+\dfrac{2}{x^2}y=\mathrm{e}^x$ 　　　　D. $y''-y'-3xy=\cos y$

（3）已知函数 $y_1=\mathrm{e}^{x^2+\frac{1}{x^2}}$，$y_2=\mathrm{e}^{x^2-\frac{1}{x^2}}$，$y_3=\mathrm{e}^{\left(x-\frac{1}{x}\right)^2}$，则（　　　）

A. 仅 y_1 与 y_2 线性相关 　　　　　B. 仅 y_1 与 y_3 线性相关

C. 仅 y_2 与 y_3 线性相关 　　　　　D. 它们两两线性相关

（4）函数 $y=3\mathrm{e}^{2x}$ 是方程 $y''-4y=0$ 的（　　　）

A. 通解 　　　　　　　　　　　　　B. 特解

C. 解，但既非通解也非特解 　　　　D. 以上都不对

（5）方程 $xy'+(1+x)y=\mathrm{e}^x$ 的通解是（　　　）

A. $y = C\dfrac{e^{-x}}{x}$　　　　　　　　　　　B. $y = \dfrac{e^{x}}{x}\left(\dfrac{1}{2}e^{2x}+C\right)$

C. $y = \dfrac{e^{-x}}{x}\left(\dfrac{1}{2}e^{2x}+C\right)$　　　　　D. $y = \dfrac{e^{-x}}{x}(2e^{2x}+C)$

（6）方程 $y''-4y'+3y=0$ 满足初始条件 $y|_{x=0}=6, y'|_{x=0}=10$ 的特解是（　　　）

A. $y = 3e^{x}+e^{3x}$　　　　　　　　　B. $y = 2e^{x}+3e^{3x}$

C. $y = 4e^{x}+2e^{3x}$　　　　　　　　　D. $y = C_1 e^{x}+C_2 e^{3x}$

（7）已知微分方程 $y'+p(x)y=0$ 的两个不相同特解 y_1, y_2，则方程的通解可以表示为（　　　）

A. $c_1 y_1 + c_2 y_2$　　　B. $y_1 + c y_2$　　　C. $y_1 + c(y_1+y_2)$　　　D. $c(y_2-y_1)$

（8）下列函数中哪组是线性无关的（　　　）

A. $\ln x, \ln x^2$　　　B. $1, \ln x$　　　C. $x, \ln 2^x$　　　D. $\ln\sqrt{x}, \ln x^2$

（9）以 $y_1 = \cos x,\quad y_2 = \sin x$ 为特解的方程是（　　　）

A. $y''-y=0$　　　B. $y''+y=0$　　　C. $y''+y'=0$　　　D. $y''-y'=0$

（10）$y = e^{2x}$ 是微分方程 $y''+py'+6y=0$ 的特解，则此方程的通解是（　　　）

A. $y = c_1 e^{2x}+c_2 e^{-3x}$　　　　　B. $y = (c_1+x c_2)e^{2x}$

C. $y = c_1 e^{2x}+c_2 e^{3x}$　　　　　　D. $y = e^{2x}(c_1 \sin 3x + c_2 \cos 3x)$

（11）下列方程中可利用 $p=y', p'=y''$ 降为 p 的一阶微分方程的是（　　　）

A. $(y'')^2 + xy' - x = 0$　　　　　　　B. $y''+yy'+y^2=0$

C. $y''+y^2 y' - y^2 x = 0$　　　　　　　D. $y''+yy'+x=0$

（12）微分方程 $y''+6y'+9y=xe^{3x}$ 特解应具有形式（　　　）

A. $(Ax+Bx)e^{3x}$　　　　　　　　　B. $x(Ax+B)e^{3x}$

C. $x^2(Ax+B)e^{3x}$　　　　　　　　　D. $Ax^3 e^{3x}$

（13）若 y_1 和 y_2 是二阶齐次线性方程 $y''+p(x)y'+q(x)y=0$ 的两个特解，c_1, c_2 为任意常数，则 $y = c_1 y_1 + c_2 y_2$（　　　）

A. 一定是该方程的通解　　　　　B. 是该方程的特解

C. 是该方程的解　　　　　　　　D. 不一定是方程的解

（14）下面说法错误的是（　　　）

A. $x\dfrac{dy}{dx}+y=xy\dfrac{dy}{dx}$ 是可分离变量的方程。

B. $x\dfrac{dy}{dx}=y(\ln y - \ln x)$ 是齐次方程。

C. $(y\ln x - 2)y dx = x dy$ 是可分离变量的方程。

D. $\dfrac{dy}{dx}+\dfrac{2}{x}y=\dfrac{\sin x}{x}y^2$ 是伯努利方程。

（15）微分方程 $y'+3xy=6xy^2$ 是（　　　）

A. 一阶非线性微分方程　　　　　B. 齐次微分方程

C. 可分离变量的微分方程　　　　D. 二阶微分方程

2. 填空题

（1）一阶线性非齐次微分方程的解法通常有_____和_____两种解法。

(2) 方程 $y''-5y'+6y=0$ 的通解为_____。

(3) 方程 $\dfrac{dy}{dx}=2xy$ 的通解是_____。

(4) 方程 $y'-\dfrac{2}{x+1}y=(x+1)^{\frac{5}{2}}$ 的通解是_____。

(5) 方程 $\dfrac{d^2y}{d^2x}+y=0$ 的通解是_____。

(6) 以 $y=C_1xe^x+C_2e^x$ 为通解的二阶常系数线性齐次微分方程为_____。

(7) 微分方程 $4y''-4y'+y=0$ 满足 $y(0)=2,y'(0)=2$ 的特解是_____。

(8) 给方程 $y^2+x^2\dfrac{dy}{dx}=xy\dfrac{dy}{dx}$ 命名_____。

(9) $y=\cos 2x$ 是微分方程 $y''+py'=0$ 的一个特解,该方程满足初始条件 $y(0)=2$ 的特解是_____。

(10) 写出微分方程 $y''-2y'-3y=x+e^{-x}$ 的一个特解_____。

(11) 一个二阶微分方程的通解应含有_____个任意常数。

(12) $\dfrac{d\rho}{d\theta}+\rho=\sin^2\theta$ 是_____阶微分方程。

(13) 满足方程 $f(x)=\sin x-\displaystyle\int_0^x f(x-t)dt$ 的一连续可导函数 $f(x)=$_____。

(14) 微分方程 $y''=f(x,y')$ 降阶,令 $y'=$_____,则 $y''=$_____。

(15) 特征方程 $5r^2-r+1=0$ 对应的齐次线性微分方程是_____。

3. 计算题

(1) 求方程 $y'\tan x+y=-3$ 的通解。

(2) 求方程 $\dfrac{1}{\sqrt{y}}y'+\dfrac{4x}{x^2-1}\sqrt{y}=x$ 的通解。

(3) 求方程 $y'+y=y^2e^{-x}$ 满足 $y(0)=-2$ 的特解。

(4) 求方程 $x^2y'+xy=y^2$ 满足 $y(1)=1$ 的特解。

(5) 求方程 $y'=\dfrac{y^2}{y^2+2xy-x}$ 的通解。

(6) 求方程 $xy''=y'\ln y'$ 的通解。

4. 应用题

(1) 肿瘤生长的早期阶段,已知某种肿瘤生长方式如下:在 t 时刻,肿瘤体积为 $V(t)$,肿瘤的生长速度与其体积的立方成正比,求肿瘤的体积随时间的生长规律。

(2) 水箱中盛着 20kg 食盐溶解在 5 000L 水中形成的溶液,每升含 0.03kg 食盐的盐水以 25L/min 的速度注入水箱。溶液充分混合后以同样的速度流出水箱,问半小时后水箱还剩多少食盐?

(3) 已知某车间的容积为 30m×30m×6m,其中含 0.12% 的 CO_2,现以含 0.04% CO_2 的新鲜空气输入,问每分钟应输入多少才能在 30 分钟后,使车间空气中 CO_2 的含量不超过 0.06%?(假定输入的新鲜空气与原有空气很快混合均匀后,以相同的流量排出)

参 考 答 案

1. 单项选择题

（1）D　（2）C　（3）B　（4）B　（5）C　（6）C　（7）D　A 不是通解,因为一阶微分方程通解中不能含有两个独立的任意常数。B 不能构成方程通解,因为若 $y_2 = 0$,则 $y_1 + cy_2$ 只是方程的特解。C 也不是方程通解,因为若 $y_1 = -y_2$,那么 $y_1 + c(y_1 + y_2) = y_1$ 只是方程一个特解。D 是通解,因为 $y_1 \neq y_2$,所以 $y_1 - y_2 \neq 0$,$c(y_2 - y_1)$ 必为通解。

（8）B　（9）B　（10）C　（11）A　（12）C　（13）C　（14）C　（15）C

2. 填空题

（1）常数变易,公式法　（2）$y = c_1 e^{2x} + c_2 e^{3x}$　（3）$y = c e^{x^2}$　（4）$y = \left[\dfrac{2}{3}(x+1)^{\frac{3}{2}} + c \right](x+1)^2$

（5）$y = c_1 \cos x + c_2 \sin x$　（6）$y'' - 2y' + y = 0$　（7）$y = x e^{\frac{x}{2}} + 2 e^{\frac{x}{2}}$　（8）齐次方程　（9）$y = 2\cos 2x$

分析:将 $y = \cos 2x$ 代入方程求出 $p(x) = -2\tan 2x$,再分离变量求解方程得到 $y = c\cos 2x$,又由初始条件,求出 $c = 2$ 故所求特解为 $y = 2\cos 2x$。也可以由一阶线性齐次方程的任意两个解只差常数倍求出结果。　（10）$y = ax e^{-2x} + bx + c$　分析:方程 $y'' - 2y' - 3y = x + e^{-x}$ 的特解是 $y'' - 2y' - 3y = x$ 的特解与 $y'' - 2y' - 3y = e^{-x}$ 的特解之和。根据解的原理知 $y'' - 2y' - 3y = x$ 具有形如 $y = bx + c$ 的特解;$y'' - 2y' - 3y = e^{-x}$ 具有形如 $y = ax e^{-2x}$ 的特解,因此原方程有形如 $y = ax e^{-2x} + bx + c$ 的特解。　（11）2　（12）1　（13）$f(x) = \sin x - \displaystyle\int_0^x f(u)\,\mathrm{d}u$,有 $f'(x) + f(x) = \cos x$,$f(0) = 0$,得

$f(x) = \dfrac{1}{2}(\cos x + \sin x - e^{-x})$　（14）$y' = p(x)$,$y'' = \dfrac{\mathrm{d}p}{\mathrm{d}x}$　（15）$5y'' - y' + y = 0$

3. 计算题

（1）解　分离变量得 $\dfrac{\mathrm{d}y}{\mathrm{d}x} = -(3+y)\cot x$,$\dfrac{\mathrm{d}y}{3+y} = -\cot x \,\mathrm{d}x$

两端积分得到 $\ln|3+y| = -\ln|\sin x| + c_1$　　所求解为 $y = \dfrac{c}{\sin x} - 3$

（2）解　将方程改写为 $y' + \dfrac{4x}{x^2 - 1} = x\sqrt{y}$ 这是 $n = 1/2$ 时的伯努利方程。令 $z = y^{\frac{1}{2}}$,有 $\dfrac{\mathrm{d}z}{\mathrm{d}x} +$

$\dfrac{2x}{x^2 - 1}z = \dfrac{x}{2}$,这是线性方程,按照常数变易的步骤求出通解为 $z = \dfrac{x^2(x^2 - 2) + c}{8(x^2 - 1)}$。又因为 $z = y^{\frac{1}{2}}$,

所以原方程的通解 $y = z^2 = \left[\dfrac{x^2(x^2 - 2) + c}{8(x^2 - 1)} \right]^2$。

（3）解　这是 $n = 2$ 时的伯努利方程。两边同时除以 y^2,化简有 $y^{-2}\dfrac{\mathrm{d}y}{\mathrm{d}x} + \dfrac{1}{y} = e^{-x}$,令 $z =$

y^{-1},有 $\dfrac{\mathrm{d}z}{\mathrm{d}x} + z = e^{-x}$,这是线性方程,常数变易法求解得到 $z = \dfrac{1}{2}e^{-2x} + ce^x$。又因为 $z = y^{-1}$,$y(0) =$

-2,原方程的解为 $y(e^{-x} - 2e^x) = 2$。

（4）解　方法一　$\dfrac{\mathrm{d}y}{\mathrm{d}x} = \dfrac{y^2 - xy}{x^2} = \left(\dfrac{y}{x}\right)^2 - \dfrac{y}{x}$,这是齐次方程。

令 $u = \dfrac{y}{x}$,即 $y = ux$,代入方程,得 $u + x\dfrac{\mathrm{d}u}{\mathrm{d}x} = u^2 - u$,化简得 $\dfrac{\mathrm{d}u}{u^2 - 2u} = \dfrac{\mathrm{d}x}{x}$,两边积分,得 $\dfrac{1}{2}\ln\dfrac{u-2}{u} =$

$\ln x+\ln c$，将 $u=\dfrac{y}{x}$ 回代，得通解为 $y=\dfrac{2x}{1-cx^2}$。又因为 $y(1)=1,c=-1$，所求解为 $y=\dfrac{2x}{1+x^2}$。

方法二 方程化简为 $\dfrac{\mathrm{d}y}{\mathrm{d}x}+\dfrac{y}{x}=\dfrac{y^2}{x^2}$，这是 $n=2$ 时的伯努利方程。

两边同时除以 y^2，有 $y^{-2}\dfrac{\mathrm{d}y}{\mathrm{d}x}+\dfrac{1}{xy}=\dfrac{1}{x^2}$，化简为伯努利方程标准形式 $\dfrac{\mathrm{d}(y^{-1})}{\mathrm{d}x}-\dfrac{1}{x}y^{-1}=-\dfrac{1}{x^2}$，令 $z=y^{-1}$，有 $\dfrac{\mathrm{d}z}{\mathrm{d}x}-\dfrac{1}{x}z=-\dfrac{1}{x^2}$，这是线性方程。按照常数变易的步骤求解，得 $z=\left(\dfrac{1}{2x^2}+c\right)x$，又因为 $z=y^{-1}$，所以原方程的通解为 $\dfrac{1}{y}=\left(\dfrac{1}{2x^2}+c\right)x$。又因为 $y(1)=1,c=\dfrac{1}{2}$，所求解为 $y=\dfrac{2x}{1+x^2}$。

(5) 解 把 x 看成未知函数，y 作为自变量，则原方程化为 $\dfrac{\mathrm{d}x}{\mathrm{d}y}+x\left(\dfrac{1}{y^2}-\dfrac{2}{y}\right)=1$，此为一阶线性非齐次方程，用常数变易法求解。

1）求对应的齐次方程 $\dfrac{\mathrm{d}x}{\mathrm{d}y}+x\left(\dfrac{1}{y^2}-\dfrac{2}{y}\right)=1$ 的通解 $x=C\cdot y\cdot \mathrm{e}^{\frac{1}{y}}$；

2）常数变易，令 $x=C(y)\cdot y\cdot \mathrm{e}^{\frac{1}{y}}$；

3）将 $x=C(y)\cdot y\cdot \mathrm{e}^{\frac{1}{y}}$ 代入非齐次方程中，有 $C'(y)=y^{-2}\mathrm{e}^{-\frac{1}{y}}$，解得 $C(y)=\mathrm{e}^{-\frac{1}{y}}+c$；

4）将 $C(y)=\mathrm{e}^{-\frac{1}{y}}+c$ 代回，得方程的通解为 $x=y+cy\mathrm{e}^{\frac{1}{y}}$（$c$ 为任意常数）。

(6) 这是二阶方程，不显含 y，令 $p=y'$，则 $p'=y''$，$xp'=p\ln p$，分离变量得通解：$p=c\mathrm{e}^x$，又 $p=y'$，所以 $y'=c_1\mathrm{e}^x$，两边积分得通解 $y=c_1\mathrm{e}^x+c_2$（c_1,c_2 为任意常数）。

4. 应用题

(1) 根据题意得 $\dfrac{\mathrm{d}v}{\mathrm{d}t}=kv^3$（$k$ 为生长速率常数），分离变量，两边积分 $\dfrac{\mathrm{d}v}{v^3}=k\mathrm{d}x$，$-\dfrac{1}{2v^2}=kt+c$，即 $v^{-2}=-2(kt+c)$（c 为任意常数）。

(2) 令 $y(t)$ 表示 t 分钟后食盐的质量（单位：mg），已知 $y(0)=20$。

由题意知道 $\dfrac{\mathrm{d}y}{\mathrm{d}t}=$（注入速度）－（流出速度），可列出方程 $\dfrac{\mathrm{d}y}{\mathrm{d}t}=0.03\times 25-\dfrac{y(t)}{5\,000}\times 25=\dfrac{150-y(t)}{200}$，分离变量，积分 $\displaystyle\int\dfrac{\mathrm{d}y}{150-y}=\int\dfrac{\mathrm{d}t}{200}$ 得到 $-\ln|150-y|=\dfrac{t}{200}+c$，由于 $y(0)=20$，所以 $c=-\ln130$，故 $y(t)=150-130\mathrm{e}^{-\frac{t}{200}}$。

30 分钟后水箱还剩食盐：$y(30)=150-130\mathrm{e}^{-\frac{30}{200}}\approx 38.1\mathrm{kg}$。

(3) 设每分钟应输入 $k\,\mathrm{m}^3$，t 时刻车间空气中含 CO_2 为 $x\,\mathrm{m}^3$，则在 $[t,t+\Delta t]$ 内，车间内 CO_2 的改变量为 $\Delta x=k\cdot\dfrac{0.04}{100}\Delta t-k\cdot\dfrac{x}{5\,400}\Delta t$，得微分方程 $\dfrac{\mathrm{d}x}{\mathrm{d}t}+\dfrac{k}{5\,400}x=\dfrac{k}{2\,500}$。初始条件 $x\big|_{t=0}=\dfrac{0.12}{100}\times 5\,400=0.12\times 54$，即求解方程 $\begin{cases}\dfrac{\mathrm{d}x}{\mathrm{d}t}+\dfrac{k}{5\,400}x=\dfrac{k}{2\,500}\\ x\big|_{t=0}=0.12\times 54\end{cases}$，解得 $x=54\left(0.08\mathrm{e}^{\frac{-k}{5\,400}t}+0.04\right)$。当 $t=30$ 时，$x=\dfrac{0.06}{100}\times 5\,400=0.06\times 54$，得 $k=180\ln4\approx 250$。因此每分钟应至少输入 $250\,\mathrm{m}^3$ 新鲜空气。

（尹立群 洪全兴）

第七章

多元函数的微分

一、内容提要

1. 多元函数的概念、极限、连续及其性质

（1）多元函数的概念：设某一变化过程中有三个变量 x,y,z，若变量 x,y 在允许的范围 D 内变化时，变量 z 按照某个对应法则 f 总有唯一确定的值与之对应，则称 f 是定义在 D 上的二元函数。记为 $z=f(x,y)$ 或 $z=z(x,y)$。并称 x,y 为二元函数的自变量，变量 z 为因变量。

二元函数 $z=f(x,y)$ 的定义域是平面上的区域；二元函数的几何意义是空间直角坐标系中的一张曲面，这个曲面在 xoy 面上的投影是 D。

类似地，可以定义三元及三元以上的函数。二元及二元以上函数统称为多元函数。

（2）二元函数的极限：设函数在点 $P_0(x_0,y_0)$ 的某个去心邻域 $N(\hat{P}_0,\delta)$ 内有定义，若当点 $P(x,y)\in N(\hat{P}_0,\delta)$ 以任意方式（或路径）无限趋于点 $P_0(x_0,y_0)$ 时，函数 $f(x,y)$ 都趋于常数 A，则称常数 A 是函数 $f(x,y)$ 在点 $P_0(x_0,y_0)$ 的极限，记为

$$\lim_{\substack{x\to x_0\\y\to y_0}}f(x,y)=A \quad 或 \quad \lim_{(x,y)\to(x_0,y_0)}f(x,y)=A$$

函数 $z=f(x,y)$ 在一点 $P_0(x_0,y_0)$ 的极限存在的充要条件是点 $P(x,y)$ 以任何方式无限趋于点 $P_0(x_0,y_0)$ 时，函数 $z=f(x,y)$ 的极限都存在且相等。

一般来说，判定函数的极限存在不容易，但判定极限不存在是方便的，当 $P(x,y)$ 沿两条不同的路径趋于点 $P_0(x_0,y_0)$ 时，函数 $z=f(x,y)$ 的极限值不相等，则说明极限不存在。

（3）二元函数的连续：设二元函数 $z=f(x,y)$ 在点 $P_0(x_0,y_0)$ 的某个邻域 $N(P_0,\delta)$ 内有定义，若 $\lim\limits_{\substack{x\to x_0\\y\to y_0}}f(x,y)=f(x_0,y_0)$，则称函数 $z=f(x,y)$ 在点 $P_0(x_0,y_0)$ 连续。

一切初等函数在其有定义的区域内连续。

（4）最值定理：在有界闭区域 D 上的二元连续函数，一定在 D 上有界，且能取得它的最大值和最小值。

（5）介值定理：在有界闭区域 D 上的二元连续函数必取得介于最大值和最小值之间的任何值。

2. 偏导数与全微分

（1）二元函数的偏导数：设二元函数 $z=f(x,y)$ 在点 $P_0(x_0,y_0)$ 的某个邻域 $N(P_0,\delta)$ 内有定义，当 y 固定在 y_0，而 x 在 x_0 处有偏改变量 Δx 时，相应的函数改变量（称为对 x 的偏改变量）为

$$\Delta_x z=f(x_0+\Delta x,y_0)-f(x_0,y_0)$$

若极限

$$\lim_{\Delta x\to 0}\frac{\Delta_x z}{\Delta x}=\lim_{\Delta x\to 0}\frac{f(x_0+\Delta x,y_0)-f(x_0,y_0)}{\Delta x}$$

存在,则称此极限值为函数 $z=f(x,y)$ 在点 $P_0(x_0,y_0)$ 对 x 的偏导数,记为

$$f'_x(x_0,y_0),\quad \frac{\partial z}{\partial x}\bigg|_{\substack{x=x_0\\y=y_0}},\quad \frac{\partial f}{\partial x}\bigg|_{\substack{x=x_0\\y=y_0}}\quad \text{或}\quad z'_x\bigg|_{\substack{x=x_0\\y=y_0}}$$

类似地,可以定义函数 $z=f(x,y)$ 在点 $P_0(x_0,y_0)$ 对 y 的偏导数

$$\lim_{\Delta y\to 0}\frac{\Delta_y z}{\Delta y}=\lim_{\Delta y\to 0}\frac{f(x_0,y_0+\Delta y)-f(x_0,y_0)}{\Delta y}$$

并记为

$$f'_y(x_0,y_0),\quad \frac{\partial z}{\partial y}\bigg|_{\substack{x=x_0\\y=y_0}},\quad \frac{\partial f}{\partial y}\bigg|_{\substack{x=x_0\\y=y_0}}\quad \text{或}\quad z'_y\bigg|_{\substack{x=x_0\\y=y_0}}$$

若函数 $z=f(x,y)$ 在区域 D 内每一点 $P(x,y)$ 处 $f'_x(x,y)$ 与 $f'_y(x,y)$ 都存在,则称函数 $z=f(x,y)$ 在区域 D 内偏导数存在,由于这两个偏导数在区域 D 内也是 x,y 的函数,所以分别称为函数对自变量 x,y 的偏导函数,分别记为

$$f'_x(x,y),\quad \frac{\partial z}{\partial x},\quad \frac{\partial f}{\partial x}\quad \text{或}\quad z'_x;\quad f'_y(x,y),\quad \frac{\partial z}{\partial y},\quad \frac{\partial f}{\partial y}\quad \text{或}\quad z'_y$$

类似地,可定义多元函数的偏导数。

对多元函数中的某一个自变量求偏导数,就是将其余的自变量看作常数,相当于对这个自变量求一元函数的导数。

(2) 高阶偏导数:若二元函数 $z=f(x,y)$ 在区域 D 内偏导数存在,则 $\frac{\partial z}{\partial x},\frac{\partial z}{\partial y}$ 在区域 D 内都是 x,y 的函数,对这两个函数再求偏导数(如果存在的话),则称它们是函数 $z=f(x,y)$ 的二阶偏导数。这样的二阶偏导数共有四个:

$$\left(\frac{\partial z}{\partial x}\right)'_x=\frac{\partial\left(\frac{\partial z}{\partial x}\right)}{\partial x}=\frac{\partial^2 z}{\partial x^2}=f''_{xx}(x,y);\quad \left(\frac{\partial z}{\partial x}\right)'_y=\frac{\partial\left(\frac{\partial z}{\partial x}\right)}{\partial y}=\frac{\partial^2 z}{\partial x\partial y}=f''_{xy}(x,y);$$

$$\left(\frac{\partial z}{\partial y}\right)'_x=\frac{\partial\left(\frac{\partial z}{\partial y}\right)}{\partial x}=\frac{\partial^2 z}{\partial y\partial x}=f''_{yx}(x,y);\quad \left(\frac{\partial z}{\partial y}\right)'_y=\frac{\partial\left(\frac{\partial z}{\partial y}\right)}{\partial y}=\frac{\partial^2 z}{\partial y^2}=f''_{yy}(x,y)。$$

其中第二、第三个二阶偏导数称为混合偏导数。

类似地,可以定义三阶、四阶、$\cdots$、n 阶偏导数,二阶及二阶以上的偏导数统称为高阶偏导数。

若 $\frac{\partial^2 z}{\partial x\partial y},\frac{\partial^2 z}{\partial y\partial x}$ 在区域 D 内连续,则在该区域内它们必相等。

(3) 二元函数的全微分:设二元函数 $z=f(x,y)$ 在点 $P(x,y)$ 的某个邻域 $N(P_0,\delta)$ 内有定义,若全改变量 Δz 可表示为 $\Delta z=A\Delta x+B\Delta y+o(\rho)$ [其中 A,B 不依赖于 $\Delta x,\Delta y$ 而仅与 x,y 有关,$\rho=\sqrt{\Delta x^2+\Delta y^2}$,当 $\rho\to 0$ 时,$o(\rho)$ 是比 ρ 高阶的无穷小量],则称函数 $z=f(x,y)$ 在点 $P(x,y)$ 可微,而 $A\Delta x+B\Delta y$ 称为函数 $z=f(x,y)$ 在点 $P(x,y)$ 的全微分,记作 dz,即

$$dz=A\Delta x+B\Delta y$$

通常将自变量的改变量称为自变量的微分,并记作 $\Delta x=dx,\Delta y=dy$,从而函数 $z=f(x,y)$ 在点 $P(x,y)$ 的微分为

$$dz=\frac{\partial z}{\partial x}dx+\frac{\partial z}{\partial y}dy$$

二元函数 $z=f(x,y)$ 的两个偏导数在点 $P(x,y)$ 处连续,则函数在该点可微。类似地,可以定义三元函数的全微分

$$du = \frac{\partial u}{\partial x}dx + \frac{\partial u}{\partial y}dy + \frac{\partial u}{\partial z}dz$$

(4)几个关系:在多元函数中,可偏导、连续、可微之间的关系与一元函数有所不同,在多元函数中有如下关系。

1)可微一定可偏导,可偏导不一定可微。

2)可微一定连续,连续不一定可微。

3)一阶偏导数连续一定可微。

4)可偏导不一定连续,连续不一定可偏导。

5)连续一定有二重极限存在。

(5)复合函数的偏导数:若函数 $u=\varphi(x,y)$ 与 $v=\psi(x,y)$ 都在点 (x,y) 有偏导数,函数 $z=f(u,v)$ 在对应点 (u,v) 具有连续偏导数,则复合函数 $z=f[\varphi(x,y),\psi(x,y)]$ 在点 (x,y) 的偏导数存在,且有

$$\frac{\partial z}{\partial x} = \frac{\partial f}{\partial u} \cdot \frac{\partial u}{\partial x} + \frac{\partial f}{\partial v} \cdot \frac{\partial v}{\partial x}$$

$$\frac{\partial z}{\partial y} = \frac{\partial f}{\partial u} \cdot \frac{\partial u}{\partial y} + \frac{\partial f}{\partial v} \cdot \frac{\partial v}{\partial y}$$

此法则称为链式法则,当中间变量和自变量有有限多个时也适用。

(6)隐函数的偏导数

1)设二元函数 $F(x,y)$ 在点 (x_0,y_0) 的某个邻域内有连续的偏导数,且

$$F_y'(x_0,y_0) \neq 0, \quad F(x_0,y_0) = 0$$

则方程 $F(x,y)=0$ 在点 (x_0,y_0) 的某个邻域内可唯一确定具有连续导数的隐函数 $y=f(x)$,使得 $y_0=f(x_0)$,并有

$$\frac{dy}{dx} = -\frac{F_x'}{F_y'}$$

2)设三元函数 $F(x,y,z)$ 在点 (x_0,y_0,z_0) 的某个邻域内有连续的偏导数,且

$$F_z'(x_0,y_0,z_0) \neq 0, \quad F(x_0,y_0,z_0) = 0$$

则方程 $F(x,y,z)=0$ 在点 (x_0,y_0,z_0) 的某个邻域内可唯一确定具有连续偏导数的隐函数 $z=f(x,y)$,使得 $z_0=f(x_0,y_0)$,并有

$$\frac{\partial z}{\partial x} = -\frac{F_x'}{F_z'}, \quad \frac{\partial z}{\partial y} = -\frac{F_y'}{F_z'}$$

3. 二元函数的极值

(1)二元函数的极值的定义:设函数 $z=f(x,y)$ 在点 $P_0(x_0,y_0)$ 的某个邻域 $N(P_0,\delta)$ 内有定义,对于该邻域内异于 $P_0(x_0,y_0)$ 的任何点 $P(x,y)$,若总有不等式 $f(x,y)<f(x_0,y_0)$ 成立,则称函数在点 $P_0(x_0,y_0)$ 有极大值 $f(x_0,y_0)$;若总有不等式 $f(x,y)>f(x_0,y_0)$ 成立,则称函数在点 $P_0(x_0,y_0)$ 有极小值 $f(x_0,y_0)$。

极大值与极小值统称为极值,使函数取得极值的点称为极值点。

(2)取得极值的必要条件:设函数 $z=f(x,y)$ 在点 $P_0(x_0,y_0)$ 处具有偏导数,且函数在该点处取得极值,则必有 $f_x'(x_0,y_0)=0$, $f_y'(x_0,y_0)=0$。

（3）取得极值的充分条件：设函数 $z=f(x,y)$ 在点 $P_0(x_0,y_0)$ 的某一邻域内有二阶连续偏导数，又 $f_x'(x_0,y_0)=0$，$f_y'(x_0,y_0)=0$，记

$$f_{xx}''(x_0,y_0)=A, \quad f_{xy}''(x_0,y_0)=B, \quad f_{yy}''(x_0,y_0)=C$$

则　1）当 $B^2-AC<0$ 时，函数在点 $P_0(x_0,y_0)$ 有极值，且当 $A<0$ 时有极大值 $f(x_0,y_0)$，当 $A>0$ 时有极小值 $f(x_0,y_0)$。

2）当 $B^2-AC>0$ 时，函数在点 $P_0(x_0,y_0)$ 处无极值。

3）当 $B^2-AC=0$ 时，函数在点 $P_0(x_0,y_0)$ 处不能确定是否取得极值，需另作讨论。

（4）条件极值

求二元函数 $z=f(x,y)$ 在约束条件 $\varphi(x,y)=0$ 下的极值。

第一步　构造辅助函数

$$L(x,y;\lambda)=f(x,y)+\lambda\varphi(x,y)$$

此函数称为拉格朗日函数，其中 λ 为某一待定的常数，称为拉格朗日乘数。

第二步　求三元函数 $L(x,y;\lambda)$ 的驻点，即求满足方程组

$$\begin{cases} L_x'=f_x'(x,y)+\lambda\varphi_x'(x,y)=0 \\ L_y'=f_y'(x,y)+\lambda\varphi_y'(x,y)=0 \\ L_\lambda'=\varphi(x,y)=0 \end{cases}$$

的所有解 (x_0,y_0,λ_0)。

第三步　点 (x_0,y_0) 就是函数 $z=f(x,y)$ 在约束条件 $\varphi(x,y)=0$ 下的可能的极值点。

一般地，在实际问题中可以根据问题本身的实际意义来判定点 (x_0,y_0) 是否为极值点。

上述方法可以推广到自变量多于两个，且约束条件多于一个（约束条件一般应少于未知量的个数）的条件极值问题。例如，求三元函数 $u=f(x,y,z)$ 在约束条件 $\varphi(x,y,z)=0$，$\psi(x,y,z)=0$ 下的极值。其方法是：构造拉格朗日函数

$$L(x,y,z,\lambda_1,\lambda_2)=f(x,y,z)+\lambda_1\varphi(x,y,z)+\lambda_2\psi(x,y,z)$$

其中 λ_1,λ_2 为拉格朗日乘数。

解方程组 $\begin{cases} L_x'=f_x'(x,y,z)+\lambda_1\varphi_x'(x,y,z)+\lambda_2\psi_x'(x,y,z)=0 \\ L_y'=f_y'(x,y,z)+\lambda_1\varphi_y'(x,y,z)+\lambda_2\psi_y'(x,y,z)=0 \\ L_z'=f_z'(x,y,z)+\lambda_1\varphi_z'(x,y,z)+\lambda_2\psi_z'(x,y,z)=0 \\ L_{\lambda_1}'=\varphi(x,y,z)=0 \\ L_{\lambda_2}'=\psi(x,y,z)=0 \end{cases}$

消去 λ_1,λ_2，求出所有的驻点 (x_0,y_0,z_0)，最后判定点 (x_0,y_0,z_0) 是否为极值点。

4. 最小二乘法　建立经验公式最常用的方法，就是**最小二乘法**。

观察变量 x,y，得到 n 对数据 (x_1,y_1)，(x_2,y_2)，$\cdots$，(x_n,y_n)。若这 n 个点明显呈直线趋势分布，则可以用直线型经验公式去拟合，故设方程为 $y=ax+b$，其中 a 和 b 是待定常数。

通常用偏差平方和

$$Q=\sum_{i=1}^n (y_i-\hat{y}_i)^2=\sum_{i=1}^n [y_i-(ax_i+b)]^2$$

为最小而确定经验公式的方法称为最小二乘法。

由二元函数极值存在的必要条件，必须同时满足

$$\frac{\partial Q}{\partial a}=0, \quad \frac{\partial Q}{\partial b}=0$$

由以上条件可求得

$$\begin{cases} a = \dfrac{\displaystyle\sum_{i=1}^{n} x_i y_i - \frac{1}{n}\left(\displaystyle\sum_{i=1}^{n} x_i\right)\left(\displaystyle\sum_{i=1}^{n} y_i\right)}{\displaystyle\sum_{i=1}^{n} x_i^2 - \frac{1}{n}\left(\displaystyle\sum_{i=1}^{n} x_i\right)^2} \\ b = \dfrac{1}{n}\left(\displaystyle\sum_{i=1}^{n} y_i - a\displaystyle\sum_{i=1}^{n} x_i\right) \end{cases}$$

即可得到直线型经验公式 $y=ax+b$。

二、重难点解析

1. 本章的重点是求偏导数、全微分、二元函数的极值。

（1）求多元函数在任意一点的偏导数时，若函数可偏导未知，则由定义来讨论。若函数可偏导已知，则由导数公式和求导法则来求，关键是将多元函数求偏导转化为一元函数求导。

（2）计算函数 $z=f(x,y)$ 在给定点 (x_0,y_0) 的偏导数时，一般可以先求任意一点 (x,y) 处的偏导数 $f'_x(x,y)$，$f'_y(x,y)$，然后将 $x=x_0$，$y=y_0$ 代入即可。另外，也可以先将 $y=y_0$ 代入 $f(x,y)$ 中，得到关于 x 的一元函数 $f(x,y_0)$，对 x 求导，然后将 $x=x_0$ 代入；同理可求 $f'_y(x_0,y_0)$。这样求给定点的偏导数有时会很方便。

（3）关于复合函数全微分的计算，可以先求复合函数的各个偏导数，然后代入全微分的表达式，也可以利用全微分形式的不变性。

（4）二元函数的极值的判定定理，只给出了驻点是否为极值点的判定定理，对于偏导数不存在的点及判定定理失效的点，可以由定义来讨论。

2. 本章的难点是求多元复合函数的偏导数与隐函数的偏导数。

（1）对于含有抽象函数符号的多元复合函数求偏导，应注意使用记号。

例如，设 $G=f(x,xy,xyz)$，令 $u=x,v=xy,w=xyz$，则

$$\frac{\partial G}{\partial x}=\frac{\partial f}{\partial u}\cdot\frac{\partial u}{\partial x}+\frac{\partial f}{\partial v}\cdot\frac{\partial v}{\partial x}+\frac{\partial f}{\partial w}\cdot\frac{\partial w}{\partial x}=f'_u(u,v,w)+y\cdot f'_v(u,v,w)+yz\cdot f'_w(u,v,w)$$

$$\frac{\partial G}{\partial y}=\frac{\partial f}{\partial v}\cdot\frac{\partial v}{\partial y}+\frac{\partial f}{\partial w}\cdot\frac{\partial w}{\partial y}=x\cdot f'_v(u,v,w)+xz\cdot f'_w(u,v,w)$$

$$\frac{\partial G}{\partial z}=\frac{\partial f}{\partial w}\cdot\frac{\partial w}{\partial z}=xy\cdot f'_w(u,v,w)$$

为了简便且不易混淆，引入记号：

$$f'_1=f'_u(u,v,w), \quad f'_2=f'_v(u,v,w), \quad f'_3=f'_w(u,v,w)$$

则上面的式子可以表示为

$$\frac{\partial G}{\partial x}=f'_1+y\cdot f'_2+yz\cdot f'_3$$

$$\frac{\partial G}{\partial y}=x\cdot f'_2+xz\cdot f'_3$$

$$\frac{\partial G}{\partial z} = xy \cdot f_3'$$

（2）对于多元复合函数求高阶偏导数时,要注意到偏导函数仍然是原来自变量的函数,多次使用链式法则即可。

（3）求由方程所确定的隐函数的导数或偏导数时,既可以用公式法也可以用推导公式的方法。因为不是所有隐函数都可以显化,最后结果允许含有因变量,所以在求二阶偏导数时注意因变量仍然是自变量的函数。

三、例题解析

例1 （1）设 $f(x,y)=x^2+y^2$, $g(x,y)=x^2-y^2$,求 $f[g(x,y),y^2]$。

（2）设 $f(x-y,\ln x)=\dfrac{\left(1-\dfrac{y}{x}\right)\mathrm{e}^x}{\mathrm{e}^y\ln(x^x)}$,求 $f(x,y)$。

答案：（1） $f[g(x,y),y^2]=(x^2-y^2)^2+y^4$　（2） $f(x,y)=\dfrac{x\mathrm{e}^x}{y\mathrm{e}^{2y}}$

解析 （1）由已知 $f(x,y)=x^2+y^2$, $g(x,y)=x^2-y^2$,将 $g(x,y)=x^2-y^2$ 代入,有 $f[g(x,y),y^2]=[g(x,y)]^2+(y^2)^2=(x^2-y^2)^2+y^4$。

（2）因为 $f(x-y,\ln x)=\dfrac{\left(1-\dfrac{y}{x}\right)\mathrm{e}^x}{\mathrm{e}^y\ln(x^x)}=\dfrac{(x-y)\mathrm{e}^{x-y}}{x^2\ln x}$,令 $u=x-y$, $v=\ln x$,则 $x=\mathrm{e}^v$, $y=\mathrm{e}^v-u$,所以

$f(u,v)=\dfrac{u\mathrm{e}^u}{v\mathrm{e}^{2v}}$,即 $f(x,y)=\dfrac{x\mathrm{e}^x}{y\mathrm{e}^{2y}}$。

例2 设 $f(x,y)=|x-y|\cdot\phi(x,y)$,其中 $\phi(x,y)$ 在点 $(0,0)$ 的邻域内连续,若使 $f_x'(0,0)$ 存在, $\phi(x,y)$ 应满足什么条件?

答案： $\phi(0,0)=0$

解析 由于 $f_x'(0,0)=\lim\limits_{\Delta x\to0}\dfrac{f(0+\Delta x,0)-f(0,0)}{\Delta x}=\lim\limits_{\Delta x\to0}\dfrac{|\Delta x|\phi(\Delta x,0)}{\Delta x}$,若使 $f_x'(0,0)$ 存在,

只需 $\lim\limits_{\Delta x\to0^+}\dfrac{\Delta x\cdot\phi(\Delta x,0)}{\Delta x}=-\lim\limits_{\Delta x\to0^-}\dfrac{\Delta x\cdot\phi(\Delta x,0)}{\Delta x}$,即 $\phi(0,0)=-\phi(0,0)$,故 $\phi(0,0)=0$。

例3 证明函数 $z=\sqrt{|xy|}$ 在点 $(0,0)$ 处不可微。

证 由于 $\dfrac{\partial z}{\partial x}\Big|_{(0,0)}=\lim\limits_{\Delta x\to0}\dfrac{z(0+\Delta x,0)-z(0,0)}{\Delta x}=\lim\limits_{\Delta x\to0}\dfrac{0-0}{\Delta x}=0$

$$\frac{\partial z}{\partial y}\Big|_{(0,0)}=\lim\limits_{\Delta y\to0}\frac{z(0,0+\Delta y)-z(0,0)}{\Delta y}=\lim\limits_{\Delta y\to0}\frac{0-0}{\Delta y}=0$$

虽然形式上有 $\mathrm{d}z=\dfrac{\partial z}{\partial x}\Big|_{(0,0)}\cdot\mathrm{d}x+\dfrac{\partial z}{\partial y}\Big|_{(0,0)}\cdot\mathrm{d}y$,但是 $\lim\limits_{\substack{\Delta x\to0\\\Delta y\to0}}\dfrac{\Delta z-\mathrm{d}z}{\rho}\neq0$。

这是因为 $\lim\limits_{\substack{\Delta x\to0\\\Delta y\to0}}\dfrac{\Delta z-\mathrm{d}z}{\rho}=\lim\limits_{\substack{\Delta x\to0\\\Delta y\to0}}\dfrac{\sqrt{|\Delta x\Delta y|}}{\sqrt{\Delta x^2+\Delta y^2}}$,令 $\Delta y=k\Delta x$,于是

$$\lim_{\substack{\Delta x \to 0 \\ \Delta y \to 0}} \frac{\Delta z - \mathrm{d}z}{\rho} = \lim_{\substack{\Delta x \to 0 \\ \Delta y \to 0}} \frac{\sqrt{|\Delta x \Delta y|}}{\sqrt{\Delta x^2 + \Delta y^2}} = \frac{\sqrt{k}}{\sqrt{1 + k^2}}$$

这表明函数 $z = \sqrt{|xy|}$ 在点 $(0,0)$ 处极限不存在,故在点 $(0,0)$ 处不可微。

例 4 设 $z = 2\cos^2\left(x - \dfrac{t}{2}\right)$,求 $2\dfrac{\partial^2 z}{\partial t^2} + \dfrac{\partial^2 z}{\partial x \partial t}$。

答案: $2\dfrac{\partial^2 z}{\partial t^2} + \dfrac{\partial^2 z}{\partial x \partial t} = 0$

解析 因为 $\dfrac{\partial z}{\partial t} = 4\cos\left(x - \dfrac{t}{2}\right)\left[-\sin\left(x - \dfrac{t}{2}\right)\right]\left(-\dfrac{1}{2}\right) = \sin 2\left(x - \dfrac{t}{2}\right)$

$$\frac{\partial^2 z}{\partial t^2} = \cos 2\left(x - \frac{t}{2}\right)(-1) = -\cos 2\left(x - \frac{t}{2}\right)$$

$$\frac{\partial z}{\partial x} = 4\cos\left(x - \frac{t}{2}\right)\left[-\sin\left(x - \frac{t}{2}\right)\right] = -2\sin 2\left(x - \frac{t}{2}\right)$$

$$\frac{\partial^2 z}{\partial x \partial t} = -2\cos 2\left(x - \frac{t}{2}\right)(-1) = 2\cos 2\left(x - \frac{t}{2}\right)$$

所以,$2\dfrac{\partial^2 z}{\partial t^2} + \dfrac{\partial^2 z}{\partial x \partial t} = -2\cos 2\left(x - \dfrac{t}{2}\right) + 2\cos 2\left(x - \dfrac{t}{2}\right) = 0$

例 5 设 $f(x, y, z) = \left(\dfrac{x}{y}\right)^{\frac{1}{z}}$,求 $\mathrm{d}f(1,1,1)$。

答案: $\mathrm{d}f(1,1,1) = \mathrm{d}x - \mathrm{d}y$

解析 此题是求三元函数在给定点的全微分,因此需先求出函数在任意一点的微分,然后将 $x = 1, y = 1, z = 1$ 代入,即可求出 $\mathrm{d}f(1,1,1)$。也可以先求出给定点 $(1,1,1)$ 的偏导数,代入 $\mathrm{d}f(1,1,1) = \dfrac{\partial f}{\partial x}\bigg|_{(1,1,1)}\mathrm{d}x + \dfrac{\partial f}{\partial y}\bigg|_{(1,1,1)}\mathrm{d}y + \dfrac{\partial f}{\partial z}\bigg|_{(1,1,1)}\mathrm{d}z$ 求出。

因为 $\mathrm{d}f(x,y,z) = \dfrac{\partial f}{\partial x}\mathrm{d}x + \dfrac{\partial f}{\partial y}\mathrm{d}y + \dfrac{\partial f}{\partial z}\mathrm{d}z$,而 $\dfrac{\partial f}{\partial x} = \dfrac{1}{yz}\left(\dfrac{x}{y}\right)^{\frac{1}{z}-1}$,$\dfrac{\partial f}{\partial y} = -\dfrac{x}{y^2 z}\left(\dfrac{x}{y}\right)^{\frac{1}{z}-1}$,$\dfrac{\partial f}{\partial z} = -\dfrac{1}{z^2}\left(\dfrac{x}{y}\right)^{\frac{1}{z}}$

$\ln\left(\dfrac{x}{y}\right)$;所以 $\mathrm{d}f(x,y,z) = \dfrac{1}{yz}\left(\dfrac{x}{y}\right)^{\frac{1}{z}-1}\mathrm{d}x - \dfrac{x}{y^2 z}\left(\dfrac{x}{y}\right)^{\frac{1}{z}-1}\mathrm{d}y - \dfrac{1}{z^2}\left(\dfrac{x}{y}\right)^{\frac{1}{z}}\ln\left(\dfrac{x}{y}\right)\mathrm{d}z$。

将 $x = 1, y = 1, z = 1$ 代入,有 $\mathrm{d}f(1,1,1) = \mathrm{d}x - \mathrm{d}y$。

例 6 已知 $w = f(x - y, y - z, t - z)$,求 $\dfrac{\partial w}{\partial x} + \dfrac{\partial w}{\partial y} + \dfrac{\partial w}{\partial z} + \dfrac{\partial w}{\partial t}$。

答案: $\dfrac{\partial w}{\partial x} + \dfrac{\partial w}{\partial y} + \dfrac{\partial w}{\partial z} + \dfrac{\partial w}{\partial t} = 0$

解析 令 $u = x - y, v = y - z, \omega = t - z$,则

$$\frac{\partial w}{\partial x} + \frac{\partial w}{\partial y} + \frac{\partial w}{\partial z} + \frac{\partial w}{\partial t}$$

$$= \frac{\partial f}{\partial u} \cdot \frac{\partial u}{\partial x} + \left(\frac{\partial f}{\partial u} \cdot \frac{\partial u}{\partial y} + \frac{\partial f}{\partial v} \cdot \frac{\partial v}{\partial y}\right) + \left(\frac{\partial f}{\partial v} \cdot \frac{\partial v}{\partial z} + \frac{\partial f}{\partial \omega} \cdot \frac{\partial \omega}{\partial z}\right) + \frac{\partial f}{\partial \omega} \cdot \frac{\partial \omega}{\partial t}$$

$$= \frac{\partial f}{\partial u} \cdot 1 + \left[\frac{\partial f}{\partial u}(-1) + \frac{\partial f}{\partial v} \cdot 1 \right] + \left[\frac{\partial f}{\partial v} \cdot (-1) + \frac{\partial f}{\partial \omega} \cdot (-1) \right] + \frac{\partial f}{\partial \omega} \cdot 1$$

$$= 0$$

从例题可看出,复合函数求导需要先搞清复合关系(何谓自变量、中间变量)。

例7 设 $z(x,y) = y^2 F(3x+2y)$,其中 F 可导。

(1) 证明 $3y\dfrac{\partial z}{\partial y} - 2y\dfrac{\partial z}{\partial x} = 6z$。

(2) 已知 $z(x,1) = x^2$,求 $z(x,y)$。

答案:(1) 略　(2) $z(x,y) = y^2\left(\dfrac{3x+2y-2}{3}\right)^2$

解析 (1) 由复合函数求导法则:

$$\frac{\partial z}{\partial x} = 3y^2 F'(3x+2y), \qquad \frac{\partial z}{\partial y} = 2yF(3x+2y) + 2y^2 F'(3x+2y)$$

所以

$$3y\frac{\partial z}{\partial y} - 2y\frac{\partial z}{\partial x} = 3y\left[2yF(3x+2y) + 2y^2 F'(3x+2y) \right] - 2y\left[3y^2 F'(3x+2y) \right]$$

$$= 6z$$

(2) 因为 $z(x,1) = F(3x+2) = x^2$,令 $3x+2 = t$,$x = \dfrac{t-2}{3}$,则 $F(t) = \left(\dfrac{t-2}{3}\right)^2$,

从而 $F(3x+2y) = \left(\dfrac{3x+2y-2}{3}\right)^2$,于是

$$z(x,y) = y^2 F(3x+2y) = y^2\left(\frac{3x+2y-2}{3}\right)^2$$

例8 设 $f''(x)$ 连续,$z = \dfrac{1}{x}f(xy) + yf(x+y)$,求 $\dfrac{\partial^2 z}{\partial x \partial y}$。

答案:$\dfrac{\partial^2 z}{\partial x \partial y} = yf''(xy) + f'(x+y) + yf''(x+y)$

解析 求多元复合函数的高阶偏导数时,应按指定顺序逐阶求导。

因为 $\dfrac{\partial z}{\partial x} = \left(-\dfrac{1}{x^2}\right)f(xy) + \dfrac{1}{x}f'(xy) \cdot y + yf'(x+y) \cdot 1$,

所以 $\dfrac{\partial^2 z}{\partial x \partial y} = \left(-\dfrac{1}{x^2}\right)f'(xy) \cdot x + \dfrac{1}{x}f''(xy) \cdot xy + \dfrac{1}{x}f'(xy) \cdot 1 + f'(x+y) + yf''(x+y) \cdot 1$

$$= yf''(xy) + f'(x+y) + yf''(x+y)$$

例9 求由方程 $\cos^2 x + \cos^2 y + \cos^2 z = 1$ 所确定的函数 $z = f(x,y)$ 的全微分。

答案:$dz = -\dfrac{\sin 2x}{\sin 2z}dx - \dfrac{\sin 2y}{\sin 2z}dy$

解析 令 $F(x,y,z) = \cos^2 x + \cos^2 y + \cos^2 z - 1$

$$F'_x(x,y,z) = -\sin 2x, \quad F'_y(x,y,z) = -\sin 2y, \quad F'_z(x,y,z) = -\sin 2z$$

所以 $dz = \dfrac{\partial z}{\partial x}dx + \dfrac{\partial z}{\partial y}dy = -\dfrac{\sin 2x}{\sin 2z}dx - \dfrac{\sin 2y}{\sin 2z}dy$

例 10 求表面积为 S 的长方体的最大体积。

答案: 当长、宽、高均为 $\sqrt{\dfrac{S}{6}}$ 时,长方体的体积为最大,最大体积为 $\left(\dfrac{S}{6}\right)^{\frac{3}{2}}$。

解析 设长方体长、宽、高分别为 x,y,z,则长方体的体积为 $V=xyz(x>0,y>0,z>0)$ 并且满足 $S=2xy+2yz+2xz$。

利用拉格朗日乘数法,作拉格朗日函数

$$L(x,y,z;\lambda)=xyz+\lambda(2xy+2yz+2xz-S)$$

求偏导数,有方程组

$$\frac{\partial L}{\partial x}=yz+2\lambda(y+z)=0$$

$$\frac{\partial L}{\partial y}=xz+2\lambda(x+z)=0$$

$$\frac{\partial L}{\partial z}=xy+2\lambda(x+yz)=0$$

$$\frac{\partial L}{\partial \lambda}=2xy+2yz+2xz-S=0$$

由前三个方程得出

$$\frac{y+z}{yz}=\frac{x+z}{xz}=\frac{x+y}{xy}$$

解之,有 $x=y=z$,再代入最后一个式子有 $x=y=z=\sqrt{\dfrac{S}{6}}$。

由实际问题可知,表面积一定时最大体积存在,因此当 $x=y=z=\sqrt{\dfrac{S}{6}}$ 时,最大体积为 $\left(\dfrac{S}{6}\right)^{\frac{3}{2}}$。

四、习题与解答

1. 研究空间直角坐标系中各个卦限内的点的坐标特征,指出下列各点所在的卦限:$A(-2,1,3),B(-2,-4,5),C(-1,-3,-5),D(3,2,6)$。

解 在空间直角坐标系下,共分八个卦限,其中第一卦限的点 (x,y,z) 的三个坐标均为正;第二卦限的点 (x,y,z) 的三个坐标 x 为负,y,z 均为正;第三卦限的点 (x,y,z) 的三个坐标 x,y 均为负,z 为正;第四卦限的点 (x,y,z) 的三个坐标 y 为负,x,z 均为正;第五、第六、第七、第八卦限分别与第一、第二、第三、第四卦限对应,横纵坐标符号不变,竖坐标 z 都取负。

点 A 在第二卦限,点 B 在第三卦限,点 C 在第七卦限,点 D 在第一卦限。

2. 指出下列各点在哪个坐标面或坐标轴上:

$$A(0,1,3),\quad B(-2,0,5),\quad C(-1,-3,0),\quad D(0,2,0),\quad E(0,0,7)。$$

解 点 A 在 yOz 坐标面上,点 B 在 xOz 坐标面上,点 C 在 xOy 坐标面上,点 D 在 y 轴上,点 E 在 z 轴上。

3. 指出下列方程所表示的曲面。

(1) $x+y=1$

解 $x+y=1$ 表示平行于 z 轴的平面。

(2) $x^2+3y^2=5x$

解 $x^2+3y^2=5x$ 表示母线平行于 z 轴的柱面。

（3）$x^2+y^2+z^2=1$

解　$x^2+y^2+z^2=1$ 表示球心在$(0,0,0)$，半径为 1 的球面。

（4）$x^2+y^2-z^2=0$

解　$x^2+y^2-z^2=0$ 表示顶点在$(0,0,0)$的圆锥面。

（5）$x^2+y^2-z^2=1$

解　$x^2+y^2-z^2=1$ 表示单叶双曲面。

4．设函数$f(u,v)=u^v$，求$f(2,3)$，$f(xy,x+y)$。

解　因为$f(u,v)=u^v$，将$u=2,v=3$代入，有$f(2,3)=2^3=8$，再将$u=xy,v=x+y$代入，有$f(xy,x+y)=(xy)^{x+y}$。

5．设函数$z=\sqrt{y}+f(\sqrt{x}-1)$，若当$y=1$时，$z=x$，求函数$f(x)$和z。

解　由于$y=1$时，$z=x$，所以
$$f(\sqrt{x}-1)=z-1=x-1=(\sqrt{x}-1)\left[(\sqrt{x}-1)+2\right]$$
得
$$f(t)=t(t+2)=t^2+2t$$
即
$$f(x)=x^2+2x$$
且
$$z=\sqrt{y}+x-1\quad(x>0)$$

6．求下列函数的定义域。

（1）$z=\sqrt{x}\ln(x+y)$

解　要使函数有意义，只需同时满足$\begin{cases}x\geq0\\x+y>0\end{cases}$，即$\begin{cases}x\geq0\\y>-x\end{cases}$，故其定义域为$D=\{(x,y)\,|\,x\geq0,y>-x\}$。

（2）$z=\ln(y-x^2)+\sqrt{1-x^2-y^2}$

解　要使函数有意义，只需同时满足$\begin{cases}y-x^2>0\\1-x^2-y^2\geq0\end{cases}$，即$\begin{cases}y>x^2\\x^2+y^2\leq1\end{cases}$，故其定义域为$D=\{(x,y)\,|\,y>x^2,x^2+y^2\leq1\}$。

（3）$z=\arcsin\dfrac{x^2+y^2}{4}$

解　要使函数有意义，只需满足$\left|\dfrac{x^2+y^2}{4}\right|\leq1$，即$x^2+y^2\leq4$，故其定义域为$D=\{(x,y)\,|\,x^2+y^2\leq4\}$。

（4）$u=\dfrac{1}{\sqrt{x}}+\dfrac{1}{\sqrt{y}}+\dfrac{1}{\sqrt{z}}$

解　要使函数有意义，只需同时满足$\begin{cases}x>0\\y>0\\z>0\end{cases}$，故其定义域为$D=\{(x,y)\,|\,x>0,y>0,z>0\}$。

7．求下列各极限。

（1）$\lim\limits_{\substack{x\to0\\y\to1}}\dfrac{2-xy}{x^2+y^2}$

解　因为$x\to0,y\to1$时，$x^2+y^2\to1\neq0$，$z=\dfrac{2-xy}{x^2+y^2}$在$(0,1)$处连续，所以$\lim\limits_{\substack{x\to0\\y\to1}}\dfrac{2-xy}{x^2+y^2}=$

$$\frac{2-0\times1}{0^2+1^2}=2。$$

（2） $\lim\limits_{\substack{x\to0\\y\to0}}\dfrac{e^{xy}\cos y}{1+x+y}$

解 因为 $x\to0,y\to0$ 时，$1+x+y\to1\ne0,z=\dfrac{e^{xy}\cos y}{1+x+y}$ 在 $(0,0)$ 处连续，所以 $\lim\limits_{\substack{x\to0\\y\to0}}\dfrac{e^{xy}\cos y}{1+x+y}=$

$$\frac{e^{0\times0}\cdot\cos0}{1+0+0}=1。$$

（3） $\lim\limits_{\substack{x\to0\\y\to0}}\dfrac{2xy}{\sqrt{xy+1}-1}$

解 因为 $\lim\limits_{\substack{x\to0\\y\to0}}(\sqrt{xy+1}-1)=0$，所以分子分母同乘 $\sqrt{xy+1}+1$，有

$$\lim\limits_{\substack{x\to0\\y\to0}}\frac{2xy}{\sqrt{xy+1}-1}=\lim\limits_{\substack{x\to0\\y\to0}}\frac{2xy\cdot(\sqrt{xy+1}+1)}{(\sqrt{xy+1})^2-1^2}=4。$$

（4） $\lim\limits_{\substack{x\to0\\y\to2}}\dfrac{\sin(xy)}{x(1+y)}$

解 $\lim\limits_{\substack{x\to0\\y\to2}}\dfrac{\sin(xy)}{x(1+y)}=\lim\limits_{\substack{x\to0\\y\to2}}\dfrac{\sin(xy)}{xy}\cdot\dfrac{y}{1+y}=1\times\dfrac{2}{3}=\dfrac{2}{3}$

（5） $\lim\limits_{\substack{x\to\infty\\y\to a}}\left(1+\dfrac{1}{x}\right)^{\frac{x^2}{x+y}}$

解 $\lim\limits_{\substack{x\to\infty\\y\to a}}\left(1+\dfrac{1}{x}\right)^{\frac{x^2}{x+y}}=\lim\limits_{\substack{x\to\infty\\y\to a}}\left[\left(1+\dfrac{1}{x}\right)^x\right]^{\frac{x}{x+y}}=\lim\limits_{\substack{x\to\infty\\y\to a}}e^{\ln\left[\left(1+\frac{1}{x}\right)^x\right]\frac{x}{x+y}}$

$$=e^{\lim\limits_{\substack{x\to\infty\\y\to a}}\ln\left(1+\frac{1}{x}\right)^x\lim\limits_{\substack{x\to\infty\\y\to a}}\frac{x}{x+y}}=e$$

（6） $\lim\limits_{\substack{x\to\infty\\y\to\infty}}\dfrac{x^2+y^2}{x^4+y^4}$

解 因为 $0\le\dfrac{x^2+y^2}{x^4+y^4}\le\dfrac{x^2+y^2}{2x^2y^2}=\dfrac{1}{2}\left(\dfrac{1}{y^2}+\dfrac{1}{x^2}\right)$

且

$$\lim\limits_{\substack{x\to\infty\\y\to\infty}}\frac{1}{2}\left(\frac{1}{y^2}+\frac{1}{x^2}\right)=0$$

故得

$$\lim\limits_{\substack{x\to\infty\\y\to\infty}}\frac{x^2+y^2}{x^4+y^4}=0$$

（7） $\lim\limits_{\substack{x\to0\\y\to0}}xy\sin\dfrac{1}{x^2+y^2}$

解 因为 $\lim\limits_{\substack{x\to0\\y\to0}}xy=0$，而在点 $(0,0)$ 的去心邻域内 $\left|\sin\dfrac{1}{x^2+y^2}\right|\le1$，即有界；于是有

$$\lim\limits_{\substack{x\to0\\y\to0}}xy\sin\frac{1}{x^2+y^2}=0。$$

（8）$\lim\limits_{\substack{x\to 1\\y\to 0}}\dfrac{\ln(x^2+\mathrm{e}^y)}{\sqrt{x^2-y^2}}$

解 因为 $x\to 1,y\to 0$ 时，$\sqrt{x^2-y^2}\to 1\neq 0,z=\dfrac{\ln(x^2+\mathrm{e}^y)}{\sqrt{x^2-y^2}}$ 在 $(1,0)$ 处连续，所以

$$\lim\limits_{\substack{x\to 1\\y\to 0}}\dfrac{\ln(x^2+\mathrm{e}^y)}{\sqrt{x^2-y^2}}=\dfrac{\ln(1^2+\mathrm{e}^0)}{\sqrt{1^2-0^2}}=\ln 2。$$

8. 求下列函数的间断点。

（1）$z=\dfrac{1}{x^2+y^2}$

解 $z=\dfrac{1}{x^2+y^2}$ 的间断点为 $(0,0)$。

（2）$z=\dfrac{2xy}{y-x^2}$

解 $z=\dfrac{2xy}{y-x^2}$ 的间断点为抛物线 $y=x^2$ 上的所有点。

（3）$u=\dfrac{1}{xyz}$

解 由于函数 $u=\dfrac{1}{xyz}$ 在 $xyz=0$ 处没定义，所以其间断点为三个坐标面上的一切点。

9. 设函数 $f(x,y)=\begin{cases}\dfrac{xy^4}{x^2+y^4}, & (x,y)\neq(0,0)\\[2mm] 0, & (x,y)=(0,0)\end{cases}$，

（1）证明函数 $f(x,y)$ 在点 $(0,0)$ 不连续；

（2）计算 $f'_x(0,0)$，$f'_y(0,0)$。

解 （1）虽然函数 $f(x,y)$ 在点 $(0,0)$ 有定义，但由于 $\lim\limits_{\substack{x=ky^2\to 0\\y\to 0}}\dfrac{xy^2}{x^2+y^4}=\lim\limits_{\substack{x=ky^2\to 0\\y\to 0}}\dfrac{ky^4}{k^2y^4+y^4}=\dfrac{k}{k^2+1}$，其极限值随着 k 的不同而改变，所以 $\lim\limits_{\substack{x\to 0\\y\to 0}}f(x,y)$ 不存在，从而不连续。

（2）由偏导数定义求给定点的偏导数。

$$f'_x(0,0)=\lim\limits_{\Delta x\to 0}\dfrac{f(0+\Delta x,0)-f(0,0)}{\Delta x}=\lim\limits_{\Delta x\to 0}\dfrac{\dfrac{(0+\Delta x)\times 0^4}{(0+\Delta x)^2+0^4}}{\Delta x}=0 ;$$同理有

$$f'_y(0,0)=\lim\limits_{\Delta x\to 0}\dfrac{f(0,0+\Delta y)-f(0,0)}{\Delta y}=0。$$

10. 证明：$f'_x(x,b)=\dfrac{\mathrm{d}}{\mathrm{d}x}[f(x,b)]$。

证 令 $\varphi(x)=f(x,b)$，则

$$\dfrac{\mathrm{d}}{\mathrm{d}x}[f(x,b)]=\varphi'(x)=\lim\limits_{\Delta x\to 0}\dfrac{\varphi(x+\Delta x)-\varphi(x)}{\Delta x}$$

$$= \lim_{\Delta x \to 0} \frac{f(x+\Delta x,b)-f(x,b)}{\Delta x} = f'_x(x,b)$$

11. 求下列函数的偏导数。

（1）$z = x+y+\dfrac{1}{xy}$

解 $\dfrac{\partial z}{\partial x} = 1-\dfrac{1}{x^2 y}$，$\dfrac{\partial z}{\partial y} = 1-\dfrac{1}{xy^2}$。

（2）$z = \sqrt{1-x^2-y^2}$

解 $\dfrac{\partial z}{\partial x} = \dfrac{-x}{\sqrt{1-x^2-y^2}}$，$\dfrac{\partial z}{\partial y} = \dfrac{-y}{\sqrt{1-x^2-y^2}}$。

（3）$z = y^{\ln x}$，$(y>0 \neq 1)$

解 $\dfrac{\partial z}{\partial x} = y^{\ln x}\ln y \cdot \dfrac{1}{x} = \dfrac{y^{\ln x}\ln y}{x}$，$\dfrac{\partial z}{\partial y} = y^{\ln x-1} \cdot \ln x$。

（4）$z = \ln(x+\ln y)$

解 $\dfrac{\partial z}{\partial x} = \dfrac{1}{x+\ln y}$，$\dfrac{\partial z}{\partial y} = \dfrac{\dfrac{1}{y}}{x+\ln y} = \dfrac{1}{y(x+\ln y)}$。

（5）$z = e^{-\sin^2(xy^2)}$

解 $\dfrac{\partial z}{\partial x} = e^{-\sin^2(xy^2)}\left[-2\sin(xy^2)\cos(xy^2)(y^2)\right] = -y^2\sin(2xy^2)e^{-\sin^2(xy^2)}$

$\dfrac{\partial z}{\partial y} = e^{-\sin^2(xy^2)}\left[-2\sin(xy^2)\cos(xy^2)(2xy)\right] = -2xy\sin(2xy^2)e^{-\sin^2(xy^2)}$

（6）$z = \tan(xy-x^2)$

解 $\dfrac{\partial z}{\partial x} = \sec^2(xy-x^2)(y-2x)$，$\dfrac{\partial z}{\partial y} = x \cdot \sec^2(xy-x^2)$

（7）$u = y\sin(xy)+z^2$

解 $\dfrac{\partial u}{\partial x} = y^2\cos(xy)$，$\dfrac{\partial u}{\partial y} = \sin(xy)+xy\cos(xy)$，$\dfrac{\partial u}{\partial z} = 2z$

（8）$u = x-\cos(xy)+\arctan\dfrac{z}{y}$

解 $\dfrac{\partial u}{\partial x} = 1+y\sin(xy)$，$\dfrac{\partial u}{\partial y} = x\sin(xy)-\dfrac{z}{y^2+z^2}$，$\dfrac{\partial u}{\partial z} = \dfrac{y}{y^2+z^2}$

12. 求下列函数在给定点的偏导数。

（1）已知 $z = x^{\frac{1}{y}}$，求 $\dfrac{\partial z}{\partial x}\Big|_{(1,1)}$，$\dfrac{\partial z}{\partial y}\Big|_{(1,1)}$。

解 $\because \dfrac{\partial z}{\partial x} = \dfrac{1}{y} \cdot x^{\frac{1}{y}-1}$，$\therefore \dfrac{\partial z}{\partial x}\Big|_{(1,1)} = 1$

$\because \dfrac{\partial z}{\partial y} = x^{\frac{1}{y}}\ln x \cdot \left(\dfrac{-1}{y^2}\right)$，$\therefore \dfrac{\partial z}{\partial y}\Big|_{(1,1)} = 0$

（2）已知 $z = x+(y-1)\arcsin\sqrt{\dfrac{x}{y}}$，求 $\dfrac{\partial z}{\partial x}\Big|_{(x,1)}$。

解 $\dfrac{\partial z}{\partial x}=1+(y-1)\cdot\dfrac{1}{\sqrt{1-\left(\sqrt{\dfrac{x}{y}}\right)^{2}}}\cdot\dfrac{1}{2\sqrt{\dfrac{x}{y}}}\cdot\dfrac{1}{y}$, $\quad\dfrac{\partial z}{\partial x}\Big|_{(x,1)}=1$

（3）已知 $u=x^{2}+\sqrt{y-z^{2}}$，求 $\dfrac{\partial u}{\partial x}\Big|_{(1,2,1)}$，$\dfrac{\partial u}{\partial y}\Big|_{(1,2,1)}$，$\dfrac{\partial u}{\partial z}\Big|_{(1,2,1)}$。

解 $\dfrac{\partial u}{\partial x}=2x$，$\quad\dfrac{\partial u}{\partial x}\Big|_{(1,2,1)}=2$

$\dfrac{\partial u}{\partial y}=\dfrac{1}{2\sqrt{y-z^{2}}}$，$\quad\dfrac{\partial u}{\partial y}\Big|_{(1,2,1)}=\dfrac{1}{2}$

$\dfrac{\partial u}{\partial z}=\dfrac{-2z}{2\sqrt{y-z^{2}}}=-\dfrac{z}{\sqrt{y-z^{2}}}$，$\quad\dfrac{\partial u}{\partial z}\Big|_{(1,2,1)}=-1$

13. 求下列函数的二阶偏导数。

（1） $z=x^{3}-y^{3}+2x^{2}y$

解 $\dfrac{\partial z}{\partial x}=3x^{2}+4xy$，$\quad\dfrac{\partial z}{\partial y}=-3y^{2}+2x^{2}$，$\quad\dfrac{\partial^{2}z}{\partial x^{2}}=6x+4y$，$\quad\dfrac{\partial^{2}z}{\partial x\partial y}=4x$，

$\dfrac{\partial^{2}z}{\partial y^{2}}=-6y$，$\quad\dfrac{\partial^{2}z}{\partial y\partial x}=4x$。

（2） $z=x\ln(x+y)$

解 $\dfrac{\partial z}{\partial x}=\ln(x+y)+\dfrac{x}{x+y}$，$\quad\dfrac{\partial z}{\partial y}=\dfrac{x}{x+y}$，$\quad\dfrac{\partial^{2}z}{\partial x^{2}}=\dfrac{1}{x+y}+\dfrac{y}{(x+y)^{2}}$

$\dfrac{\partial^{2}z}{\partial x\partial y}=\dfrac{1}{x+y}-\dfrac{x}{(x+y)^{2}}$，$\quad\dfrac{\partial^{2}z}{\partial y^{2}}=-\dfrac{x}{(x+y)^{2}}$，$\quad\dfrac{\partial^{2}z}{\partial y\partial x}=\dfrac{y}{(x+y)^{2}}$

（3） $z=\dfrac{\cos x^{2}}{y}$

$\dfrac{\partial z}{\partial x}=-\dfrac{2x\sin x^{2}}{y}$，$\quad\dfrac{\partial z}{\partial y}=-\dfrac{\cos x^{2}}{y^{2}}$，

解 $\dfrac{\partial^{2}z}{\partial x^{2}}=-\dfrac{2\sin x^{2}+4x\cos x^{2}}{y}$

$\dfrac{\partial^{2}z}{\partial x\partial y}=\dfrac{2x\sin x^{2}}{y^{2}}$，$\quad\dfrac{\partial^{2}z}{\partial y^{2}}=\dfrac{2\cos x^{2}}{y^{3}}$，$\quad\dfrac{\partial^{2}z}{\partial y\partial x}=\dfrac{2x\sin x^{2}}{y^{2}}$

（4） $z=\arctan\dfrac{y}{x}$

解 $\dfrac{\partial z}{\partial x}=\dfrac{1}{1+\left(\dfrac{y}{x}\right)^{2}}\left(-\dfrac{y}{x^{2}}\right)=-\dfrac{y}{x^{2}+y^{2}}$，$\quad\dfrac{\partial z}{\partial y}=\dfrac{1}{1+\left(\dfrac{y}{x}\right)^{2}}\left(\dfrac{1}{x}\right)=\dfrac{x}{x^{2}+y^{2}}$

$\dfrac{\partial^{2}z}{\partial x^{2}}=\dfrac{2xy}{(x^{2}+y^{2})^{2}}$，$\quad\dfrac{\partial^{2}z}{\partial y^{2}}=-\dfrac{2xy}{(x^{2}+y^{2})^{2}}$

$\dfrac{\partial^{2}z}{\partial x\partial y}=\dfrac{y^{2}-x^{2}}{(x^{2}+y^{2})^{2}}$，$\quad\dfrac{\partial^{2}z}{\partial y\partial x}=\dfrac{y^{2}-x^{2}}{(x^{2}+y^{2})^{2}}$

14. 验证 $z = \ln(e^x + e^y)$ 满足方程: $\dfrac{\partial^2 z}{\partial x^2} \cdot \dfrac{\partial^2 z}{\partial y^2} - \left(\dfrac{\partial^2 z}{\partial x \partial y}\right)^2 = 0$。

证　因为 $\dfrac{\partial z}{\partial x} = \dfrac{e^x}{e^x + e^y}$,　$\dfrac{\partial z}{\partial y} = \dfrac{e^y}{e^x + e^y}$,　$\dfrac{\partial^2 z}{\partial x^2} = \dfrac{e^{x+y}}{(e^x + e^y)^2}$,

$$\dfrac{\partial^2 z}{\partial x \partial y} = \dfrac{-e^{x+y}}{(e^x + e^y)^2},\quad \dfrac{\partial^2 z}{\partial y^2} = \dfrac{e^{x+y}}{(e^x + e^y)^2}\,;$$

所以 $\dfrac{\partial^2 z}{\partial x^2} \cdot \dfrac{\partial^2 z}{\partial y^2} - \left(\dfrac{\partial^2 z}{\partial x \partial y}\right)^2 = \dfrac{e^{x+y}}{(e^x + e^y)^2} \cdot \dfrac{e^{x+y}}{(e^x + e^y)^2} - \left[\dfrac{-e^{x+y}}{(e^x + e^y)^2}\right]^2 = 0$。

15. 设 $u = \dfrac{1}{\sqrt{x^2 + y^2 + z^2}}$, 求证 $\dfrac{\partial^2 u}{\partial x^2} + \dfrac{\partial^2 u}{\partial y^2} + \dfrac{\partial^2 u}{\partial z^2} = 0$。

证　因为 $\dfrac{\partial u}{\partial x} = \dfrac{1}{\left(\sqrt{x^2+y^2+z^2}\right)^2} \cdot \dfrac{-2x}{2\sqrt{x^2+y^2+z^2}} = -\dfrac{x}{(x^2+y^2+z^2)^{\frac{3}{2}}}$,

$$\dfrac{\partial^2 u}{\partial x^2} = \dfrac{2x^2 - y^2 - z^2}{(x^2+y^2+z^2)^{\frac{5}{2}}},\quad \dfrac{\partial^2 u}{\partial y^2} = \dfrac{2y^2 - x^2 - z^2}{(x^2+y^2+z^2)^{\frac{5}{2}}},\quad \dfrac{\partial^2 u}{\partial z^2} = \dfrac{2z^2 - x^2 - y^2}{(x^2+y^2+z^2)^{\frac{5}{2}}},$$

所以 $\dfrac{\partial^2 u}{\partial x^2} + \dfrac{\partial^2 u}{\partial y^2} + \dfrac{\partial^2 u}{\partial z^2} = 0$。

16. 求函数 $z = \dfrac{y^2}{x}$ 在 $x = 1, y = 1, \Delta x = 0.15, \Delta y = 0.1$ 的全改变量与全微分。

解　全改变量 $\Delta z = \dfrac{(y + \Delta y)^2}{x + \Delta x} - \dfrac{y^2}{x}$, 将 $x = 1, y = 1, \Delta x = 0.15, \Delta y = 0.1$ 代入有 $\Delta z = 0.0522$。

全微分 $\mathrm{d}z = \dfrac{\partial z}{\partial x}\mathrm{d}x + \dfrac{\partial z}{\partial y}\mathrm{d}y = -\dfrac{y^2}{x^2}\mathrm{d}x + \dfrac{2y}{x}\mathrm{d}y$, 将 $x = 1, y = 1, \Delta x = 0.15, \Delta y = 0.1$, 代入有 $\mathrm{d}z = 0.0500$。

可见, $\Delta z = 0.0522 \approx 0.0500 = \mathrm{d}z$。

17. 求下列函数的全微分。

(1) $z = xy^2 \ln \dfrac{y}{x}$

解　$\dfrac{\partial z}{\partial x} = y^2 \left(\ln \dfrac{y}{x} - 1\right)$,　$\dfrac{\partial z}{\partial y} = xy \left(2\ln \dfrac{y}{x} + 1\right)$,

$$\mathrm{d}z = y^2 \left(\ln \dfrac{y}{x} - 1\right)\mathrm{d}x + xy \left(2\ln \dfrac{y}{x} + 1\right)\mathrm{d}y。$$

(2) $z = \dfrac{x+y}{x-y}$

解　$\dfrac{\partial z}{\partial x} = -\dfrac{2y}{(x-y)^2}$,　$\dfrac{\partial z}{\partial y} = \dfrac{2x}{(x-y)^2}$,　$\mathrm{d}z = -\dfrac{2y}{(x-y)^2}\mathrm{d}x + \dfrac{2x}{(x-y)^2}\mathrm{d}y$。

(3) $z = \sin \dfrac{x}{y} \cdot \cos \dfrac{y}{x}$

解　$\dfrac{\partial z}{\partial x} = \dfrac{\cos \dfrac{x}{y} \cdot \cos \dfrac{y}{x}}{y} + \dfrac{y\sin \dfrac{x}{y} \cdot \sin \dfrac{y}{x}}{x^2}$,　$\dfrac{\partial z}{\partial y} = -\dfrac{x\cos \dfrac{x}{y} \cdot \cos \dfrac{y}{x}}{y^2} - \dfrac{\sin \dfrac{x}{y} \cdot \sin \dfrac{y}{x}}{x}$,

$$dz = \left[\frac{\cos\dfrac{x}{y}\cdot\cos\dfrac{y}{x}}{y} + \frac{y\sin\dfrac{x}{y}\cdot\sin\dfrac{y}{x}}{x^2}\right]dx - \left[\frac{x\cos\dfrac{x}{y}\cdot\cos\dfrac{y}{x}}{y^2} + \frac{\sin\dfrac{x}{y}\cdot\sin\dfrac{y}{x}}{x}\right]dy。$$

(4) $u = \left(\dfrac{x}{y}\right)^z$

解 $\dfrac{\partial u}{\partial x} = z\left(\dfrac{x}{y}\right)^{z-1}\cdot\dfrac{1}{y} = \dfrac{z}{y}\left(\dfrac{x}{y}\right)^{z-1}$, $\quad \dfrac{\partial u}{\partial y} = z\left(\dfrac{x}{y}\right)^{z-1}\left(-\dfrac{x}{y^2}\right) = -\dfrac{xz}{y^2}\left(\dfrac{x}{y}\right)^{z-1}$,

$\dfrac{\partial u}{\partial z} = \left(\dfrac{x}{y}\right)^z\ln\left(\dfrac{x}{y}\right)$, $du = \dfrac{z}{y}\left(\dfrac{x}{y}\right)^{z-1}dx - \dfrac{xz}{y^2}\left(\dfrac{x}{y}\right)^{z-1}dy + \left(\dfrac{x}{y}\right)^z\ln\left(\dfrac{x}{y}\right)dz。$

(5) $z = 2^{\left(\frac{x}{y}+e^{xy}\right)}$

解 $dz = 2^{\left(\frac{x}{y}+e^{xy}\right)}\ln2\,d\left(\dfrac{x}{y}+e^{xy}\right) = (\ln2)2^{\left(\frac{x}{y}+e^{xy}\right)}\left[\left(\dfrac{1}{y}+ye^{xy}\right)dx + \left(xe^{xy}-\dfrac{x}{y^2}\right)dy\right]。$

(6) 已知 $z = f[x+\phi(y)]$, 其中 f, ϕ 是二阶可微函数。

解 因为 $\dfrac{\partial z}{\partial x} = f'[x+\phi(y)]\times1 = f'[x+\phi(y)], \dfrac{\partial z}{\partial y} = f'[x+\phi(y)]\cdot\phi'(y)$,

所以 $dz = f'[x+\phi(y)]\{dx+\phi'(y)dy\}。$

18. 用复合函数求导法则求下列函数的偏导数(或导数)。

(1) 设 $z = u^2v - uv^2$, 且 $u = x\cos y, v = x\sin y$, 求 $\dfrac{\partial z}{\partial x}, \dfrac{\partial z}{\partial y}$。

解 $\dfrac{\partial z}{\partial x} = \dfrac{\partial f}{\partial u}\cdot\dfrac{\partial u}{\partial x} + \dfrac{\partial f}{\partial v}\cdot\dfrac{\partial v}{\partial x} = (2uv-v^2)\cos y + (u^2-2uv)\sin y$

$\qquad\qquad = 3x^2\sin y\cos y(\cos y-\sin y)$;

$\dfrac{\partial z}{\partial y} = \dfrac{\partial f}{\partial u}\cdot\dfrac{\partial u}{\partial y} + \dfrac{\partial f}{\partial v}\cdot\dfrac{\partial v}{\partial y} = (2uv-v^2)(-x\sin y) + (u^2-2uv)x\cos y$

$\qquad\qquad = x^3(\sin y+\cos y)(1-3\sin y\cos y)。$

(2) 设 $z = e^{x-2y}, x = \sin t, y = t^3$, 求 $\dfrac{dz}{dt}$。

解 $\dfrac{dz}{dt} = \dfrac{\partial f}{\partial x}\cdot\dfrac{dx}{dt} + \dfrac{\partial f}{\partial y}\cdot\dfrac{dy}{dt} = e^{x-2y}\cdot\cos t + e^{x-2y}(-2)\cdot3t^2 = e^{\sin t-2t^3}(\cos t-6t^2)。$

(3) 设 $z = \arcsin\dfrac{x}{y}, y = \sqrt{x^2+1}$, 求 $\dfrac{dz}{dx}$。

解 $\dfrac{dz}{dx} = \dfrac{\partial f}{\partial x}\cdot1 + \dfrac{\partial f}{\partial y}\cdot\dfrac{dy}{dx} = \dfrac{1}{\sqrt{1-\left(\dfrac{x}{y}\right)^2}}\left(\dfrac{1}{y}\right) + \dfrac{1}{\sqrt{1-\left(\dfrac{x}{y}\right)^2}}\left(-\dfrac{x}{y^2}\right)\cdot\dfrac{2x}{2\sqrt{x^2+1}}$

$\qquad\quad = \dfrac{1}{x^2+1}$

(4) 设 $z = \tan(3t+2x^2-y^2), x = \dfrac{1}{t}, y = \sqrt{t}$, 求 $\dfrac{dz}{dt}$。

解 $\dfrac{dz}{dt} = \dfrac{\partial f}{\partial t} + \dfrac{\partial f}{\partial x}\cdot\dfrac{dx}{dt} + \dfrac{\partial f}{\partial y}\cdot\dfrac{dy}{dt} = \sec^2(3t+2x^2-y^2)\cdot\left[3+4x\cdot\left(-\dfrac{1}{t^2}\right)-2y\cdot\dfrac{1}{2\sqrt{t}}\right]$

$$= 2\left(1-\frac{2}{t^3}\right)\sec^2 2\left(t+\frac{1}{t^2}\right)$$

（5）设 $z=f(ax+by,cx^2+dy^2)$，a,b,c,d 为常数，求 $\dfrac{\partial z}{\partial x}$，$\dfrac{\partial z}{\partial y}$。

解 令 $u=ax+by$，$v=cx^2+dy^2$

$$\frac{\partial z}{\partial x}=\frac{\partial f}{\partial u}\cdot\frac{\partial u}{\partial x}+\frac{\partial f}{\partial v}\cdot\frac{\partial v}{\partial x}=a\frac{\partial f}{\partial u}+2cx\frac{\partial f}{\partial v}$$

$$\frac{\partial z}{\partial y}=\frac{\partial f}{\partial u}\cdot\frac{\partial u}{\partial y}+\frac{\partial f}{\partial v}\cdot\frac{\partial v}{\partial y}=b\frac{\partial f}{\partial u}+2dy\frac{\partial f}{\partial v}$$

（6）设 $z=f(x^2-y^2,\mathrm{e}^{2x})$，求 $\dfrac{\partial z}{\partial x}$，$\dfrac{\partial z}{\partial y}$。

解 引入 $u=x^2-y^2$，$v=\mathrm{e}^{2x}$，有 $z=f(u,v)$

由链式法则

$$\frac{\partial z}{\partial x}=\frac{\partial f}{\partial u}\cdot\frac{\partial u}{\partial x}+\frac{\partial f}{\partial v}\cdot\frac{\partial v}{\partial x}=2x\cdot\frac{\partial f}{\partial u}+2\mathrm{e}^{2x}\frac{\partial f}{\partial v}$$

$$\frac{\partial z}{\partial y}=\frac{\partial f}{\partial u}\cdot\frac{\partial u}{\partial y}=-2y\cdot\frac{\partial f}{\partial u}$$

（7）设 $w=f(u,v)$，$u=x+y+z$，$v=x^2+y^2+z^2$，求 $\dfrac{\partial w}{\partial x}$，$\dfrac{\partial w}{\partial y}$，$\dfrac{\partial w}{\partial z}$，$\dfrac{\partial^2 w}{\partial x\partial y}$。

解 $\dfrac{\partial w}{\partial x}=\dfrac{\partial f}{\partial u}\cdot\dfrac{\partial u}{\partial x}+\dfrac{\partial f}{\partial v}\cdot\dfrac{\partial v}{\partial x}=f_u'\cdot 1+f_v'\cdot 2x=f_u'+2x\cdot f_v'$

$\dfrac{\partial w}{\partial y}=\dfrac{\partial f}{\partial u}\cdot\dfrac{\partial u}{\partial y}+\dfrac{\partial f}{\partial v}\cdot\dfrac{\partial v}{\partial y}=f_u'\cdot 1+f_v'\cdot 2y=f_u'+2y\cdot f_v'$

$\dfrac{\partial w}{\partial z}=\dfrac{\partial f}{\partial u}\cdot\dfrac{\partial u}{\partial z}+\dfrac{\partial f}{\partial v}\cdot\dfrac{\partial v}{\partial z}=f_u'\cdot 1+f_v'\cdot 2z=f_u'+2z\cdot f_v'$

$\dfrac{\partial^2 w}{\partial x\partial y}=f_{uu}''\cdot 1+f_{uv}''\cdot 2y+2x(f_{vu}''\cdot 1+f_{vv}''\cdot 2y)=f_{uu}''+2y\cdot f_{uv}''+2x\cdot f_{vu}''+4xyf_{vv}''$

（8）设 $z=xy+xf(u)$，$u=\dfrac{y}{x}$，f 是可微的，求 $x\dfrac{\partial z}{\partial x}+y\dfrac{\partial z}{\partial y}$。

解 因为 $\dfrac{\partial z}{\partial x}=y+f(u)+xf'(u)\left(-\dfrac{y}{x^2}\right)=y+f(u)-\dfrac{y}{x}\cdot f'(u)$，$\dfrac{\partial z}{\partial y}=x+xf'(u)\left(\dfrac{1}{x}\right)=x+f'(u)$，

所以 $x\dfrac{\partial z}{\partial x}+y\dfrac{\partial z}{\partial y}=x\left[y+f(u)-\dfrac{y}{x}\cdot f'(u)\right]+y\left[x+f'(u)\right]=z+xy$。

19. 求由下列方程所确定函数的偏导数（或导数）。

（1）设由方程 $\sin y+\mathrm{e}^x-xy^2=0$ 确定 $y=f(x)$，求 y'。

解 方法一 方程两边同时对 x 求导，有 $\cos y\cdot y'+\mathrm{e}^x-y^2-2xy\cdot y'=0$，

整理有 $y'=\dfrac{y^2-\mathrm{e}^x}{\cos y-2xy}$（$\cos y-2xy\neq 0$ 时）。

方法二 令 $F(x,y)=\sin y+\mathrm{e}^x-xy^2$

因为 $F_x'=\mathrm{e}^x-y^2$，$F_y'=\cos y-2xy$，所以当 $F_y'=\cos y-2xy\neq 0$ 时，

$$y' = -\frac{F_x'}{F_y'} = \frac{y^2 - e^x}{\cos y - 2xy}.$$

（2）设由方程 $\dfrac{x}{z} = \ln \dfrac{z}{y}$ 确定 $z = f(x, y)$，求 z_x', z_y'。

解 令 $F(x, y, z) = \dfrac{x}{z} - \ln \dfrac{z}{y}$

因为 $F_x' = \dfrac{1}{z}$，$\quad F_y' = -\dfrac{1}{\dfrac{z}{y}} \cdot \left(-\dfrac{z}{y^2}\right) = \dfrac{1}{y}$，$\quad F_z' = \left(-\dfrac{x}{z^2}\right) - \dfrac{1}{z} = -\dfrac{x+z}{z^2}$，

所以当 $F_z' \neq 0$ 时，

$$\frac{\partial z}{\partial x} = -\frac{F_x'}{F_z'} = -\frac{\dfrac{1}{z}}{-\dfrac{x+z}{z^2}} = \frac{z}{x+z}, \quad \frac{\partial z}{\partial y} = -\frac{F_y'}{F_z'} = -\frac{\dfrac{1}{y}}{-\dfrac{x+z}{z^2}} = \frac{z^2}{y(x+z)}.$$

（3）设由方程 $2xz - 2xyz + \ln(xyz) = 0$ 确定 $z = f(x, y)$，求 $\dfrac{\partial z}{\partial x}, \dfrac{\partial z}{\partial y}$。

解 令 $F(x, y, z) = 2xz - 2xyz + \ln(xyz)$

因为 $F_x' = 2z - 2yz + \dfrac{1}{x}$，$\quad F_y' = -2xz + \dfrac{1}{y}$，$\quad F_z' = 2x - 2xy + \dfrac{1}{z}$，

所以当 $F_z' \neq 0$ 时，

$$\frac{\partial z}{\partial x} = -\frac{F_x'}{F_z'} = -\frac{2z - 2yz + \dfrac{1}{x}}{2x - 2xy + \dfrac{1}{z}} = -\frac{z}{x}, \quad \frac{\partial z}{\partial y} = -\frac{F_y'}{F_z'} = -\frac{-2xz + \dfrac{1}{y}}{2x - 2xy + \dfrac{1}{z}} = \frac{z(2xyz - 1)}{y(2xz - 2xyz + 1)}.$$

（4）由方程 $xyz + \sqrt{x^2 + y^2 + z^2} = \sqrt{2}$ 确定 $z = f(x, y)$，求 $\dfrac{\partial z}{\partial x}\bigg|_{(1,0,-1)}, \dfrac{\partial z}{\partial y}\bigg|_{(1,0,-1)}$。

解 令 $F(x, y, z) = xyz + \sqrt{x^2 + y^2 + z^2} - \sqrt{2}$
因为

$$F_x' = yz + \frac{x}{\sqrt{x^2+y^2+z^2}}, \quad F_y' = xz + \frac{y}{\sqrt{x^2+y^2+z^2}}, \quad F_z' = xy + \frac{z}{\sqrt{x^2+y^2+z^2}},$$

所以当 $F_z' \neq 0$ 时，

$$\frac{\partial z}{\partial x} = -\frac{F_x'}{F_z'} = -\frac{yz\sqrt{x^2+y^2+z^2} + x}{xy\sqrt{x^2+y^2+z^2} + z}, \quad \frac{\partial z}{\partial y} = -\frac{F_y'}{F_z'} = -\frac{xz\sqrt{x^2+y^2+z^2} + y}{xy\sqrt{x^2+y^2+z^2} + z},$$

于是，$\dfrac{\partial z}{\partial x}\bigg|_{(1,0,-1)} = 1, \dfrac{\partial z}{\partial y}\bigg|_{(1,0,-1)} = -\sqrt{2}$。

20. 设 z 是由方程 $e^{x+y}\sin(x+z) = 0$ 所确定的 x, y 的函数，求 $\mathrm{d}z$。
解 令 $F(x, y, z) = e^{x+y}\sin(x+z)$
$$F_x' = e^{x+y}[\sin(x+z) + \cos(x+z)], \quad F_y' = e^{x+y}\sin(x+z),$$
$$F_z' = e^{x+y}\cos(x+z)$$

所以
$$\frac{\partial z}{\partial x}=-\frac{F'_x}{F'_z}=-\tan(x+z)-1,\qquad \frac{\partial z}{\partial y}=-\frac{F'_y}{F'_z}=-\tan(x+z)$$

于是
$$\mathrm{d}z=\frac{\partial z}{\partial x}\mathrm{d}x+\frac{\partial z}{\partial y}\mathrm{d}y=[-\tan(x+z)-1]\mathrm{d}x-\tan(x+z)\mathrm{d}y。$$

21. 计算 $(0.97)^{1.05}$ 的近似值。

解 设 $z=x^y$，$z'_x=yx^{y-1}$，$z'_y=x^y\ln x$，

令 $0.97=1-0.03$，$1.05=1+0.05$，$x_0=1$，$y_0=1$，$\Delta x=-0.03$，$\Delta y=0.05$，

则 $(0.97)^{1.05}\approx z(1,1)+z'_x(1,1)\mathrm{d}x+z'_y(1,1)\mathrm{d}y=1-0.03=0.97$。

22. 求下列函数的极值。

（1）$f(x,y)=x^2-(y-1)^2$

解 令 $\begin{cases}f'_x=2x=0\\ f'_y=-2(y-1)=0\end{cases}$，得驻点 $(0,1)$，又 $f''_{xx}=2$，$f''_{xy}=0$，$f''_{yy}=-2$。

因此 $A=f''_{xx}=2>0$，$B=f''_{xy}=0$，$C=f''_{yy}=-2$，由于 $B^2-AC=4>0$，所以函数的极值不存在。

（2）$f(x,y)=4(x+y)-x^2-y^2$

解 令 $\begin{cases}f'_x=4-2x=0\\ f'_y=4-2y=0\end{cases}$，得驻点 $(2,2)$，又 $f''_{xx}=-2$，$f''_{xy}=0$，$f''_{yy}=-2$。

因此 $A=f''_{xx}=-2<0$，$B=f''_{xy}=0$，$C=f''_{yy}=-2$，由于 $B^2-AC=-4<0$，$A<0$；所以 $f(2,2)=8$ 为极大值。

（3）$f(x,y)=xy+\dfrac{50}{x}+\dfrac{20}{y}$，$(x>0,y>0)$

解 令 $\begin{cases}f'_x=y-\dfrac{50}{x^2}=0\\[2mm] f'_y=x-\dfrac{20}{y^2}=0\end{cases}$，得驻点 $(5,2)$，又 $f''_{xx}=\dfrac{100}{x^3}$，$f''_{xy}=1$，$f''_{yy}=\dfrac{40}{y^3}$。

因此 $A=f''_{xx}=\dfrac{4}{5}>0$，$B=f''_{xy}=1$，$C=f''_{yy}=5$，由于 $B^2-AC=-3<0$，$A>0$；所以 $f(5,2)=30$ 为极小值。

（4）$f(x,y)=\sqrt{x^2+y^2}-1$

解 当 $(x,y)\neq(0,0)$ 时，偏导数为 $f'_x(x,y)=\dfrac{x}{\sqrt{x^2+y^2}}$，$f'_y(x,y)=\dfrac{y}{\sqrt{x^2+y^2}}$。而当 $(x,y)=(0,0)$ 时，$f'_x(x,y)$，$f'_y(x,y)$ 不存在。由极值的定义，当 $(x,y)\neq(0,0)$ 时，$f(x,y)=\sqrt{x^2+y^2}-1>f(0,0)$，因此，函数 $f(x,y)=\sqrt{x^2+y^2}-1$ 在点 $(0,0)$ 取得极小值，极小值为 $f(0,0)=-1$。

23. 求函数 $f(a,b)=\displaystyle\int_0^1(ax+b-x^2)^2\mathrm{d}x$ 的极小值点。

解 因为 $f(a,b)=\displaystyle\int_0^1(ax+b-x^2)^2\mathrm{d}x=\dfrac{1}{3}a^2+b^2-\dfrac{1}{2}a-\dfrac{2}{3}b+ab+\dfrac{1}{5}$，

$$f'_a(a,b)=\dfrac{2}{3}a-\dfrac{1}{2}+b,\qquad f'_b(a,b)=2b-\dfrac{2}{3}+a;$$

$$f''_{aa}(a,b)=\dfrac{2}{3},\qquad f''_{ab}(a,b)=1,\qquad f''_{bb}(a,b)=2;$$

令　　　　$f'_a(a,b) = \dfrac{2}{3}a - \dfrac{1}{2} + b = 0$，$f'_b(a,b) = 2b - \dfrac{2}{3} + a = 0$，得驻点 $\left(1, -\dfrac{1}{6}\right)$。

又因为 $A = f''_{aa}\left(1, -\dfrac{1}{6}\right) = \dfrac{2}{3}$，$B = f''_{ab}\left(1, -\dfrac{1}{6}\right) = 1$，$C = f''_{bb}\left(1, -\dfrac{1}{6}\right) = 2$，即有 $B^2 - AC =$

$-\dfrac{1}{3} < 0$，$A > 0$，由判定定理可知，函数在点 $\left(1, -\dfrac{1}{6}\right)$ 取得极小值。

24. 设某工厂生产甲种产品 M（吨）与所用两种材料 A,B 的数量 x,y（吨）之间的关系式为 $M(x,y) = 0.005x^2 y$，现在准备向银行贷款 150 万元购原料，已知 A,B 原料每吨单价分别为 1 万元和 2 万元，问怎样购进这两种原料，才能使生产的产品数量最多？

解　由题意 $x + 2y = 150$，$M(x,y) = 0.005x^2 y$。

问题可以由 $y = \dfrac{150-x}{2}$ 代入到函数 $M(x,y) = 0.005x^2 y$ 中，转化为一元函数 $M =$

$0.005x^2\left(\dfrac{150-x}{2}\right)$ 求最值。这里用二元函数求最值的方法，相当于求二元函数 $M(x,y) =$

$0.005x^2 y$ 在条件 $x + 2y = 150$ 下的最值。

构造拉格朗日函数 $L(x,y;\lambda) = 0.005x^2 y + \lambda(x + 2y - 150)$（$x > 0, y > 0$），求一阶偏导数，并令其为零，有

$$\begin{cases} L'_x = 0.01xy + \lambda = 0 \\ L'_y = 0.005x^2 + 2\lambda = 0 \\ L'_\lambda = x + 2y - 150 = 0 \end{cases}$$

解之，有 $x = 100, y = 25, \lambda = -25$。

因为在 $D = \{(x,y) \mid x > 0, y > 0\}$ 内，只有唯一驻点 $(100,25)$，而且实际问题最大值存在，所以驻点也是函数 $M(x,y) = 0.005x^2 y$ 的最大值点。其最大值为 $M(100,25) = 0.005 \times 100^2 \times 25 = 1\,250$（吨）。即购进 A 原料 100 吨，购进 B 原料 25 吨时，可使生产的产品最多。

25. 人体对某种药物的效应 E（以适当的单位度量）与给药量 x（单位）、给药后经过的时间 t（小时）有如下关系：

$$E = x^2(a-x)t^2 \mathrm{e}^{-t}$$

试求取得最大效应的药量与时间（a 为常数，代表可允许的最大药量）。

解　由题意 $E = x^2(a-x)t^2 \mathrm{e}^{-t}$ 的定义域为 $D = \{(x,y) \mid x > 0, t > 0\}$，这是一个开区域。求一阶偏导数 $E'_x = (2a-3x)x \cdot t^2 \cdot \mathrm{e}^{-t}$，$E'_t = x^2(a-x)t \cdot (2-t)\mathrm{e}^{-t}$。

令 $E'_x = 0$，得 $x = 0, t = 0, x = \dfrac{2}{3}a$。同理，$E'_t = 0$，得 $x = 0, t = 0, x = a, t = 2$。由实际问题最大值存在，且在定义域内只有 $x = \dfrac{2}{3}a, t = 2$ 满足要求，因此，当 $x = \dfrac{2}{3}a, t = 2$ 时取得最大效应。

26. 在椭球面 $\dfrac{x^2}{a^2} + \dfrac{y^2}{b^2} + \dfrac{z^2}{c^2} = 1$（$a > 0, b > 0, c > 0$）上求一点，使其三个坐标的乘积为最大。

解　设 (x,y,z) 为椭球面上的任意一点，三个坐标的乘积 $f(x,y,z) = xyz$，由对称性仅讨论第一卦限，其定义域为 $D = \{(x,y,z) \mid x > 0, y > 0, z > 0\}$。依题意即求函数 $f(x,y,z) = xyz$ 在条件 $\dfrac{x^2}{a^2} + \dfrac{y^2}{b^2} + \dfrac{z^2}{c^2} = 1$ 下的最值问题。

为此作拉格朗日函数

$$L(x,y,z;\lambda)=xyz+\lambda\left(\frac{x^2}{a^2}+\frac{y^2}{b^2}+\frac{z^2}{c^2}-1\right)$$

求偏导数并令其为零,有

$$\begin{cases} L'_x=yz+\dfrac{2\lambda x}{a^2}=0 \\[2mm] L'_y=xz+\dfrac{2\lambda y}{b^2}=0 \\[2mm] L'_z=xy+\dfrac{2\lambda z}{c^2}=0 \\[2mm] L'_\lambda=\dfrac{x^2}{a^2}+\dfrac{y^2}{b^2}+\dfrac{z^2}{c^2}-1=0 \end{cases}$$

解之,有 $x=\dfrac{a}{\sqrt{3}},y=\dfrac{b}{\sqrt{3}},z=\dfrac{c}{\sqrt{3}}$,因为在定义域内驻点唯一,而且实际问题最值存在,所以

点 $\left(\dfrac{a}{\sqrt{3}},\dfrac{b}{\sqrt{3}},\dfrac{c}{\sqrt{3}}\right)$ 即为所求的点。由对称性可知,点 $\left(\dfrac{a}{\sqrt{3}},-\dfrac{b}{\sqrt{3}},-\dfrac{c}{\sqrt{3}}\right)$,$\left(-\dfrac{a}{\sqrt{3}},\dfrac{b}{\sqrt{3}},-\dfrac{c}{\sqrt{3}}\right)$,

$\left(-\dfrac{a}{\sqrt{3}},-\dfrac{b}{\sqrt{3}},\dfrac{c}{\sqrt{3}}\right)$ 亦满足题目要求。

27. 设平面上有 n 个质量为 m_i 的质点 $P(x_i,y_i)$,$i=1,2,\cdots,n$。试在平面上求一点 $Q(x,y)$,使该质点系对点 $Q(x,y)$ 的转动惯量为最小。

解　所给质点系对 $Q(x,y)$ 的转动惯量函数为

$$f(x,y)=\sum_{i=1}^{n}m\left[(x-x_i)^2+(y-y_i)^2\right]$$

求偏导数并令其为零,有

$$\begin{cases} \dfrac{\partial f}{\partial x}=2\sum_{i=1}^{n}m_i(x-x_i)=0 \\[3mm] \dfrac{\partial f}{\partial y}=2\sum_{i=1}^{n}m_i(y-y_i)=0 \end{cases}$$

解之即有

$$x=\frac{\displaystyle\sum_{i=1}^{n}m_i x_i}{\displaystyle\sum_{i=1}^{n}m_i},\quad y=\frac{\displaystyle\sum_{i=1}^{n}m_i y_i}{\displaystyle\sum_{i=1}^{n}m_i}$$

又因为 $A=f''_{xx}=2\sum_{i=1}^{n}m_i,B=f''_{xy}=0,C=f''_{yy}=2\sum_{i=1}^{n}m_i,B^2-AC<0,A>0$

所以点 $\left(\dfrac{\displaystyle\sum_{i=1}^{n}m_i x_i}{\displaystyle\sum_{i=1}^{n}m_i},\dfrac{\displaystyle\sum_{i=1}^{n}m_i y_i}{\displaystyle\sum_{i=1}^{n}m_i}\right)$ 为极小值点且唯一。而由实际问题最值存在,故质点系在该点处

的转动惯量为最小。

28. 设观测变量 x、y 得下列数据：

i	1	2	3	4	5	6	7	8
x_i	1	2	3	4	5	6	7	8
y_i	27.0	26.8	26.5	26.3	26.1	25.7	25.3	24.8

试求 y 对 x 的经验公式 $y=ax+b$。

解 由表中数据可计算得

$$\sum_{i=1}^{8} x_i = 36, \quad \sum_{i=1}^{8} x_i^2 = 204, \quad \sum_{i=1}^{8} y_i = 208.5, \quad \sum_{i=1}^{8} x_i y_i = 925.5$$

代入公式,得

$$a = \frac{925.5 - \frac{1}{8}(36 \times 208.5)}{204 - \frac{1}{8} \times 36^2} = -0.303\ 6$$

$$b = \frac{1}{8}\left[208.5 - (-0.303\ 6) \times 36\right] = 27.428\ 7$$

因此,所求的经验公式为 $y = -0.303\ 6x + 27.428\ 7$。

五、经典考题

1. 单项选择题

（1）已知 $z = \ln(x^2 - y)$,则 $\dfrac{\partial^2 z}{\partial x^2} = ($ ____ $)$

  A. $\dfrac{(x^2+y)}{(x^2-y)^2}$ 　　 B. $\dfrac{-(x^2+y)}{(x^2-y)^2}$ 　　 C. $\dfrac{-2(x^2+y)}{(x^2-y)^2}$ 　　 D. $\dfrac{2(x^2+y)}{(x^2-y)^2}$

（2）已知 $\mu = f(x^2 + y^2 + z^2)$,则 $\dfrac{\partial^2 \mu}{\partial x \partial y} = ($ ____ $)$

  A. $4xyf(x^2+y^2+z^2)$ 　　　　　　 B. $4xyf''(x^2+y^2+z^2)$

  C. $2(x+y)f(x^2+y^2+z^2)$ 　　　　 D. $2(x+y)f'(x^2+y^2+z^2)$

（3）设 $z = \ln(e^x - e^y)$,则 $\dfrac{\partial^2 z}{\partial x \partial y} = ($ ____ $)$

  A. $\dfrac{e^x}{(e^x-e^y)^2}$ 　　 B. $\dfrac{-e^{x+y}}{(e^x-e^y)^2}$ 　　 C. $\dfrac{e^{x+y}}{(e^x-e^y)^2}$ 　　 D. $\dfrac{e^y}{(e^x-e^y)^2}$

（4）设 $z = \sqrt{1-x^2-y^2}$,则 $\mathrm{d}z = ($ ____ $)$

  A. $\dfrac{-x}{\sqrt{1-x^2-y^2}}$ 　　 B. $\dfrac{-y}{\sqrt{1-x^2-y^2}}$ 　　 C. $\dfrac{\mathrm{d}x+\mathrm{d}y}{\sqrt{1-x^2-y^2}}$ 　　 D. $\dfrac{-(x\mathrm{d}x+y\mathrm{d}y)}{\sqrt{1-x^2-y^2}}$

（5）若 $z = \ln(1+x^2+y^2)$,则 $\mathrm{d}z\big|_{(1,1)} = ($ ____ $)$

  A. $\dfrac{2}{3}(\mathrm{d}x+\mathrm{d}y)$ 　　 B. $\mathrm{d}x+\mathrm{d}y$ 　　 C. $\sqrt{3}(\mathrm{d}x+\mathrm{d}y)$ 　　 D. $\dfrac{1}{2}(\mathrm{d}x+\mathrm{d}y)$

（6）设 $z = x^y$,则 $\mathrm{d}z = ($ ____ $)$

  A. $yx^{y-1}\mathrm{d}x + x^y\ln x\mathrm{d}y$ 　　　　 B. $yx^{y-1}\mathrm{d}y + x^y\ln x\mathrm{d}x$

  C. $yx^{y-1}\mathrm{d}x$ 　　　　　　　　　　 D. $x^y\ln x\mathrm{d}y$

（7）若由方程 $e^z-xz=0$ 所确定的隐函数 $z=f(x,y)$，则 $\dfrac{\partial z}{\partial x}=$（　　　）

  A. $\dfrac{z}{1+e^z}$ B. $\dfrac{z}{e^z-x}$ C. $\dfrac{z}{x(1+e^z)}$ D. $\dfrac{y}{1-e^z}$

（8）设函数 $f(x,y)$ 的驻点为 (x_0,y_0)，$A=f''_{xx}(x_0,y_0)$，$B=f''_{xy}(x_0,y_0)$，$C=f''_{yy}(x_0,y_0)$ 记 $\Delta=B^2-AC$，则点为极小值点的充分条件是（　　　）

  A. $\Delta<0,A>0$ B. $\Delta<0,A<0$ C. $\Delta>0,A>0$ D. $\Delta>0,A<0$

（9）点 $(0,0)$ 是 $z=xy$ 的（　　　）

  A. 极大值点   B. 极小值点   C. 非极值点   D. 非驻点

（10）点 $(0,0)$ 是 $z=x^2+y^2$ 的（　　　）

  A. 极大值点   B. 导数不存在的点

  C. 非极值点   D. 极小值点

（11）二元函数 $f(x,y)=\begin{cases}\dfrac{xy}{x^2+y^2} & (x,y)\neq(0,0)\\ 0 & (x,y)=(0,0)\end{cases}$ 在点 $(0,0)$ 处（　　　）

  A. 连续，偏导数存在   B. 连续但偏导数不存在

  C. 不连续，偏导数存在   D. 不连续，偏导数不存在

（12）考虑二元函数 $f(x,y)$ 的下面四条性质。

1）$f(x,y)$ 在点 (x_0,y_0) 处连续   2）$f(x,y)$ 在点 (x_0,y_0) 处的两个偏导数连续

3）$f(x,y)$ 在点 (x_0,y_0) 处可微   4）$f(x,y)$ 在点 (x_0,y_0) 处的两个偏导数存在

若用"$P\Rightarrow Q$"表示 P 推出 Q，则有（　　　）

  A. 2）$\Rightarrow$3）$\Rightarrow$1）   B. 3）$\Rightarrow$2）$\Rightarrow$1）   C. 3）$\Rightarrow$4）$\Rightarrow$1）   D. 3）$\Rightarrow$1）$\Rightarrow$4）

（13）已知函数 $f(x+y,x-y)=x^2-y^2$，则 $\dfrac{\partial f(x,y)}{\partial x}+\dfrac{\partial f(x,y)}{\partial y}=$（　　　）

  A. $2x-2y$ B. $x+y$ C. $2x+2y$ D. $x-y$

（14）函数 $f(x,y)$ 的偏导数 $f'_x(x,y)$，$f'_y(x,y)$ 在点 (x_0,y_0) 处连续是 $f(x,y)$ 在该点可微分的（　　　）

  A. 充分条件   B. 必要条件

  C. 充要条件   D. 既不是必要条件也不是充分条件

（15）$z=x^2-y^2+2x+y-7$ 的驻点是（　　　）

  A. $(1,2)$ B. $\left(-1,\dfrac{1}{2}\right)$ C. $\left(\dfrac{1}{2},-1\right)$ D. $\left(1,-\dfrac{1}{2}\right)$

2. 填空题

（1）点 $(2,-3,1)$ 关于 zOx 平面的对称点是＿＿＿＿＿＿。

（2）设 $f(x,y)=\dfrac{y}{x+y^2}$，则 $f\left(\dfrac{y}{x},1\right)=$＿＿＿＿＿＿。

（3）已知 $z=|xy^2|+\dfrac{y^2}{x}$，则 $z(1,-1)=$＿＿＿＿＿＿。

（4）函数 $z=\dfrac{x}{\sqrt{x+y}}-\dfrac{y}{\sqrt{x-y}}$ 的定义域是＿＿＿＿＿＿。

（5）设 $z = y^{\sin x}$，则 $\dfrac{\partial z}{\partial x} =$ _____。

（6）设 $z = (1 + xy)^y$，则 $\dfrac{\partial z}{\partial x}\bigg|_{(2,1)} =$ _____。

（7）设 $u = \sqrt{xy}$，则 $\dfrac{\partial u}{\partial x}\bigg|_{(1,1)} =$ _____。

（8）设 $z = e^{x^2 - y^2}$，则 $\dfrac{\partial z}{\partial y} =$ _____。

（9）若 $u = \ln(x + y^2 + z^3)$，则 $\left(\dfrac{\partial u}{\partial x} + \dfrac{\partial u}{\partial y} + \dfrac{\partial u}{\partial z} \right)\bigg|_{(1,1,1)} =$ _____。

（10）若 $z = \ln u, u = \cos x$，则 $\dfrac{\mathrm{d}z}{\mathrm{d}x} =$ _____。

（11）若 $z = e^{u+v}, u = \sin x, v = \cos x$，则 $\mathrm{d}z =$ _____。

（12）若 $z = 2^{xy}$，则 $\mathrm{d}z =$ _____。

（13）若 $z = f(x, y)$ 是由方程 $z^3 - xye^z = 0$ 确定的隐函数，则 $\dfrac{\partial z}{\partial y} =$ _____。

（14）若 $z = x^3 - 6xy + 4y^2$，则 $\dfrac{\partial^2 z}{\partial x \partial y} =$ _____。

（15）已知 $\lim\limits_{\Delta x \to 0} \dfrac{f(x_0 + k\Delta x, y_0) - f(x_0 - k\Delta x, y_0)}{4\Delta x} = f'_x(x_0, y_0)$，则 $k =$ _____。

3. 计算题

（1）设 $z = \sin y + f(\sin x - \sin y)$，其中 f 可微，求 $\sec x \dfrac{\partial z}{\partial x} + \sec y \dfrac{\partial z}{\partial y}$。

（2）设 $f(x, y) = \begin{cases} \dfrac{1}{xy}\sin x^2 y & xy \neq 0 \\ 0 & xy = 0 \end{cases}$，求 $f'_x(0, 1)$。

（3）设 $z = f(x, y)$ 是由方程 $e^z - xyz = 0$ 确定的函数，求 $\dfrac{\partial z}{\partial x}$。

（4）已知 $z = uv, u = \ln\sqrt{x^2 + y^2}, v = \arctan(xy)$，求 $\mathrm{d}z$。

（5）设 $u = f(2x^3 + 3y^2 + z)$，求 $\dfrac{\partial f}{\partial x}, \dfrac{\partial^2 f}{\partial x^2}$。

（6）设 $z = xyf(x + y, x - y)$，求 $\mathrm{d}z$。

4. 应用题

求由方程 $2x^2 + 2y^2 + z^2 + 8xz - z + 8 = 0$ 所确定的二元函数 $z = f(x, y)$ 的极值。

参 考 答 案

1. 单项选择题

（1）C　（2）B　$\dfrac{\partial u}{\partial x} = 2xf'(x^2 + y^2 + z^2), \dfrac{\partial^2 u}{\partial x \partial y} = 4xyf''(x^2 + y^2 + z^2)$　（3）B　（4）D　（5）A

（6）A　（7）B　（8）A　（9）C　（10）D

（11）C　一点的连续和偏导数是否存在,由连续和偏导数的定义讨论可知。

（12）A　由本章内容提要中的"几个关系"知选项 A 正确。

（13）B　因为 $f(x+y,x-y)=(x+y)(x-y)$,即 $f(x,y)=x\cdot y$,所以 $\dfrac{\partial f(x,y)}{\partial x}+\dfrac{\partial f(x,y)}{\partial y}=x+y$。

（14）A　根据二元函数偏导数存在且连续是全微分存在的充分条件,选 A。

（15）B

2. 填空题

（1）$(2,3,1)$　（2）$\dfrac{x}{x+y}$　（3）2　（4）$\{(x,y)\mid x+y>0,x-y>0\}$　（5）$y^{\sin x}\cos x\ln y$

（6）1　（7）$\dfrac{1}{2}$　（8）$-2ye^{x^2-y^2}$　（9）2　（10）$-\tan x$　（11）$e^{\sin x+\cos x}(\cos x-\sin x)\,dx$

（12）$2^{xy}\ln2(y\,dx+x\,dy)$　（13）$\dfrac{xe^z}{3z^2-xye^z}$　对 $z^3-xye^z=0$ 等式两边求 $\dfrac{\partial z}{\partial y}$,有 $3z^2\dfrac{\partial z}{\partial y}-\Big(xe^z+$

$xye^z\dfrac{\partial z}{\partial y}\Big)=0$,整理有 $\dfrac{\partial z}{\partial y}=\dfrac{xe^z}{3z^2-xye^z}$。　　（14）$-6$　（15）2

3. 计算题

（1）因为 $\dfrac{\partial z}{\partial x}=\cos x\cdot f'(\sin x-\sin y)$,　$\dfrac{\partial z}{\partial y}=\cos y-\cos y\cdot f'(\sin x-\sin y)$,

所以 $\sec x\dfrac{\partial z}{\partial x}+\sec y\dfrac{\partial z}{\partial y}=1$。

（2）由偏导数的定义

$$f'_x(0,1)=\lim_{\Delta x\to0}\frac{f(\Delta x,1)-f(0,1)}{\Delta x}=\lim_{\Delta x\to0}\frac{1}{\Delta x}\Big[\frac{1}{\Delta x}\sin(\Delta x)^2-0\Big]=1$$

（3）令 $F(x,y,z)=e^z-xyz$,因为 $F'_x=-yz,F'_y=-xz,F'_z=e^z-xy$,则有 $\dfrac{\partial z}{\partial x}=-\dfrac{F'_x}{F'_z}=-\Big(\dfrac{-yz}{e^z-xy}\Big)=$

$\dfrac{z}{x(z-1)}$。

（4）$\dfrac{\partial z}{\partial x}=\dfrac{\partial f}{\partial u}\cdot\dfrac{\partial u}{\partial x}+\dfrac{\partial f}{\partial v}\cdot\dfrac{\partial v}{\partial x}=v\cdot\dfrac{1}{\sqrt{x^2+y^2}}\cdot\dfrac{2x}{2\sqrt{x^2+y^2}}+u\cdot\dfrac{1}{1+(xy)^2}\cdot y$

$\qquad=v\cdot\dfrac{x}{x^2+y^2}+u\cdot\dfrac{y}{1+x^2y^2}=\dfrac{x\arctan(xy)}{x^2+y^2}+\dfrac{y\ln\sqrt{x^2+y^2}}{1+x^2y^2}$

$\dfrac{\partial z}{\partial y}=\dfrac{\partial f}{\partial u}\cdot\dfrac{\partial u}{\partial y}+\dfrac{\partial f}{\partial v}\cdot\dfrac{\partial v}{\partial y}=v\cdot\dfrac{1}{\sqrt{x^2+y^2}}\cdot\dfrac{2y}{2\sqrt{x^2+y^2}}+u\cdot\dfrac{1}{1+(xy)^2}\cdot x$

$\qquad=\dfrac{y\arctan(xy)}{x^2+y^2}+\dfrac{x\ln\sqrt{x^2+y^2}}{1+x^2y^2}$

$dz=\Big(\dfrac{x\arctan(xy)}{x^2+y^2}+\dfrac{y\ln\sqrt{x^2+y^2}}{1+x^2y^2}\Big)dx+\Big(\dfrac{y\arctan(xy)}{x^2+y^2}+\dfrac{x\ln\sqrt{x^2+y^2}}{1+x^2y^2}\Big)dy$

（5）$\dfrac{\partial f}{\partial x}=6x^2f'(2x^3+3y^2+z)$

$$\frac{\partial^2 f}{\partial x^2}=\frac{\partial\left[\,6x^2 f'\left(2x^3+3y^2+z\right)\,\right]}{\partial x}$$

$$=\frac{\partial 6x^2}{\partial x}f'\left(2x^3+3y^2+z\right)+6x^2\frac{\partial f'\left(2x^3+3y^2+z\right)}{\partial x}$$

$$=12xf'\left(2x^3+3y^2+z\right)+36x^4 f''\left(2x^3+3y^2+z\right)$$

（6）$\dfrac{\partial z}{\partial x}=yf(x+y,x-y)+xy\left[f_1'(x+y,x-y)+f_2'(x+y,x-y)\right]$

$$\frac{\partial z}{\partial y}=xf(x+y,x-y)+xy\left[f_1'(x+y,x-y)-f_2'(x+y,x-y)\right]$$

$$\mathrm{d}z=\left[\,yf(x+y,x-y)+xyf_1'(x+y,x-y)+xyf_2'(x+y,x-y)\,\right]\mathrm{d}x$$
$$+\left[\,xf(x+y,x-y)+xyf_1'(x+y,x-y)-xyf_2'(x+y,x-y)\,\right]\mathrm{d}y$$

4. 应用题

此题是方程所确定的隐函数求极值问题。首先求一阶偏导数,既可以用公式法也可以用方程两端同时对变量 x 或 y 求偏导数。而求二阶偏导数时,注意 $z=f(x,y)$ 是 x,y 的二元函数。

先求一阶偏导数

$$令\quad F(x,y,z)=2x^2+2y^2+z^2+8xz-z+8$$

$$F_x'=4x+8z,\quad F_y'=4y,\quad F_z'=2z+8x-1$$

于是
$$\frac{\partial z}{\partial x}=-\frac{F_x'}{F_z'}=\frac{-4x-8z}{2z+8x-1},\quad\frac{\partial z}{\partial y}=-\frac{F_y'}{F_z'}=\frac{-4y}{2z+8x-1}$$

也可以方程分别对 x,y 求偏导,有
$$4x+2zz_x'+8\left[z+xz_x'\right]-z_x'=0,\quad 4y+2zz_y'+8xz_y'-z_y'=0$$

求出一阶偏导数。

令 $\dfrac{\partial z}{\partial x}=0,\dfrac{\partial z}{\partial y}=0$,有 $y=0,x=-2z$,代入所给方程有 $7z^2+z-8=0$,解之,$z_1=1,z_2=-\dfrac{8}{7}$,于是

得驻点 $(-2,0),\left(\dfrac{16}{7},0\right)$。

再求二阶偏导数
$$\frac{\partial^2 z}{\partial x^2}=\frac{-4-2\left(z_x'\right)^2-16z_x'}{2z+8x-1},\quad\frac{\partial^2 z}{\partial y^2}=\frac{-4-2\left(z_y'\right)^2}{2z+8x-1},\quad\frac{\partial^2 z}{\partial x\partial y}=\frac{-2z_x'z_y'-8z_y'}{2z+8x-1}$$

在 $(-2,0)$ 处,$A=\dfrac{4}{15}>0,\quad B=0,\quad C=\dfrac{4}{15}$

在 $\left(\dfrac{16}{7},0\right)$ 处,$A=-\dfrac{4}{15}<0,\quad B=0,\quad C=-\dfrac{4}{15}$

在两点处均有 $B^2-AC<0$,故所给函数在点 $(-2,0)$ 处取得极小值 $z=1$,在点 $\left(\dfrac{16}{7},0\right)$ 取得

极大值 $z=-\dfrac{8}{7}$。

（杨洁　于芳）

第八章

多元函数的积分

一、内容提要

1. 二重积分的定义、直角坐标系下的表达式

（1）二重积分的定义：设函数 $f(x,y)$ 在有界闭区域 D 上有定义，将区域 D 任意分成 n 个小区域 $\Delta\sigma_1,\Delta\sigma_2,\cdots,\Delta\sigma_i$，其中 $\Delta\sigma_i$ 表示第 i 个小闭区域，也表示它的面积。在每个 $\Delta\sigma_i$ 上任取一点 (ξ_i,η_i)，作乘积 $f(\xi_i,\eta_i)\cdot\Delta\sigma_i(i=1,2,\cdots,n)$，并求和 $\sum_{i=1}^{n}f(\xi_i,\eta_i)\cdot\Delta\sigma_i$。若各个小区域的直径最大值即 $\lambda=\max\{d_i\mid i=1,2,\cdots,n\}$ 趋于零时该和的极限存在，且与闭区域 D 的分法及点 (ξ_i,η_i) 的取法无关，则称此极限为函数 $f(x,y)$ 在闭区域 D 上的二重积分，记作 $\iint\limits_{D}f(x,y)\mathrm{d}\sigma$，即

$$\iint\limits_{D}f(x,y)\mathrm{d}\sigma=\lim_{\lambda\to0}\sum_{i=1}^{n}f(\xi_i,\eta_i)\cdot\Delta\sigma_i$$

可以证明，若函数 $f(x,y)$ 在闭区域 D 上连续，则 $f(x,y)$ 在闭区域 D 上的二重积分一定存在（即 $f(x,y)$ 在闭区域 D 上可积）。

这是从曲顶柱体的体积与平面薄片的质量两个实际问题抽象出来的。

（2）直角坐标系下二重积分的表达式：由于面积元素 $\Delta\sigma_i$ 在区域 D 上的划分是任意的，用平行于 x 轴和 y 轴的直线来划分区域 D，此时 $\mathrm{d}\sigma=\mathrm{d}x\cdot\mathrm{d}y$，则

$$\iint\limits_{D}f(x,y)\mathrm{d}\sigma=\iint\limits_{D}f(x,y)\mathrm{d}x\mathrm{d}y$$

2. 二重积分的计算

（1）直角坐标系下二重积分的计算：通过讨论计算曲顶柱体的体积，推导出将二重积分化为二次定积分的乘积。具体计算公式为

$$\iint\limits_{D}f(x,y)\mathrm{d}x\mathrm{d}y=\int_{a}^{b}\mathrm{d}x\int_{\varphi_1(x)}^{\varphi_2(x)}f(x,y)\mathrm{d}y$$

$$\iint\limits_{D}f(x,y)\mathrm{d}x\mathrm{d}y=\int_{c}^{d}\mathrm{d}y\int_{\psi_1(y)}^{\psi_2(y)}f(x,y)\mathrm{d}x$$

利用公式计算时，关键是根据题意画出积分区域 D，然后确定积分顺序，以最简便为原则。

（2）极坐标系下二重积分的计算：利用微元法，即用"近似、求和"方法，推得在极坐标系下二重积分的公式

$$\iint\limits_{D}f(x,y)\mathrm{d}x\mathrm{d}y=\iint\limits_{D}f(r\cos\theta,r\sin\theta)r\mathrm{d}r\mathrm{d}\theta$$

凡是积分区域是圆域、扇形域、环形域等区域，被积函数如 $f(x^2+y^2)$ 的二重积分，采用极

坐标计算可使问题大为简化。

3. 曲线积分

（1）对弧长的曲线积分：采用"分割、取近似、求和、取极限"的方法，通过讨论曲线弧段上的质量分布，得到对弧长的曲线积分的定义式，即

$$\int_L f(x,y)\,\mathrm{d}s = \lim_{\lambda \to 0} \sum_{i=1}^{n} f(\xi_i, \eta_i)\Delta s_i$$

对弧长的曲线积分，虽然被积函数是 $f(x,y)$，但由于点 (x,y) 被限定在曲线弧 L 上，故 x,y 只有一个独立变量。利用 L 的方程可消去一个变量，将曲线积分化为定积分来计算。具体有四种情形：

$$\int_L f(x,y)\,\mathrm{d}s = \int_\alpha^\beta f[\phi(t),\varphi(t)]\sqrt{[\phi'(t)]^2 + [\varphi'(t)]^2}\,\mathrm{d}t$$
$$L:x=\phi(t),\quad y=\varphi(t)\quad (\alpha \leqslant t \leqslant \beta)$$

$$\int_L f(x,y)\,\mathrm{d}s = \int_a^b f[x,g(x)]\sqrt{1+[g'(x)]^2}\,\mathrm{d}x$$
$$L:y=g(x)\quad (a \leqslant x \leqslant b)$$

$$\int_L f(x,y)\,\mathrm{d}s = \int_c^d f[h(y),y]\sqrt{[h'(y)]^2+1}\,\mathrm{d}y$$
$$L:x=h(y)\quad (c \leqslant y \leqslant d)$$

$$\int_L f(x,y,z)\,\mathrm{d}s = \int_\alpha^\beta f[\phi(t),\varphi(t),\omega(t)]\sqrt{[\phi'(t)]^2+[\varphi'(t)]^2+[\omega'(t)]^2}\,\mathrm{d}t$$
$$L:x=\phi(t),\quad y=\varphi(t),\quad z=\omega(t)\quad (\alpha \leqslant t \leqslant \beta)$$

（2）对坐标的曲线积分：通过对变力沿曲线做功问题的讨论，采用对弧长曲线积分类似的方法，得到对坐标的曲线积分的定义式，即

$$\int_L P(x,y)\,\mathrm{d}x + Q(x,y)\,\mathrm{d}y = \lim_{\lambda \to 0} \sum_{i=1}^{n} [P(\xi_i,\eta_i)\Delta x_i + Q(\xi_i,\eta_i)\Delta y_i]$$

对坐标的曲线积分，$P(x,y),Q(x,y)$ 中点 (x,y) 同样限定在曲线 L 上（此时曲线弧 L 是光滑的有向曲线弧），故 x,y 也只有一个是独立变量，也可将曲线积分化为定积分。具体有四种情形：

$$\int_L P(x,y)\,\mathrm{d}x + Q(x,y)\,\mathrm{d}y = \int_\alpha^\beta \{P[\phi(t),\varphi(t)]\phi'(t) + Q[\phi(t),\varphi(t)]\varphi'(t)\}\,\mathrm{d}t$$
$$L:x=\phi(t),\quad y=\varphi(t)\quad (\alpha \leqslant t \leqslant \beta)$$

$$\int_L P(x,y)\,\mathrm{d}x + Q(x,y)\,\mathrm{d}y = \int_a^b \{P[x,g(x)] + Q[x,g(x)]g'(x)\}\,\mathrm{d}x$$
$$L:x=x,\quad y=g(x)\quad (a \leqslant x \leqslant b)$$

$$\int_L P(x,y)\,\mathrm{d}x + Q(x,y)\,\mathrm{d}y = \int_c^d \{P[h(y),y]h'(y) + Q[h(y),y]\}\,\mathrm{d}y$$
$$L:x=h(y),\quad y=y\quad (c \leqslant x \leqslant d)$$

$$\int_\Gamma P(x,y,z)\,\mathrm{d}x + Q(x,y,z)\,\mathrm{d}y + R(x,y,z)\,\mathrm{d}z$$
$$= \int_\alpha^\beta \{P[\phi(t),\varphi(t),\omega(t)]\phi'(t) + Q[\phi(t),\varphi(t),\omega(t)]\varphi'(t) + R[\phi(t),\varphi(t),\omega(t)]\omega'(t)\}\,\mathrm{d}t$$
$$\Gamma:x=\phi(t),y=\varphi(t),z=\omega(t)\quad (\alpha \leqslant t \leqslant \beta)$$

4. 格林公式　设函数 $P(x,y),Q(x,y)$ 在以 L 为边界的简单闭区域上具有连续的一阶

偏导数,由二重积分并根据曲线的性质和计算方法,可推得二重积分与坐标的曲线积分的关系,即格林公式:

$$\oint_L P(x,y)\,\mathrm{d}x + Q(x,y)\,\mathrm{d}y = \iint_D \left(\frac{\partial Q}{\partial x} - \frac{\partial P}{\partial y} \right) \mathrm{d}x\mathrm{d}y$$

其中 L 以逆时针方向为正。若取格林公式的特殊情况,可得到计算平面图形的面积公式:

$$\sigma = \frac{1}{2} \oint_L x\mathrm{d}y - y\mathrm{d}x$$

在实际应用中,利用格林公式可将闭合路径 L 上的曲线积分转化为在 L 所围成的区域 D 上的二重积分;反之,也可将在 D 上的二重积分转化为在 D 的边界 L 上的曲线积分。另外还可计算区域 D 的面积。

由格林公式可以推得曲线积分在 D 内与路径无关。即沿 D 内任意闭合曲线的曲线积分为零的充要条件是

$$\frac{\partial P}{\partial y} = \frac{\partial Q}{\partial x}$$

二、重难点解析

1. 本章重点讨论二元函数的积分。讨论过程中要时刻与一元函数的定积分的性质、解题思路和方法作对比。在一元函数中,定义域仅在 x 轴上,而二元及以上函数的定义域是平面或空间区域,对应的图形是空间的曲面或空间体。

2. 在二重积分中首先要根据已知条件画出区域 D,然后选择最简便的积分顺序,最后进行二次定积分。在曲线积分中要明确要求,利用对弧长和对坐标的积分公式进行计算。

3. 定积分、二重积分、两种曲线积分之间有一定的联系,都是和式的极限。定积分是区间上某种和式的极限;二重积分是区域上某种和式的极限;曲线积分是曲线弧段上某种和式的极限。在一定条件下,二重积分可以转化为二次定积分;可以将两种曲线积分转化为一次定积分,从而,解决了二重积分和曲线积分的计算问题。

4. 利用对称性简化二重积分计算时,需注意积分区域关于坐标轴的对称性,以及被积函数在积分区域上关于两个坐标变量的奇偶性,只有当积分区域和被积函数的对称性相匹配时,才能简化。

5. 计算对弧长的曲线积分 $\int_L f(x,y)\,\mathrm{d}s$ 时,只要将 $x, y, \mathrm{d}s$ 依次换为 $\varphi(t)$、$\psi(t)$、$\sqrt{\varphi'^2(t)+\psi'^2(t)}\,\mathrm{d}t$,然后从 α 到 β 作定积分即可。这里必须注意,定积分的下限 α 一定要小于上限 β。

6. 在使用格林公式时,如果不是封闭曲线,需要添加辅助线,一般是添加有向的垂直于坐标轴的直线或折线。

7. 格林公式揭示了二重积分与对坐标的曲线积分的关系,给出了对坐标的曲线积分与路径无关的条件,使之化为最简便的定积分的形式。

三、例题解析

例1 计算二重积分 $\iint_D (|x|+|y|)\,\mathrm{d}x\mathrm{d}y$,$D: |x|+|y| \leqslant 1$。

答案:$\dfrac{4}{3}$

解析 由被积函数及区域的对称性可知

$$\iint\limits_{D}(\,|x|+|y|\,)\mathrm{d}x\mathrm{d}y = 4\iint\limits_{D'}(x+y)\mathrm{d}x\mathrm{d}y \quad \text{其中} D':x+y\leqslant 1,x\geqslant 0,y\geqslant 0$$

则有 $\quad\displaystyle\iint\limits_{D}(\,|x|+|y|\,)\mathrm{d}x\mathrm{d}y = 4\int_{0}^{1}\mathrm{d}x\int_{0}^{1-x}(x+y)\mathrm{d}y = 4\int_{0}^{1}\left(\dfrac{1}{2}-\dfrac{1}{2}x^2\right)\mathrm{d}x = \dfrac{4}{3}$

例 2 更换二重积分 $\displaystyle\int_{0}^{\frac{1}{2}}\mathrm{d}x\int_{0}^{x^2}f(x,y)\mathrm{d}y + \int_{\frac{1}{2}}^{1}\mathrm{d}x\int_{2x-1}^{x^2}f(x,y)\mathrm{d}y$ 的积分次序。

答案:原式 $=\displaystyle\int_{0}^{1}\mathrm{d}y\int_{\sqrt{y}}^{\frac{y+1}{2}}f(x,y)\mathrm{d}x$

解析 首先要确定区域 D,由题意可知两个区域分别为

$$D_1:0\leqslant x\leqslant\dfrac{1}{2}, \quad 0\leqslant y\leqslant x^2; \quad D_2:\dfrac{1}{2}\leqslant x\leqslant 1, \quad 2x-1\leqslant y\leqslant x^2$$

将 D_1 和 D_2 合并后区域 D 为

$$\sqrt{y}\leqslant x\leqslant\dfrac{1}{2}(y+1), \quad 0\leqslant y\leqslant 1$$

则更换积分次序后有

$$\text{原式} = \int_{0}^{1}\mathrm{d}y\int_{\sqrt{y}}^{\frac{y+1}{2}}f(x,y)\mathrm{d}x$$

例 3 计算二重积分 $\displaystyle\iint\limits_{D}\mathrm{e}^{x^2+y^2}\mathrm{d}x\mathrm{d}y$,其中 D 是圆形闭区域 $x^2+y^2\leqslant 1$。

答案:$\pi(\mathrm{e}-1)$

解析 在极坐标中,圆域 D 可表示成 $0\leqslant r\leqslant 1,0\leqslant\theta\leqslant 2\pi$,故

$$\iint\limits_{D}\mathrm{e}^{x^2+y^2}\mathrm{d}x\mathrm{d}y = \iint\limits_{D}\mathrm{e}^{r^2}r\mathrm{d}r\mathrm{d}\theta = \int_{0}^{2\pi}\mathrm{d}\theta\int_{0}^{1}r\mathrm{e}^{r^2}\mathrm{d}r = \pi(\mathrm{e}-1)$$

例 4 计算 $\displaystyle\int_{L}xy\mathrm{d}s$,其中 $L:x=\cos t,y=2\sin t\left(0\leqslant t\leqslant\dfrac{\pi}{2}\right)$。

答案:$\dfrac{14}{9}$

解析 $\displaystyle\int_{L}xy\mathrm{d}s = \int_{0}^{\frac{\pi}{2}}\cos t\cdot 2\sin t\sqrt{(-\sin t)^2+(2\cos t)^2}\mathrm{d}t$

$$= \int_{0}^{\frac{\pi}{2}}2\sin t\cos t\sqrt{1+3\cos^2 t}\mathrm{d}t = -\dfrac{1}{3}\int_{0}^{\frac{\pi}{2}}\sqrt{1+3\cos^2 t}\mathrm{d}(1+3\cos^2 t)$$

$$= \left[-\dfrac{1}{3}\cdot\dfrac{2}{3}(1+3\cos^2 t)^{\frac{3}{2}}\right]_{0}^{\frac{\pi}{2}} = \dfrac{14}{9}$$

例 5 计算 $\displaystyle\int_{L}y\mathrm{d}s$,其中 L 是抛物线 $y^2=x$ 上从点 $(0,0)$ 到点 $(1,1)$ 的一段。

答案:$\dfrac{1}{12}(5\sqrt{5}-1)$

解析　由题意可知路径 L 在第一象限，$y^2=x(0 \leqslant x \leqslant 1)$，$y'=\dfrac{1}{2\sqrt{x}}$，则

$$\int_L y\mathrm{d}s = \int_0^1 \sqrt{x} \cdot \sqrt{1+y'^2}\,\mathrm{d}x = \int_0^1 \sqrt{x} \cdot \sqrt{1+\frac{1}{4x}}\,\mathrm{d}x$$

$$= \int_0^1 \sqrt{x+\frac{1}{4}}\,\mathrm{d}x = \frac{1}{12}(5\sqrt{5}-1)$$

例 6　计算曲线积分 $\displaystyle\int_L (x^2-2xy)\mathrm{d}x + (y^2-2xy)\mathrm{d}y$，其中 L 是抛物线 $y=x^2$ 从点 $(-1,1)$ 到点 $(1,1)$ 一段弧。

答案：$-\dfrac{14}{15}$

解析　化为对 x 的定积分，$L:y=x^2$，x 从 -1 变到 1，所以

$$\int_L (x^2-2xy)\mathrm{d}x + (y^2-2xy)\mathrm{d}y = \int_{-1}^1 [x^2-2x^3+(x^4-2x^3)]\mathrm{d}x$$

$$= \int_{-1}^1 (2x^5-4x^4-2x^3+x^2)\mathrm{d}x = \left[\frac{1}{3}x^6-\frac{4}{5}x^5-\frac{1}{2}x^4+\frac{1}{3}x^3\right]_{-1}^1 = -\frac{14}{15}$$

例 7　计算曲线积分 $\displaystyle\int_L x\mathrm{d}y - y\mathrm{d}x$，其中 L 为曲线 $y=|\sin x|$ 从点 $(2\pi,0)$ 到点 $(0,0)$ 一段弧。

答案：8

解析　将路径 L 分成 L_1 和 L_2 两段弧，其中 L_1 的方程为 $y=-\sin x$，从 $x=2\pi$ 到 π；L_2 的方程为 $y=\sin x$，从 $x=\pi$ 到 0，则有

$$\int_{L_1} x\mathrm{d}y - y\mathrm{d}x = \int_{2\pi}^\pi x(-\cos x)\mathrm{d}x - (-\sin x)\mathrm{d}x = \int_{2\pi}^\pi (-x\cos x+\sin x)\mathrm{d}x$$

$$= \left[-x\sin x\right]_{2\pi}^\pi + 2\int_{2\pi}^\pi \sin x\mathrm{d}x = 2\left[-\cos x\right]_{2\pi}^\pi = 4$$

$$\int_{L_2} x\mathrm{d}y - y\mathrm{d}x = \int_\pi^0 x\cos x\mathrm{d}x - \sin x\mathrm{d}x = \left[x\sin x\right]_\pi^0 - 2\int_\pi^0 \sin x\mathrm{d}x = -2\left[-\cos x\right]_\pi^0 = 4$$

因此　　　　　$$\int_L x\mathrm{d}y - y\mathrm{d}x = \int_{L_1} x\mathrm{d}y - y\mathrm{d}x + \int_{L_2} x\mathrm{d}y - y\mathrm{d}x = 4+4 = 8$$

例 8　计算曲线积分 $\displaystyle\oint_L (2xy-x^2)\mathrm{d}x + (x+y^2)\mathrm{d}y$，其中 L 是由抛物线 $y=x^2$ 和 $y^2=x$ 所围成的区域的正向边界曲线。

答案：$\dfrac{1}{30}$

解析　由题意知 $P=2xy-x^2$，$Q=x+y^2$；所以 $\dfrac{\partial P}{\partial y}=2x$，$\dfrac{\partial Q}{\partial x}=1$，而抛物线 $y=x^2$ 和 $y^2=x$ 所围成的区域 $D:0 \leqslant x \leqslant 1$，$x^2 \leqslant y \leqslant \sqrt{x}$，所以

$$\oint_L (2xy-x^2)\mathrm{d}x + (x+y^2)\mathrm{d}y = \iint_D (1-2x)\mathrm{d}x\mathrm{d}y = \int_0^1 \mathrm{d}x \int_{x^2}^{\sqrt{x}} (1-2x)\mathrm{d}y$$

$$= \int_0^1 (2x^3-x^2-2x^{\frac{3}{2}}+x^{\frac{1}{2}})\mathrm{d}x = \frac{1}{30}$$

例 9　计算曲线积分 $\oint_L (2x-y+4)\,\mathrm{d}x+(5y+3x-6)\,\mathrm{d}y$，其中 L 是三顶点分别为 $(0,0)$、$(3,0)$ 和 $(3,2)$ 的三角形正向边界。

答案：12

解析　由题意知 $P=2x-y+4,Q=5y+3x-6$；因为 $\dfrac{\partial P}{\partial y}=-1,\dfrac{\partial Q}{\partial x}=3$，所以 $\oint_L (2x-y+4)\,\mathrm{d}x+$

$(5y+3x-6)\,\mathrm{d}y=\iint\limits_D (3+1)\,\mathrm{d}\sigma=4\iint\limits_D \mathrm{d}\sigma=4\sigma$

因为 D 的面积 $\sigma=\dfrac{1}{2}\cdot 3\cdot 2=3$

所以　　　　　　　　　　$\oint_L (2x-y+4)\,\mathrm{d}x+(5y+3x-6)\,\mathrm{d}y=12$

例 10　证明曲线积分 $\displaystyle\int_L \dfrac{1}{y}\mathrm{d}x-\dfrac{x}{y^2}\mathrm{d}y$ 只与 L 的起点、终点有关,而与所取路径无关,其中

L 不经过 x 轴,并计算 $\displaystyle\int_{(1,2)}^{(2,1)} \dfrac{1}{y}\mathrm{d}x-\dfrac{x}{y^2}\mathrm{d}y$。

答案：$\dfrac{3}{2}$

解析　由题意知 $P=\dfrac{1}{y},Q=-\dfrac{x}{y^2}$；因为 $\dfrac{\partial P}{\partial y}=-\dfrac{1}{y^2},\dfrac{\partial Q}{\partial x}=-\dfrac{1}{y^2}$，所以 $\dfrac{\partial P}{\partial y}=\dfrac{\partial Q}{\partial x}$，故曲线积分与

路径无关。

由于 $y\neq 0$，路径 $(1,2)$ 经 $(2,2)$ 到 $(2,1)$，折线不穿过 x 轴，则有

$$\int_{(1,2)}^{(2,1)} \frac{1}{y}\mathrm{d}x-\frac{x}{y^2}\mathrm{d}y=\int_1^2 \frac{1}{2}\mathrm{d}x-\int_2^1 \frac{2}{y^2}\mathrm{d}y=\left[\frac{x}{2}\right]_1^2+\left[\frac{2}{y}\right]_2^1=\frac{3}{2}$$

四、习题与解答

1. 将二重积分 $\iint\limits_D f(x,y)\,\mathrm{d}\sigma$ 化为二次积分,积分区域分别为：

（1）D 为 $x+y=1,x-y=1,x=0$ 围成的区域。

解　$\displaystyle\iint\limits_D f(x,y)\,\mathrm{d}\sigma=\int_0^1 \mathrm{d}x\int_{x-1}^{1-x} f(x,y)\,\mathrm{d}y$

（2）D 为 $x=a,x=2a,y=-b,y=\dfrac{b}{2},(a>0,b>0)$ 围成的区域。

解　$\displaystyle\iint\limits_D f(x,y)\,\mathrm{d}\sigma=\int_a^{2a} \mathrm{d}x\int_{-b}^{\frac{b}{2}} f(x,y)\,\mathrm{d}y$

（3）D 为 $(x-2)^2+(y-3)^2\leqslant 4$ 围成的区域。

解　$\displaystyle\iint\limits_D f(x,y)\,\mathrm{d}\sigma=\int_1^5 \mathrm{d}y\int_{2-\sqrt{4-(y-3)^2}}^{2+\sqrt{4-(y-3)^2}} f(x,y)\,\mathrm{d}x$

（4）D 为 $x^2+y^2\leqslant 1,y\geqslant x,x\geqslant 0$ 围成的区域。

解　$\displaystyle\iint\limits_D f(x,y)\,\mathrm{d}\sigma=\int_0^{\frac{\sqrt{2}}{2}} \mathrm{d}x\int_x^{\sqrt{1-x^2}} f(x,y)\,\mathrm{d}y$

$$= \int_0^{\frac{\sqrt{2}}{2}} \mathrm{d}y \int_0^y f(x,y)\,\mathrm{d}x + \int_{\frac{\sqrt{2}}{2}}^1 \mathrm{d}y \int_0^{\sqrt{1-y^2}} f(x,y)\,\mathrm{d}x$$

(5) D 为 $y=x^2, y=4-x^2$ 围成的区域。

解 $$\iint\limits_D f(x,y)\,\mathrm{d}\sigma = \int_{-\sqrt{2}}^{\sqrt{2}} \mathrm{d}x \int_{x^2}^{4-x^2} f(x,y)\,\mathrm{d}y$$

$$\iint\limits_D f(x,y)\,\mathrm{d}\sigma = \int_0^2 \mathrm{d}y \int_{-\sqrt{y}}^{\sqrt{y}} f(x,y)\,\mathrm{d}x + \int_2^4 \mathrm{d}y \int_{-\sqrt{4-y}}^{\sqrt{4-y}} f(x,y)\,\mathrm{d}x$$

2. 更换下列二次积分的次序。

(1) $\displaystyle\int_0^1 \mathrm{d}y \int_y^{\sqrt{y}} f(x,y)\,\mathrm{d}x$

解 积分区域 $D:0 \leqslant x \leqslant 1, x^2 \leqslant y \leqslant x$，则更换后的二次积分为 $\displaystyle\int_0^1 \mathrm{d}x \int_{x^2}^x f(x,y)\,\mathrm{d}y$。

(2) $\displaystyle\int_{-1}^1 \mathrm{d}x \int_0^{\sqrt{1-x^2}} f(x,y)\,\mathrm{d}y$

解 积分区域 $D:-\sqrt{1-y^2} \leqslant x \leqslant \sqrt{1-y^2}, 0 \leqslant y \leqslant 1$，则更换后的二次积分为

$\displaystyle\int_0^1 \mathrm{d}y \int_{-\sqrt{1-y^2}}^{\sqrt{1-y^2}} f(x,y)\,\mathrm{d}x$。

(3) $\displaystyle\int_0^1 \mathrm{d}y \int_y^{2-y} f(x,y)\,\mathrm{d}x$

解 积分区域 $D_1:0 \leqslant x \leqslant 1, 0 \leqslant y \leqslant x, D_2:1 \leqslant x \leqslant 2, 0 \leqslant y \leqslant 2-x$，则更换后的二次积分为

$\displaystyle\int_0^1 \mathrm{d}x \int_0^x f(x,y)\,\mathrm{d}y + \int_1^2 \mathrm{d}x \int_0^{2-x} f(x,y)\,\mathrm{d}y$。

(4) $\displaystyle\int_{-1}^0 \mathrm{d}y \int_2^{1-y} f(x,y)\,\mathrm{d}x$

解 积分区域 $D:1 \leqslant x \leqslant 2, 1-x \leqslant y \leqslant 0$，则更换后的二次积分为 $\displaystyle\int_1^2 \mathrm{d}x \int_{1-x}^0 f(x,y)\,\mathrm{d}y$。

(5) $\displaystyle\int_1^e \mathrm{d}x \int_0^{\ln x} f(x,y)\,\mathrm{d}y$

解 积分区域 $D:0 \leqslant y \leqslant 1, e^y \leqslant x \leqslant e$，则更换后的二次积分为 $\displaystyle\int_0^1 \mathrm{d}y \int_{e^y}^e f(x,y)\,\mathrm{d}x$。

(6) $\displaystyle\int_0^1 \mathrm{d}x \int_{-\sqrt{x}}^{\sqrt{x}} f(x,y)\,\mathrm{d}y + \int_1^4 \mathrm{d}x \int_{x-2}^{\sqrt{x}} f(x,y)\,\mathrm{d}y$

解 积分区域 $D:y^2 \leqslant x \leqslant y+2, -1 \leqslant y \leqslant 2$，则更换后的二次积分为 $\displaystyle\int_{-1}^2 \mathrm{d}y \int_{y^2}^{y+2} f(x,y)\,\mathrm{d}x$。

3. 计算下列二重积分。

(1) $\displaystyle\iint\limits_D xy\,\mathrm{d}x\,\mathrm{d}y$, D 是 $y=x$ 与 $y=x^2$ 围成的区域。

解 积分区域 $D:y \leqslant x \leqslant \sqrt{y}, 0 \leqslant y \leqslant 1$

$$\iint\limits_D xy\,\mathrm{d}x\,\mathrm{d}y = \int_0^1 \mathrm{d}y \int_y^{\sqrt{y}} xy\,\mathrm{d}x = \int_0^1 \left[\frac{1}{2}yx^2 \right]_y^{\sqrt{y}} \mathrm{d}y$$

$$= \int_0^1 \left(\frac{1}{2}y^2 - \frac{1}{2}y^3 \right) \mathrm{d}y = \frac{1}{2}\int_0^1 (y^2 - y^3)\,\mathrm{d}y$$

$$= \frac{1}{2} \left[\frac{1}{3} y^3 - \frac{1}{4} y^4 \right]_0^1$$

$$= \frac{1}{2} \times \left(\frac{1}{3} - \frac{1}{4} \right) = \frac{1}{2} \times \frac{1}{12} = \frac{1}{24}$$

(2) $\displaystyle\iint_D (x^2 + y)\,\mathrm{d}x\mathrm{d}y$，$D$ 是 $y = x^2$ 与 $x = y^2$ 围成的区域。

解 积分区域 $D: y^2 \leqslant x \leqslant \sqrt{y}, 0 \leqslant y \leqslant 1$

$$\iint_D (x^2 + y)\,\mathrm{d}x\mathrm{d}y = \int_0^1 \mathrm{d}y \int_{y^2}^{\sqrt{y}} (x^2 + y)\,\mathrm{d}x = \int_0^1 \left[\frac{1}{3} x^3 + yx \right]_{y^2}^{\sqrt{y}} \mathrm{d}y$$

$$= \int_0^1 \left(-\frac{1}{3} y^6 - y^3 + \frac{4}{3} y^{\frac{3}{2}} \right) \mathrm{d}y = \left[-\frac{1}{21} y^7 - \frac{1}{4} y^4 + \frac{8}{15} y^{\frac{5}{2}} \right]_0^1 = \frac{33}{140}$$

(3) 确定常数 a，使 $\displaystyle\iint_D a\sin(x + y)\,\mathrm{d}x\mathrm{d}y = 1$，$D$ 是 $y = x, y = 2x, x = \frac{\pi}{2}$ 围成的区域。

解 积分区域 $D: 0 \leqslant x \leqslant \frac{\pi}{2}, x \leqslant y \leqslant 2x$

$$\iint_D a\sin(x + y)\,\mathrm{d}x\mathrm{d}y = \int_0^{\frac{\pi}{2}} \mathrm{d}x \int_x^{2x} a\sin(x + y)\,\mathrm{d}y = \int_0^{\frac{\pi}{2}} a(\cos 2x - \cos 3x)\,\mathrm{d}x = \frac{1}{3} a$$

则 $$a = 3$$

(4) $\displaystyle\iint_D x\,\mathrm{d}x\mathrm{d}y$，$D$ 是以 $(0,0), (1,2), (2,1)$ 为顶点的三角形区域。

解 积分区域 $D_1: 0 \leqslant x \leqslant 1, \frac{x}{2} \leqslant y \leqslant 2x$；$D_2: 1 \leqslant x \leqslant 2, \frac{x}{2} \leqslant y \leqslant 3 - x$

$$\iint_D x\,\mathrm{d}x\mathrm{d}y = \int_0^1 x\,\mathrm{d}x \int_{\frac{x}{2}}^{2x} \mathrm{d}y + \int_1^2 x\,\mathrm{d}x \int_{\frac{x}{2}}^{3-x} \mathrm{d}y = \int_0^1 \frac{3}{2} x^2\,\mathrm{d}x + \int_1^2 \left(3x - \frac{3}{2} x^2 \right) \mathrm{d}x$$

$$= \frac{1}{2} \left[x^3 \right]_0^1 + \left[\frac{3}{2} x^2 - \frac{1}{2} x^3 \right]_1^2 = \frac{3}{2}$$

(5) $\displaystyle\iint_D f(x,y)\,\mathrm{d}x\mathrm{d}y$，$D$ 是 $x^2 + y^2 \geqslant 2x, x = 1, x = 2, y = x$ 围成的区域，设

$$f(x,y) = \begin{cases} x^2 y, & 1 \leqslant x \leqslant 2, 0 \leqslant y \leqslant x \\ 0, & \text{其他} \end{cases}。$$

解 积分区域 $D: 1 \leqslant x \leqslant 2, \sqrt{2x - x^2} \leqslant y \leqslant x$，则

$$\iint_D f(x,y)\,\mathrm{d}x\mathrm{d}y = \iint_D x^2 y\,\mathrm{d}x\mathrm{d}y = \int_1^2 x^2\,\mathrm{d}x \int_{\sqrt{2x-x^2}}^x y\,\mathrm{d}y = \int_1^2 x^2 \left[\frac{1}{2} y^2 \right]_{\sqrt{2x-x^2}}^x \mathrm{d}x$$

$$= \int_1^2 (x^4 - x^3)\,\mathrm{d}x = \frac{49}{20}$$

(6) $\displaystyle\iint_D \mathrm{e}^{-y^2}\,\mathrm{d}x\mathrm{d}y$，$D$ 是以 $(0,0), (1,1), (0,1)$ 为顶点的三角形区域。

解 积分区域 $D: 0 \leqslant x \leqslant y, 0 \leqslant y \leqslant 1$

$$\iint_D \mathrm{e}^{-y^2}\,\mathrm{d}x\mathrm{d}y = \int_0^1 \mathrm{d}y \int_0^y \mathrm{e}^{-y^2}\,\mathrm{d}x = \int_0^1 \left[\mathrm{e}^{-y^2} x \right]_0^y \mathrm{d}y$$

$$= \int_0^1 y \mathrm{e}^{-y^2} \mathrm{d}y = -\frac{1}{2} \left[\mathrm{e}^{-y^2} \right]_0^1 = \frac{1}{2} \left(1 - \frac{1}{\mathrm{e}} \right)$$

（7）$\iint\limits_D (x^2 - y^2) \mathrm{d}x\mathrm{d}y$，$D$ 是 $x=0, y=0, x=\pi$ 与 $y=\sin x$ 围成的区域。

解 积分区域 $D:0 \leqslant x \leqslant \pi, 0 \leqslant y \leqslant \sin x$

$$\iint\limits_D (x^2 - y^2) \mathrm{d}x\mathrm{d}y = \int_0^\pi \mathrm{d}x \int_0^{\sin x} (x^2 - y^2) \mathrm{d}y = \int_0^\pi \left(x^2 \sin x - \frac{1}{3} \sin^3 x \right) \mathrm{d}x$$

$$= \int_0^\pi x^2 \mathrm{d}(-\cos x) - \frac{1}{3} \int_0^\pi (1 - \cos^2 x) \mathrm{d}(-\cos x)$$

$$= \left[-x^2 \cos x \right]_0^\pi + \int_0^\pi 2x\cos x \mathrm{d}x + \frac{1}{3} \left[\cos x - \frac{1}{3} \cos^3 x \right]_0^\pi$$

$$= \pi^2 - \frac{40}{9}$$

（8）计算 $\iint\limits_D y\mathrm{d}x\mathrm{d}y$，其中 D 是由直线 $y=x, x=1, x=0$ 及曲线 $y=\mathrm{e}^x$ 围成的平面区域。

解 积分区域 $D:0 \leqslant x \leqslant 1, x \leqslant y \leqslant \mathrm{e}^x$

$$\iint\limits_D y\mathrm{d}x\mathrm{d}y = \int_0^1 \mathrm{d}x \int_x^{\mathrm{e}^x} y\mathrm{d}y = \int_0^1 \mathrm{d}x \left[\frac{y^2}{2} \right]_x^{\mathrm{e}^x} = \frac{1}{2} \int_0^1 \left[(\mathrm{e}^x)^2 - x^2 \right] \mathrm{d}x$$

$$= \frac{1}{2} \left[\left(\frac{1}{2} \mathrm{e}^{2x} \right)_0^1 - \left(\frac{1}{3} x^3 \right)_0^1 \right] = \frac{1}{4} \mathrm{e}^2 - \frac{5}{12}$$

（9）计算二重积分 $I = \iint\limits_D \left(2 - y - \frac{x}{2} \right) \mathrm{d}x\mathrm{d}y$，其中 D 是由抛物线 $2y^2 = x$ 和直线 $x+2y=4$ 围成的平面区域。

解 积分区域 $D:2y^2 \leqslant x \leqslant 4-2y, -2 \leqslant y \leqslant 1$

$$I = \iint\limits_D \left(2 - y - \frac{x}{2} \right) \mathrm{d}x\mathrm{d}y = \int_{-2}^1 \mathrm{d}y \int_{2y^2}^{4-2y} \left(2 - y - \frac{x}{2} \right) \mathrm{d}x = \int_{-2}^1 \left[2x - xy - \frac{1}{4} x^2 \right]_{2y^2}^{4-2y} \mathrm{d}y$$

$$= \int_{-2}^1 (y^4 + 2y^3 - 3y^2 - 4y + 4) \mathrm{d}y = \frac{81}{10}$$

4. 利用极坐标计算下列二重积分。

（1）$\iint\limits_D (x^2 + y^2) \mathrm{d}x\mathrm{d}y$，$D$ 是 $a^2 \leqslant x^2+y^2 \leqslant b^2$ 的圆形区域。

解 积分区域 $D:a \leqslant r \leqslant b, 0 \leqslant \theta \leqslant 2\pi$

$$\iint\limits_D (x^2 + y^2) \mathrm{d}x\mathrm{d}y = \int_0^{2\pi} \mathrm{d}\theta \int_a^b r^3 \mathrm{d}r = \frac{\pi}{2} (b^4 - a^4)$$

（2）$\iint\limits_D \sqrt{x^2 + y^2} \mathrm{d}x\mathrm{d}y$，$D$ 是 $x^2+y^2=4, x^2+y^2=2x$ 围成的区域。

解 积分区域 $D_1:0 \leqslant r \leqslant 2, 0 \leqslant \theta \leqslant 2\pi$

$$D_2:0 \leqslant r \leqslant 2\cos\theta, \quad -\frac{\pi}{2} \leqslant \theta \leqslant \frac{\pi}{2}$$

则

$$\iint\limits_{D} \sqrt{x^2 + y^2}\,\mathrm{d}x\mathrm{d}y = \int_0^{2\pi}\mathrm{d}\theta\int_0^2 r^2\,\mathrm{d}r - \int_{-\frac{\pi}{2}}^{\frac{\pi}{2}}\mathrm{d}\theta\int_0^{2\cos\theta} r^2\,\mathrm{d}r$$

$$= \frac{16}{3}\pi - \frac{16}{3}\int_0^{\frac{\pi}{2}}\cos^3\theta\mathrm{d}\theta = \frac{16}{3}\pi - \frac{32}{9}$$

(3) $\iint\limits_{D} y\mathrm{d}x\mathrm{d}y$, D 是圆 $x^2 + y^2 = a^2$ 在第一象限内的区域。

解 积分区域 $D : 0 \leq r \leq a, 0 \leq \theta \leq \dfrac{\pi}{2}$

$$\iint\limits_{D} y\mathrm{d}x\mathrm{d}y = \int_0^{\frac{\pi}{2}}\sin\theta\mathrm{d}\theta\int_0^a r^2\,\mathrm{d}r = \frac{1}{3}a^3$$

(4) $\iint\limits_{D}\ln(1 + x^2 + y^2)\mathrm{d}x\mathrm{d}y$, D 是圆 $x^2 + y^2 \leq 1$, 且 $y \geq 0, x \geq 0$ 的区域。

解 积分区域 $D : 0 \leq r \leq 1, 0 \leq \theta \leq \dfrac{\pi}{2}$

$$\iint\limits_{D}\ln(1 + x^2 + y^2)\mathrm{d}x\mathrm{d}y = \int_0^{\frac{\pi}{2}}\mathrm{d}\theta\int_0^1\ln(1 + r^2)r\mathrm{d}r = \int_0^{\frac{\pi}{2}}\mathrm{d}\theta\int_0^1\ln(1 + r^2)\frac{1}{2}\mathrm{d}(1 + r^2)$$

$$= \frac{\pi}{2}\times\frac{1}{2}\big[(1 + r^2)\ln(1 + r^2) - r^2\big]_0^1 = \frac{\pi}{4}(2\ln2 - 1)$$

(5) $\iint\limits_{D}\arctan\dfrac{y}{x}\mathrm{d}x\mathrm{d}y$, D 是 $1 \leq x^2 + y^2 \leq 4$ 及直线 $y = x, y = 0$ 所围成的第一象限内的区域。

解 积分区域 $D : 1 \leq r \leq 2, 0 \leq \theta \leq \dfrac{\pi}{4}$

$$\iint\limits_{D}\arctan\frac{y}{x}\mathrm{d}x\mathrm{d}y = \int_0^{\frac{\pi}{4}}\theta\mathrm{d}\theta\int_1^2 r\mathrm{d}r = \frac{3\pi^2}{64}$$

5. 利用二重积分计算下列曲线围成的平面图形的面积。

(1) $y = x, y = 5x, x = 1$。

解 积分区域 $D : 0 \leq x \leq 1, x \leq y \leq 5x$

$$S = \iint\limits_{D}\mathrm{d}\sigma = \int_0^1\mathrm{d}x\int_x^{5x}\mathrm{d}y = \int_0^1\big[y\big]_x^{5x}\mathrm{d}x = \int_0^1 4x\mathrm{d}x = 2$$

(2) $xy = a^2, xy = 2a^2, y = x, y = 2x, (x > 0, y > 0, a > 0)$。

解 积分区域 $D_1 : \dfrac{\sqrt{2}}{2}a \leq x \leq a, \dfrac{a^2}{x} \leq y \leq 2x$

$$D_2 : a \leq x \leq \sqrt{2}a, \quad x \leq y \leq \frac{2a^2}{x}$$

$$S = \iint\limits_{D}\mathrm{d}\sigma = \int_{\frac{\sqrt{2}}{2}a}^a\mathrm{d}x\int_{\frac{a^2}{x}}^{2x}\mathrm{d}y + \int_a^{\sqrt{2}a}\mathrm{d}x\int_x^{\frac{2a^2}{x}}\mathrm{d}y = \frac{1}{2}a^2\ln2$$

6. 设 $f(x)$ 连续, 证明: $\displaystyle\int_0^a\mathrm{d}x\int_0^x f(y)\mathrm{d}y = \int_0^a(a - x)f(x)\mathrm{d}x$。

证 $\displaystyle\int_0^a\mathrm{d}x\int_0^x f(y)\mathrm{d}y = \int_0^a\mathrm{d}y\int_y^a f(y)\mathrm{d}x = \int_0^a(a - y)f(y)\mathrm{d}y = \int_0^a(a - x)f(x)\mathrm{d}x$

7. 计算下列对弧长的曲线积分。

(1) $\int_L (x^2 + y^2) ds$，其中 L 为 $x = a\cos t, y = a\sin t \left(0 \le t \le \dfrac{\pi}{2} \right)$。

解 $\int_L (x^2 + y^2) ds = \int_0^{\frac{\pi}{2}} (a^2 \cos^2 t + a^2 \sin^2 t) \sqrt{[(a\cos t)']^2 + [(a\sin t)']^2} \, dt$

$$= \int_0^{\frac{\pi}{2}} a^2 \cdot a \, dt = \frac{\pi}{2} a^3$$

(2) $\int_L y ds$，其中 L 为抛物线 $y^2 = 4x$ 在点 $(0,0)$ 到点 $(1,2)$ 的弧段。

解 $\int_L y ds = \int_0^1 \sqrt{4x} \cdot \sqrt{1 + (y')^2} \, dx = \int_0^1 2\sqrt{x} \cdot \sqrt{1 + \left(\dfrac{1}{\sqrt{x}}\right)^2} \, dx$

$$= 2 \int_0^1 \sqrt{1 + x} \, dx = \frac{4}{3} \left[(1 + x)^{\frac{3}{2}} \right]_0^1 = \frac{4}{3}(2\sqrt{2} - 1)$$

(3) $\int_L (x + y) ds$，其中 L 为点 $(1,0)$ 到点 $(0,1)$ 两点的直线段。

解 $\int_L (x + y) ds = \int_0^1 1 \times \sqrt{1 + (y')^2} \, dx = \int_0^1 \sqrt{2} \, dx = \sqrt{2}$

(4) $\int_L \sqrt{x^2 + y^2} \, ds$，其中 L 为圆周 $x^2 + y^2 = ax$。

解 参数方程为 $x = \dfrac{a}{2} + \dfrac{a}{2}\cos t, y = \dfrac{a}{2}\sin t, x' = -\dfrac{a}{2}\sin t, y' = \dfrac{a}{2}\cos t$，且 $0 \le t \le 2\pi$，则得

$$\int_L \sqrt{x^2 + y^2} \, ds = \int_0^{2\pi} \sqrt{\left(\frac{a}{2} + \frac{a}{2}\cos t\right)^2 + \left(\frac{a}{2}\sin t\right)^2} \sqrt{\left(-\frac{a}{2}\sin t\right)^2 + \left(\frac{a}{2}\cos t\right)^2} \, dt$$

$$= \frac{a^2}{2} \int_0^{2\pi} \left| \cos \frac{t}{2} \right| dt = 2a^2$$

8. 计算下列对坐标的曲线积分。

(1) $\int_L xy dx + (y - x) dy$，其中 L 是抛物线 $y^2 = x$ 从点 $(0,0)$ 到点 $(1,1)$ 的弧段。

解 $\int_L xy dx + (y - x) dy = \int_0^1 y^3 \cdot 2y dy + (y - y^2) dy = \int_0^1 (2y^4 + y - y^2) dy = \dfrac{17}{30}$

(2) $\int_L (x + y) dx + (x - y) dy$，其中 L 为抛物线 $y = x^2$ 上从点 $(-1,1)$ 到点 $(1,1)$ 的弧段。

解 $\int_L (x + y) dx + (x - y) dy = \int_{-1}^1 [(x + x^2) + 2x(x - x^2)] dx$

$$= \int_{-1}^1 (x + 3x^2 - 2x^3) dx = 6 \int_0^1 x^2 dx = 2$$

(3) $\int_L y^2 dx + x^2 dy$，其中 L 为 $x = a\cos t, y = b\sin t$ 的上半部分顺时针方向。

解 由题意知 $\pi \le t \le 0$，则

$$\int_L y^2 dx + x^2 dy = \int_\pi^0 [b^2 \sin^2 t(-a\sin t) + a^2 \cos^2 t(b\cos t)] dt$$

$$= ab^2 \int_0^\pi \sin^3 t dt - a^2 b \int_0^\pi \cos^3 t dt$$

$$= ab^2 \left[\frac{1}{3}\cos^3 t - \cos t \right]_0^\pi - a^2 b \left[\sin t - \frac{1}{3}\sin^3 t \right]_0^\pi = \frac{4}{3}ab^2$$

(4) $\int_L (x^2 + y^2)\mathrm{d}x - 2xy^2\mathrm{d}y$，其中 L 为从点 $(0,0)$ 到点 $(1,2)$ 的直线段。

解　$\int_L (x^2 + y^2)\mathrm{d}x - 2xy^2\mathrm{d}y = \int_0^1 (x^2 + 4x^2)\mathrm{d}x - \int_0^2 y^3\mathrm{d}y = -\frac{7}{3}$

9. 设有一平面力 F，大小等于该点横坐标的平方，而方向与 y 轴正方向相反，求质量为 m 的质点沿抛物线 $1-x=y^2$ 从点 $(1,0)$ 移动到 $(0,1)$ 时力所做的功。

解　$W = \int_{AB} 0 \cdot \mathrm{d}x - x^2\mathrm{d}y = -\int_0^1 (1 - y^2)^2\mathrm{d}y = -\frac{8}{15}$

即场力做负功，大小为 $\frac{8}{15}$。

10. 利用格林公式计算下列曲线积分。

(1) $\oint_L xy^2\mathrm{d}x - x^2 y\mathrm{d}y$，其中 L 为圆周 $x^2+y^2=a^2$ 的正向边界曲线。

解　因为 $P(x,y)=xy^2$，$Q(x,y)=-x^2 y$，区域 $D{:}x^2+y^2\le a^2$ 满足格林公式的条件，则

$$\oint_L xy^2\mathrm{d}x - x^2 y\mathrm{d}y = \iint_D \left(\frac{\partial Q}{\partial x} - \frac{\partial P}{\partial y} \right)\mathrm{d}x\mathrm{d}y = \iint_D (-2xy - 2xy)\mathrm{d}x\mathrm{d}y$$

$$= -4\iint_D xy\mathrm{d}x\mathrm{d}y = -4\int_0^{2\pi}\mathrm{d}\theta \int_0^a r^3\sin\theta\cos\theta\mathrm{d}\theta$$

$$= -4\int_0^{2\pi} \frac{\sin 2\theta}{2} \times \frac{1}{4}r^4 \bigg|_0^a \mathrm{d}\theta$$

$$= \frac{1}{4}a^4\cos 2\theta \bigg|_0^{2\pi} = 0$$

(2) $\oint_L x^2 y\mathrm{d}x + y^3\mathrm{d}y$，其中 L 为 $y^3=x^2$ 与 $y=x$ 所围成的正向边界曲线。

解　因为 $P(x,y)=x^2 y$，$Q(x,y)=y^3$，在 L 所围成的区域 D 内满足格林公式的条件，则

$$\oint_L x^2 y\mathrm{d}x + y^3\mathrm{d}y = \iint_D \left(\frac{\partial Q}{\partial x} - \frac{\partial P}{\partial y} \right)\mathrm{d}x\mathrm{d}y = \iint_D (0 - x^2)\mathrm{d}x\mathrm{d}y$$

$$= -\int_0^1\mathrm{d}x \int_x^{x^{\frac{2}{3}}} x^2\mathrm{d}y = -\frac{1}{44}$$

(3) $\int_L (\mathrm{e}^x\sin y - 3y)\mathrm{d}x + (\mathrm{e}^x\cos y + x)\mathrm{d}y$，其中 L 为从点 $(0,0)$ 到点 $(0,2)$ 的右半圆周 $x^2+y^2=2y$ 的正向边界曲线。

解　作从点 $(0,2)$ 到点 $(0,0)$ 直线段 L_1，与 L 围成半圆域 D。

因为 $P(x,y)=\mathrm{e}^x\sin y-3y$，$Q(x,y)=\mathrm{e}^x\cos y+x$，则

$$\int_{L+L_1} (\mathrm{e}^x\sin y - 3y)\mathrm{d}x + (\mathrm{e}^x\cos y + x)\mathrm{d}y = \iint_D \left(\frac{\partial Q}{\partial x} - \frac{\partial P}{\partial y} \right)\mathrm{d}x\mathrm{d}y$$

$$= \iint_D \left[(\mathrm{e}^x\cos y + 1) - (\mathrm{e}^x\cos y - 3) \right]\mathrm{d}x\mathrm{d}y$$

$$= 4 \iint\limits_{D} \mathrm{d}x\mathrm{d}y = 4 \times \frac{\pi}{2} \times 1^2 = 2\pi$$

$$\int_{L_1} (e^x \sin y - 3y) \mathrm{d}x + (e^x \cos y + x) \mathrm{d}y = \int_2^0 \cos y \mathrm{d}y = - \sin 2$$

所以 $\int_L (e^x \sin y - 3y) \mathrm{d}x + (e^x \cos y + x) \mathrm{d}y = 2\pi + \sin 2$

11. 利用曲线积分计算曲线所围成图形的面积。

（1）椭圆 $\dfrac{x^2}{a^2} + \dfrac{y^2}{b^2} = 1$。

解 设椭圆的参数方程为 $x = a\cos t, y = b\sin t, 0 \leqslant t \leqslant 2\pi$，则有

$$\sigma = \frac{1}{2} \oint_L x\mathrm{d}y - y\mathrm{d}x = \frac{1}{2} \int_0^{2\pi} [a\cos t (b\sin t)' - b\sin t (a\cos t)'] \mathrm{d}t$$

$$= \frac{ab}{2} \int_0^{2\pi} (\cos^2 t + \sin^2 t) \mathrm{d}t = \pi ab$$

（2）圆 $x^2 + y^2 = 2x$。

解 L 的参数方程为 $x = 1 + \cos t, y = \sin t$ 且 $0 \leqslant t \leqslant 2\pi$，则得

$$\sigma = \frac{1}{2} \oint_L x\mathrm{d}y - y\mathrm{d}x = \frac{1}{2} \int_0^{2\pi} (1 + \cos t) \mathrm{d}t = \pi$$

（3）闭区域 $x = 2a\cos t - a\cos 2t, y = 2a\sin t - a\sin 2t$。

解 $\sigma = \dfrac{1}{2} \oint_L x\mathrm{d}y - y\mathrm{d}x$

$$= \frac{1}{2} \int_0^{2\pi} [(2a\cos t - a\cos 2t)(2a\cos t - 2a\cos 2t) - (2a\sin t - a\sin 2t)(- 2a\sin t + 2a\sin 2t)] \mathrm{d}t$$

$$= \frac{1}{2} \int_0^{2\pi} 6a^2 [1 - (\cos 2t \cos t - \sin t \sin 2t)] \mathrm{d}t$$

$$= \frac{1}{2} \int_0^{2\pi} 6a^2 (1 - \cos 3t) \mathrm{d}t$$

$$= 6\pi a^2$$

12. 证明下列曲线积分与路径无关，并计算积分值。

（1）$\displaystyle\int_{(0,1)}^{(2,3)} (x + y) \mathrm{d}x + (x - y) \mathrm{d}y$

解 $P(x,y) = x + y, Q(x,y) = x - y$，因为 $\dfrac{\partial Q}{\partial x} = \dfrac{\partial P}{\partial y} = 1$，则积分与路径无关，取平行于坐标轴的折线的路径

$$\int_{(0,1)}^{(2,3)} (x + y) \mathrm{d}x + (x - y) \mathrm{d}y = \int_0^2 (x + 1) \mathrm{d}x + \int_1^3 (2 - y) \mathrm{d}y$$

$$= \left[\frac{1}{2}x^2 + x \right]_0^2 + \left[2y - \frac{1}{2}y^2 \right]_1^3 = 4$$

（2）$\displaystyle\int_{(1,0)}^{(6,8)} \frac{x\mathrm{d}x + y\mathrm{d}y}{\sqrt{x^2 + y^2}}$

解 $P(x,y) = \dfrac{x}{\sqrt{x^2 + y^2}}, Q(x,y) = \dfrac{y}{\sqrt{x^2 + y^2}} (x,y) \neq (0,0)$，除原点外有

$$\frac{\partial Q}{\partial x} = \frac{\partial P}{\partial y} = -\frac{xy}{(x^2+y^2)^{\frac{3}{2}}}, 积分与路径无关, 则$$

$$\int_{(1,0)}^{(6,8)} \frac{x\mathrm{d}x + y\mathrm{d}y}{\sqrt{x^2+y^2}} = \int_1^6 \mathrm{d}x + \int_0^8 \frac{y\mathrm{d}y}{\sqrt{6^2+y^2}} = 5 + \left[\sqrt{6^2+y^2} \right]_0^8 = 9$$

（3）$\displaystyle\int_{(\frac{\pi}{2},1)}^{(\pi,2)} \frac{\cos x}{y}\mathrm{d}x - \frac{\sin x}{y^2}\mathrm{d}y$，其中 L 不经过 x 轴。

解 $P(x,y) = \dfrac{\cos x}{y}, Q(x,y) = -\dfrac{\sin x}{y^2}, \dfrac{\partial Q}{\partial x} = \dfrac{\partial P}{\partial y} = -\dfrac{\cos x}{y^2}$，积分与路径无关，但 $y \neq 0$，则

$$\int_{(\frac{\pi}{2},1)}^{(\pi,2)} \frac{\cos x}{y}\mathrm{d}x - \frac{\sin x}{y^2}\mathrm{d}y = \int_{\frac{\pi}{2}}^{\pi} \frac{\cos x}{1}\mathrm{d}x - \int_1^2 \frac{\sin \pi}{y^2}\mathrm{d}y = \left[\sin x \right]_{\frac{\pi}{2}}^{\pi} = -1$$

（4）计算曲线积分 $I = \displaystyle\oint_L \frac{x\mathrm{d}y - y\mathrm{d}x}{4x^2 + y^2}$，其中 L 是以点 $(1,0)$ 为中心，R 为半径的圆周

（$R>1$），取逆时针方向。

解 $P(x,y) = \dfrac{-y}{4x^2+y^2}, Q(x,y) = \dfrac{x}{4x^2+y^2}$，在原点无意义，在 L 内取 $\varepsilon > 0$ 充分小，使得椭圆

$L_\varepsilon = 4x^2 + y^2 = \varepsilon^2$ 在 L 内部。记 L 与 L_ε 所围成的区域为 D，则在 L 与 L_ε 所围成的区域，因为

$\dfrac{\partial Q}{\partial x} = \dfrac{\partial P}{\partial y} = \dfrac{y^2 - 4x^2}{4x^2+y^2}$，积分与路径无关，所以

$$\int_{L+L_\varepsilon} \frac{x\mathrm{d}y - y\mathrm{d}x}{4x^2 + y^2} = \iint_D 0\mathrm{d}x\mathrm{d}y = 0$$

L_ε^+ 表示在 L_ε 上取顺时针方向，用 L_ε^- 表示取逆时针方向

$$I = \oint_L \frac{x\mathrm{d}y - y\mathrm{d}x}{4x^2 + y^2} = \int_{L+L_\varepsilon^+} \frac{x\mathrm{d}y - y\mathrm{d}x}{4x^2 + y^2} + \int_{L_\varepsilon^-} \frac{x\mathrm{d}y - y\mathrm{d}x}{4x^2 + y^2} = \int_{L_\varepsilon^-} \frac{x\mathrm{d}y - y\mathrm{d}x}{4x^2 + y^2}$$

$$= \frac{1}{\varepsilon^2} \int_{L_\varepsilon^-} x\mathrm{d}y - y\mathrm{d}x = \frac{1}{\varepsilon^2} \cdot 2 \left(\frac{1}{2}\pi\varepsilon^2 \right) = \pi$$

13. 计算函数 $u(x,y)$，使 $\mathrm{d}u = (x^2+2xy-y^2)\mathrm{d}x + (x^2-2xy-y^2)\mathrm{d}y$。

解 $P(x,y) = x^2+2xy-y^2, Q(x,y) = x^2-2xy-y^2$，取 (x_0,y_0) 为 $(0,0)$，则

$$u(x,y) = \int_0^x P(x,0)\mathrm{d}x + \int_0^y Q(x,y)\mathrm{d}y = \int_0^x x^2\mathrm{d}x + \int_0^y (x^2 - 2xy - y^2)\mathrm{d}y$$

$$= \frac{1}{3}x^3 + \left[x^2 y - xy^2 - \frac{1}{3}y^3 \right]_0^y = \frac{1}{3}x^3 + x^2 y - xy^2 - \frac{1}{3}y^3$$

五、经典考题

1. 单项选择题

（1）$\displaystyle\int_0^4 \mathrm{d}x \int_x^{2\sqrt{x}} f(x,y)\mathrm{d}y$ 交换积分次序后得（   ）

A. $\displaystyle\int_4^0 \mathrm{d}y \int_{\frac{y^2}{4}}^y f(x,y)\mathrm{d}x$ B. $\displaystyle\int_0^4 \mathrm{d}y \int_{-y}^{\frac{y^2}{4}} f(x,y)\mathrm{d}x$

C. $\displaystyle\int_0^4 \mathrm{d}y \int_{\frac{1}{4}}^1 f(x,y)\mathrm{d}x$ D. $\displaystyle\int_0^4 \mathrm{d}y \int_{\frac{y^2}{4}}^y f(x,y)\mathrm{d}x$

（2）二重积分 $\int_0^1 dy \int_y^1 e^{x^2} dx = ($ $)$

  A. $\int_0^1 dy \int_x^0 e^{x^2} dx$ B. $\dfrac{1}{2}(e-1)$

  C. $\int_0^1 dx \int_x^0 e^{x^2} dy$ D. $\int_y^1 e^{x^2} dx$ 在初等函数范围内不可积,因此无法计算

（3）设 D 为 $x^2+y^2 \le 4$,则 D 的面积为(   )

  A. $\int_0^2 dx \int_0^{\sqrt{4-x^2}} dy$ B. $\int_{-2}^2 dx \int_0^{\sqrt{4-x^2}} dy$

  C. $\int_0^{2\pi} d\theta \int_0^2 r dr$ D. $\int_0^{2\pi} d\theta \int_0^2 dr$

（4）设 D 是由 $y=x^2, y=x$ 围成,则 $I = \iint\limits_D dx dy$ 等于(   )

  A. $\dfrac{1}{2}$ B. $\dfrac{1}{6}$ C. $\dfrac{1}{3}$ D. $-\dfrac{1}{6}$

（5）$\iint\limits_D f(x,y) d\sigma = \lim\limits_{\lambda\to 0} f(\xi_i, \eta_i) \Delta\sigma_i$ 中 λ 是(   )

  A. 最大小区间长度   B. 小区间长度

  C. 小区域直径   D. 最大小区域直径

（6）设 $I = \iint\limits_D \sqrt{4-x^2-y^2} d\sigma$,其中 $D: x^2+y^2 \le 4, x\ge 0, y\ge 0$。则必有(   )

  A. $I>0$ B. $I<0$ C. $I=0$ D. $I\ne 0$,但符号无法判断

（7）比较 $I_1 = \iint\limits_D (x+y)^2 d\sigma$ 与 $I_2 = \iint\limits_D (x+y)^3 d\sigma$ 的大小,其中 $D:(x-2)^2+(y-1)^2 \le 1$,则(   )

  A. $I_1=I_2$ B. $I_1>I_2$ C. $I_1<I_2$ D. 无法比较

（8）$I = \iint\limits_D xy d\sigma$, $D: y^2=x$ 及 $y=x-2$ 所围成,则(   )

  A. $I = \int_0^4 dx \int_{y+2}^{y^2} xy dy$ B. $I = \int_0^1 dx \int_{-\sqrt{x}}^{\sqrt{x}} xy dy + \int_1^4 dx \int_{x-2}^x xy dy$

  C. $I = \int_{-1}^2 dy \int_{y^2}^{y+2} xy dx$ D. $I = \int_{-1}^2 dx \int_{y^2}^{y+2} xy dy$

（9）$I = \int_0^1 dy \int_0^{\sqrt{1-y}} 3x^2 y^2 dx$,则交换积分次序后,得(   )

  A. $I = \int_0^1 dx \int_0^{\sqrt{1-x}} 3x^2 y^2 dy$ B. $I = \int_0^{\sqrt{1-y}} dx \int_0^1 3x^2 y^2 dy$

  C. $I = \int_0^1 dx \int_0^{1-x^2} 3x^2 y^2 dy$ D. $I = \int_0^1 dx \int_0^{1+x^2} 3x^2 y^2 dy$

（10）当 D 是(   )围成的区域时,二重积分 $\iint\limits_D dx dy = 1$

  A. x 轴、y 轴及 $2x+y-2=0$ B. x 轴、y 轴及 $x=4, y=3$

  C. $|x|=\dfrac{1}{2}, |y|=\dfrac{1}{3}$ D. $|x+y|=1, |x-y|=1$

（11）设 $\iint\limits_D dxdy = 1$，则下列各组曲线中围成区域为 D 的是（　　　　）

　　A. $x^2+y^2=1$ 　　　　　　　　　　B. $x=1,x=2,y=-1,y=1$

　　C. $x^2+y^2=\dfrac{1}{\pi}$ 　　　　　　　　D. $y=x,y=0,x=1$

（12）L 为沿 $x^2+y^2=R^2$ 逆时针方向一周的曲线，则 $\oint\limits_L xy^2 dy - x^2 ydx$ 用格林公式计算得（　　　　）

　　A. $\int_0^{2\pi} d\theta \int_0^R r^3 dr$ 　　　　　　　B. $\int_0^{2\pi} d\theta \int_0^R r^2 dr$

　　C. $\int_0^{2\pi} d\theta \int_0^R 4r^3 \sin\theta dr$ 　　　　D. $\int_0^{2\pi} d\theta \int_0^R 4r^3 \cos\theta dr$

（13）单连通区域 D 内 $P(x,y)$，$Q(x,y)$ 具有一阶连续偏导数，则 $\int_L Pdx + Qdy$ 在 D 内与路径无关的充要条件是在 D 内恒有（　　　　）

　　A. $\dfrac{\partial Q}{\partial x} + \dfrac{\partial P}{\partial y} = 0$ 　　　　　　B. $\dfrac{\partial Q}{\partial x} - \dfrac{\partial P}{\partial y} = 0$

　　C. $\dfrac{\partial P}{\partial x} - \dfrac{\partial Q}{\partial y} = 0$ 　　　　　　D. $\dfrac{\partial P}{\partial x} + \dfrac{\partial Q}{\partial y} = 0$

（14）L_1，L_2 含原点的两条同向封闭曲线，若已知 $\oint L_1 \dfrac{2xdx + ydy}{x^2 + y^2} = k$（$k$ 为常数），则 $\oint L_2 \dfrac{2xdx + ydy}{x^2 + y^2}$（　　　　）

　　A. 一定等于 k 　　　　　　　　B. 不一定等于 k，与 L_2 形状有关

　　C. 一定等于 $-k$ 　　　　　　　D. 不一定等于 k，与 L_2 形状无关

（15）用格林公式求曲线 L 所围区域 D 的面积（　　　　）

　　A. $\oint\limits_L xdy - ydx$ 　　　　　　　B. $\dfrac{1}{2}\oint\limits_L ydx - xdy$

　　C. $\oint\limits_L ydx - xdy$ 　　　　　　　D. $\dfrac{1}{2}\oint\limits_L xdy - ydx$

2. 填空题

（1）极坐标下的二重积分形式为 $\iint\limits_D f(x,y)d\sigma = $＿＿＿＿＿＿。

（2）交换积分次序：$\int_0^1 dx \int_{-\sqrt{x}}^{\sqrt{x}} f(x,y)dy + \int_1^4 dx \int_{x-2}^{\sqrt{x}} f(x,y)dy = $＿＿＿＿＿＿。

（3）如果将 D 分成两个互不重叠的区域 D_1 与 D_2，则 $\iint\limits_D f(x,y)d\sigma = $＿＿＿＿＿＿。

（4）D 是圆形闭区域：$x^2+y^2 \leq 1$，则 $\iint\limits_D x^2 dxdy = $＿＿＿＿＿＿。

（5）交换积分次序：$\int_0^1 dx \int_{x^2}^x f(x,y)dy = $＿＿＿＿＿＿。

（6）设 D：$1 \leq x^2+y^2 \leq 4$，则 $\iint\limits_D dxdy = $＿＿＿＿＿＿。

(7) $\int_0^{2a} dx \int_0^{\sqrt{2ax-x^2}} (x^2 + y^2) dy = $ ＿＿＿＿＿＿＿。

(8) D 是圆形闭区域：$x^2+y^2 \leqslant 9$，则 $\iint\limits_D \sqrt{x^2 + y^2} \, dxdy = $ ＿＿＿＿＿＿＿。

(9) L 为包含原点的任意光滑简单闭曲线，$I = \oint_L \dfrac{-ydx + xdy}{x^2 + y^2} = $ ＿＿＿＿＿＿＿。

(10) 表达式 $P(x,y)dx + Q(x,y)dy$ 为某一函数的全微分，其充要条件是＿＿＿＿＿＿＿。

(11) 设 $D: x^2+y^2 \leqslant 4, y \geqslant 0$，则二重积分 $\iint\limits_D \sin(x^3 y^2) d\sigma = $ ＿＿＿＿＿＿＿。

(12) 设 L 为正向圆周 $x^2+y^2 = a^2$，则 $\oint_L xy^2 dy - x^2 y dx = $ ＿＿＿＿＿＿＿。

(13) 设 L 为连接 $(-1,0)$ 及 $(0,1)$ 两点的直线段，则 $\int_L (x + y^2) ds = $ ＿＿＿＿＿＿＿。

(14) 设 L 是抛物线 $y = x^2$ 上从点 $(0,0)$ 到点 $(2,4)$ 的一段弧，则 $\int_L (x^2 - y^2) dx = $ ＿＿＿＿＿＿＿。

(15) 设 L 是从点 $A(2,3)$ 沿 $xy = 6$ 到点 $B(3,2)$ 的曲线弧，则 $\int_L (ydx + xdy) = $ ＿＿＿＿＿＿＿。

3. 计算题

(1) 计算 $I = \iint\limits_D e^{-(x^2+y^2)} dxdy, D = \{(x,y) \mid x^2 + y^2 \leqslant a^2\}$。

(2) 计算二重积分：$\iint\limits_D e^{x+y} dxdy$，其中 D 是由 $y=x, y=0$ 及 $x=1$ 所围成的区域。

(3) 计算 $I = \int_0^{\frac{R}{\sqrt{2}}} dy \int_0^y e^{-x^2-y^2} dx + \int_{\frac{R}{\sqrt{2}}}^R dy \int_0^{\sqrt{R^2-y^2}} e^{-x^2-y^2} dx \, (R > 0)$。

(4) 计算 $\int_L y^2 ds$，这里的 L 为摆线 $x = a(t - \sin t), y = a(1 - \cos t) \, (0 \leqslant t \leqslant 2\pi)$ 的一拱。

(5) 计算 $\oint_L (ye^x - y^3) dx + (e^x + x^3) dy$，其中 L 是沿着由 $x^2+y^2 = 3$ 所构成的封闭曲线的正向。

4. 应用题

设质点受力 $F(x,y)$ 作用，力的大小与质点离原点的距离成正比，方向指向原点，求质点 P 按正方向沿椭圆 $x = a\cos t, y = b\sin t$ 移动一周时力 F 所做的功。

参 考 答 案

1. 单项选择题

(1) D　(2) B　(3) C　(4) B　(5) D　(6) A　(7) C　(8) C　(9) C　(10) A
(11) C　(12) A　(13) B　(14) B　(15) D

2. 填空题

(1) $\iint\limits_D f(r\cos\theta, r\sin\theta) r dr d\theta$　　　(2) $\int_{-1}^2 dy \int_{y^2}^{y+2} f(x,y) dx$

(3) $\iint\limits_{D_1} f(x,y)\mathrm{d}\sigma + \iint\limits_{D_2} f(x,y)\mathrm{d}\sigma$ 　　(4) $\dfrac{\pi}{4}$

(5) $\displaystyle\int_0^1 \mathrm{d}y \int_y^{\sqrt{y}} f(x,y)\mathrm{d}x$ 　　(6) 3π

(7) $\dfrac{3\pi a^4}{4}$ 分析:作极坐标变换,参数方程 $x=r\cos\theta, y=r\sin\theta$,积分区域 $D:0\leqslant r\leqslant 2a\cos\theta$,

$0\leqslant\theta\leqslant\dfrac{\pi}{2}$,于是 $\displaystyle\int_0^{2a}\mathrm{d}x\int_0^{\sqrt{2ax-x^2}}(x^2+y^2)\mathrm{d}y = \int_0^{\frac{\pi}{2}}\mathrm{d}\theta\int_0^{2a\cos\theta}r^2\cdot r\mathrm{d}r = 4a^4\int_0^{\frac{\pi}{2}}\cos^4\theta\mathrm{d}\theta = \dfrac{3}{4}\pi a^4$

(8) 18π 　　(9) 2π 　　(10) $\dfrac{\partial P}{\partial y}=\dfrac{\partial Q}{\partial x}$

(11) 0 　分析:积分区域 D 关于 y 轴对称,被积函数 $\sin(x^3y^2)$ 关于 x 为奇函数,则二重积分为 0。

(12) $\dfrac{\pi a^4}{2}$ 　　(13) $\dfrac{-\sqrt{2}}{6}$ 　　(14) $-\dfrac{56}{15}$ 　　(15) 0

3. 计算题

(1) $I = \displaystyle\iint\limits_{D} \mathrm{e}^{-(x^2+y^2)}\mathrm{d}x\mathrm{d}y = \int_0^{2\pi}\mathrm{d}\theta\int_0^a \mathrm{e}^{-r^2}\cdot r\mathrm{d}r = \pi(1-\mathrm{e}^{-a^2})$

(2) 积分区域 $D:0\leqslant x\leqslant 1, 0\leqslant y\leqslant x$

$\displaystyle\iint\limits_{D}\mathrm{e}^{x+y}\mathrm{d}x\mathrm{d}y = \int_0^1\mathrm{d}x\int_0^x \mathrm{e}^{x+y}\mathrm{d}y = \int_0^1\left[\mathrm{e}^{x+y}\right]_0^x\mathrm{d}x = \int_0^1(\mathrm{e}^{2x}-\mathrm{e}^x)\mathrm{d}x = \dfrac{1}{2}\mathrm{e}^2 - \mathrm{e} + \dfrac{1}{2}$

(3) $I = \displaystyle\iint\limits_{D} f(x,y)\mathrm{d}x\mathrm{d}y = \int_{\frac{\pi}{4}}^{\frac{\pi}{2}}\mathrm{d}\theta\int_0^R \mathrm{e}^{-r^2}r\mathrm{d}r$

$\qquad = \dfrac{\pi}{4}\left(-\dfrac{1}{2}\mathrm{e}^{-r^2}\right)_0^R = \dfrac{\pi}{8}(1-\mathrm{e}^{-R^2})$

(4) $\displaystyle\int_L y^2\mathrm{d}s = \int_0^{2\pi} a^2(1-\cos t)^2\sqrt{\left[a(t-\sin t)\right]'^2 + \left[a(1-\cos t)\right]'^2}\mathrm{d}t$

$\qquad = 2a^3\displaystyle\int_0^{2\pi}\sin\dfrac{t}{2}(1-\cos t)^2\mathrm{d}t = 8a^3\int_0^{2\pi}\sin^5\dfrac{t}{2}\mathrm{d}t = \dfrac{256}{15}a^3$

(5) 利用格林公式,有 $P(x,y)=y\mathrm{e}^x-y^3, Q(x,y)=\mathrm{e}^x+x^3$,即

$$\dfrac{\partial P}{\partial y}=\mathrm{e}^x-3y^2, \qquad \dfrac{\partial Q}{\partial x}=\mathrm{e}^x+3x^2$$

$$\oint_L (y\mathrm{e}^x - y^3)\mathrm{d}x + (\mathrm{e}^x+x^3)\mathrm{d}y = \iint\limits_{D}(\mathrm{e}^x+3x^2-\mathrm{e}^x+3y^2)\mathrm{d}x\mathrm{d}y = 3\iint\limits_{D}(x^2+y^2)\mathrm{d}x\mathrm{d}y$$

$$= 3\int_0^{2\pi}\mathrm{d}\theta\int_0^{\sqrt{3}}r^3\mathrm{d}r = \dfrac{27\pi}{2}$$

4. 应用题

$$W = \oint_L -kx\mathrm{d}x - ky\mathrm{d}y = k\int_0^{2\pi}(a^2-b^2)\sin t\cos t\mathrm{d}t = 0$$

（吕鹏举　任海玉）

第九章

无 穷 级 数

一、内容提要

1. 常数项级数的概念与性质

（1）常数项级数的概念：设给定一个无穷数列 $u_1,u_2,\cdots,u_n,\cdots$，则表达式

$$u_1+u_2+\cdots+u_n+\cdots$$

称为常数项无穷级数，简称为无穷级数或级数，记为 $\sum\limits_{n=1}^{\infty}u_n$，其中的第 n 项 u_n 称为级数的一般项或通项。

（2）级数的部分和数列：无穷级数的前 n 项的和 $S_n=u_1+u_2+\cdots+u_n$，称为级数的前 n 项部分和。当 $n=1,2,\cdots$ 时，相应地得到一个新的数列：

$$S_1=u_1,S_2=u_1+u_2,\cdots S_n=u_1+u_2+\cdots+u_n,\cdots$$

称数列 $\{S_n\}$ 为级数 $\sum\limits_{n=1}^{\infty}u_n$ 的部分和数列。

（3）无穷级数收敛的定义：设 $\{S_n\}$ 为级数 $\sum\limits_{n=1}^{\infty}u_n$ 的部分和数列，若 $\lim\limits_{n\to+\infty}S_n=S$，则称此无穷级数 $\sum\limits_{n=1}^{\infty}u_n$ 收敛于和 S，并写成 $S=\sum\limits_{n=1}^{\infty}u_n=u_1+u_2+\cdots+u_n+\cdots$，若 S_n 没有极限，则称级数 $\sum\limits_{n=1}^{\infty}u_n$ 发散。

2. 无穷级数的基本性质

性质 1 k 为非零常数，若级数 $\sum\limits_{n=1}^{\infty}u_n$ 收敛，则级数 $\sum\limits_{n=1}^{\infty}ku_n$ 也收敛，且 $\sum\limits_{n=1}^{\infty}ku_n=k\sum\limits_{n=1}^{\infty}u_n$，若级数 $\sum\limits_{n=1}^{\infty}u_n$ 发散，则级数 $\sum\limits_{n=1}^{\infty}ku_n$ 也发散。

性质 2 若级数 $\sum\limits_{n=1}^{\infty}u_n$ 与级数 $\sum\limits_{n=1}^{\infty}v_n$ 均收敛，则级数 $\sum\limits_{n=1}^{\infty}(u_n\pm v_n)$ 也收敛，且

$$\sum_{n=1}^{\infty}(u_n\pm v_n)=\sum_{n=1}^{\infty}u_n\pm\sum_{n=1}^{\infty}v_n$$

性质 3 在级数 $\sum\limits_{n=1}^{\infty}u_n$ 中去掉、加上或改变有限项，不会改变级数 $\sum\limits_{n=1}^{\infty}u_n$ 的收敛性。

性质 4 若级数 $\sum\limits_{n=1}^{\infty}u_n$ 收敛于 S，则对这个级数的项任意加括号后所成的级数

$$(u_1+\cdots+u_{n_1})+(u_{n_1+1}+\cdots+u_{n_2})+\cdots$$

仍收敛于 S。

性质 5（级数收敛的必要条件） 若级数 $\sum\limits_{n=1}^{\infty}u_n$ 收敛，则 $\lim\limits_{n\to+\infty}u_n=0$。

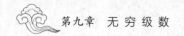

3. 正项级数判别法

定理 1 正项级数收敛的充要条件是它的部分和数列 $\{S_n\}$ 有界。

定理 2（比较判别法） 设 $\sum\limits_{n=1}^{\infty} u_n$ 和 $\sum\limits_{n=1}^{\infty} v_n$ 是两个正项级数,且有 $u_n \leqslant v_n (n=1,2,\cdots)$ 则

(1) 若级数 $\sum\limits_{n=1}^{\infty} v_n$ 收敛,则级数 $\sum\limits_{n=1}^{\infty} u_n$ 也收敛;

(2) 若级数 $\sum\limits_{n=1}^{\infty} u_n$ 发散,则级数 $\sum\limits_{n=1}^{\infty} v_n$ 也发散。

定理 3（比值判别法） 设正项级数 $\sum\limits_{n=1}^{\infty} u_n$ 的一般项满足 $\lim\limits_{n\to+\infty}\dfrac{u_{n+1}}{u_n}=\rho$,则

(1) 当 $\rho<1$ 时,级数 $\sum\limits_{n=1}^{\infty} u_n$ 收敛;

(2) 当 $\rho>1$ 或 $\rho=\infty$ 时,级数 $\sum\limits_{n=1}^{\infty} u_n$ 发散;

(3) 当 $\rho=1$ 时,级数 $\sum\limits_{n=1}^{\infty} u_n$ 可能收敛也可能发散。

4. 任意项级数

定义 设任意项级数 $\sum\limits_{n=1}^{\infty} u_n$,若级数的每一项取绝对值后组成的正项级数 $\sum\limits_{n=1}^{\infty} |u_n|$ 收敛,则称级数 $\sum\limits_{n=1}^{\infty} u_n$ 绝对收敛。

定理 4 对于级数 $\sum\limits_{n=1}^{\infty} u_n$,若 $\sum\limits_{n=1}^{\infty} |u_n|$ 收敛,则 $\sum\limits_{n=1}^{\infty} u_n$ 也收敛。

定理 5（莱布尼茨判别法） 若交错级数 $\sum\limits_{n=1}^{\infty} (-1)^{n-1} u_n$ 满足下列条件:

(1) $u_n \geqslant u_{n+1} (n=1,2,\cdots)$;

(2) $\lim\limits_{n\to+\infty} u_n = 0$;

则交错级数收敛,其和 $S \leqslant u_1$,余项 R_n 的绝对值 $|R_n| \leqslant u_{n+1}$。

5. 幂级数

定理 6 对于幂级数 $\sum\limits_{n=0}^{\infty} a_n x^n$,若

$$\lim_{n\to+\infty}\left|\frac{a_{n+1}}{a_n}\right|=\rho$$

则

(1) 当 $0<\rho<+\infty$ 时,幂级数的收敛半径为 $R=\dfrac{1}{\rho}$;

(2) 当 $\rho=0$ 时,幂级数的收敛半径为 $R=+\infty$;

(3) 当 $\rho=+\infty$ 时,幂级数的收敛半径 $R=0$。

6. 幂级数的导数、积分运算

(1) $S'(x)=\left(\sum\limits_{n=0}^{\infty} a_n x^n\right)'=\sum\limits_{n=0}^{\infty}(a_n x^n)'=\sum\limits_{n=0}^{\infty} n a_n x^{n-1} \quad |x|<R$

$$(2) \int_0^x S(x) \mathrm{d}x = \int_0^x \left[\sum_{n=1}^{\infty} a_n x^n \right] \mathrm{d}x = \sum_{n=1}^{\infty} \left(\int_0^x a_n x^n \mathrm{d}x \right) \quad |x| < R$$

7. 泰勒公式

定理 7 若函数 $f(x)$ 在 x_0 的某邻域内具有直到 $(n+1)$ 阶的导数,则在该邻域内 $f(x)$ 表示成 $(x-x_0)$ 的一个 n 次多项式 $p_n(x)$ 和一个余项 $R_n(x)$ 的和,即

$$f(x) = p_n(x) + R_n(x)$$

其中

$$p_n(x) = f(x_0) + f'(x_0)(x-x_0) + \frac{f''(x_0)}{2!}(x-x_0)^2 + \cdots + \frac{f^{(n)}(x_0)}{n!}(x-x_0)^n$$

$$R_n(x) = \frac{f^{(n+1)}(\varepsilon)}{(n+1)!}(x-x_0)^{n+1} \quad (\varepsilon \text{ 位于 } x_0 \text{ 与 } x \text{ 之间})$$

二、重难点解析

1. 无穷级数收敛的必要条件。

2. 正项级数收敛性判别法,比较判别法、比值判别法;交错级数的莱布尼茨判别法。

3. 幂级数的收敛半径、收敛域;根据幂级数运算求和函数。

4. 将函数展开成幂级数。

三、例题解析

例 1 写出级数 $\dfrac{\sqrt{x}}{2} + \dfrac{x}{2 \cdot 4} + \dfrac{x \cdot \sqrt{x}}{2 \cdot 4 \cdot 6} + \dfrac{x^2}{2 \cdot 4 \cdot 6 \cdot 8} + \cdots$ 的一般项。

答案: $u_n = \dfrac{x^{\frac{n}{2}}}{2^n \cdot n!}$

解析 $u_1 = \dfrac{\sqrt{x}}{2} = \dfrac{x^{\frac{1}{2}}}{2}, u_2 = \dfrac{x^{\frac{2}{2}}}{2^2 \cdot 2}, u_3 = \dfrac{x^{\frac{3}{2}}}{2^3 \cdot 2 \cdot 3}, \cdots, u_n = \dfrac{x^{\frac{n}{2}}}{2^n \cdot 2 \cdot 3 \cdots n}$

所以 $u_n = \dfrac{x^{\frac{n}{2}}}{2^n \cdot n!}$

例 2 判别级数 $\dfrac{1}{1 \cdot 6} + \dfrac{1}{6 \cdot 11} + \dfrac{1}{11 \cdot 16} + \cdots + \dfrac{1}{(5n-4)(5n+1)} + \cdots$ 的敛散性。

答案: 级数收敛。

解析 $u_n = \dfrac{1}{(5n-4)(5n+1)} = \dfrac{1}{5}\left(\dfrac{1}{5n-4} - \dfrac{1}{5n+1}\right)$

$$S_n = \frac{1}{5}\left(1 - \frac{1}{6}\right) + \frac{1}{5}\left(\frac{1}{6} - \frac{1}{11}\right) + \cdots + \frac{1}{5}\left(\frac{1}{5n-4} - \frac{1}{5n+1}\right)$$

$$= \frac{1}{5}\left(1 - \frac{1}{5n+1}\right) \to \frac{1}{5} (n \to \infty)$$

所以级数收敛。

例 3 判别级数 $\displaystyle\sum_{n=1}^{\infty} \sqrt{n}\left(1 - \cos\frac{\pi}{n}\right)$ 的敛散性。

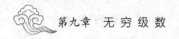

答案:级数收敛

解析 根据不等式 $\sin x < x \, (x > 0)$ 有

$$\sqrt{n}\left(1 - \cos\frac{\pi}{n}\right) = 2\sqrt{n}\sin^2\frac{\pi}{2n} \leqslant 2\sqrt{n}\left(\frac{\pi}{2n}\right)^2 = \frac{\pi^2}{2} \cdot \frac{1}{n^{\frac{3}{2}}}$$

由 p 级数知,级数 $\sum\limits_{n=1}^{\infty}\dfrac{1}{n^{\frac{3}{2}}}$ 收敛。于是由比较判别法可知原级数收敛。

例 4 判别级数 $\sum\limits_{n=1}^{\infty}\dfrac{2^n \cdot n!}{n^n}$ 的敛散性。

答案:级数收敛

解析 因为 $\lim\limits_{n \to +\infty}\dfrac{u_{n+1}}{u_n} = \lim\limits_{n \to +\infty}\dfrac{\dfrac{2^{n+1}(n+1)!}{(n+1)^{n+1}}}{\dfrac{2^n n!}{n^n}} = \lim\limits_{n \to +\infty}\dfrac{2}{\left(1+\dfrac{1}{n}\right)^n} = \dfrac{2}{e} < 1$

所以,由比值判别法可知,级数收敛。

例 5 利用级数收敛的必要条件证明: $\lim\limits_{n \to +\infty}\dfrac{n!}{n^n} = 0$。

证 记 $u_n = \dfrac{n!}{n^n}$,作级数 $\sum\limits_{n=1}^{\infty}u_n$,由于

$$\lim_{n \to +\infty}\frac{u_{n+1}}{u_n} = \lim_{n \to +\infty}\frac{(n+1)!}{(n+1)^{n+1}} \cdot \frac{n^n}{n!} = \lim_{n \to +\infty}\frac{n^n}{(n+1)^n} = \lim_{n \to +\infty}\frac{1}{\left(1+\dfrac{1}{n}\right)^n} = \frac{1}{e} < 1$$

故根据比值判别法知级数 $\sum\limits_{n=1}^{\infty}u_n$ 收敛,于是级数的一般项趋于 0,即 $\lim\limits_{n \to +\infty}u_n = \lim\limits_{n \to +\infty}\dfrac{n!}{n^n} = 0$。

例 6 当 $\lambda > 1$ 时,判断级数 $\sum\limits_{n=1}^{\infty}\dfrac{\cos nx}{n^{\lambda}}$ 的敛散性。

答案:级数收敛

解析 因为 $\left|\dfrac{\cos nx}{n^{\lambda}}\right| \leqslant \dfrac{1}{n^{\lambda}}$,当 $\lambda > 1$ 时,$\sum\limits_{n=1}^{\infty}\dfrac{1}{n^{\lambda}}$ 收敛,所以级数 $\sum\limits_{n=1}^{\infty}\left|\dfrac{\cos nx}{n^{\lambda}}\right|$ 收敛,从而级数 $\sum\limits_{n=1}^{\infty}\dfrac{\cos nx}{n^{\lambda}}$ 绝对收敛。

例 7 讨论级数 $\sum\limits_{n=1}^{\infty}(-1)^{n-1}\ln\left(1+\dfrac{1}{\sqrt{n}}\right)$ 的敛散性。

答案:级数收敛

解析 令 $u_n = \ln\left(1+\dfrac{1}{\sqrt{n}}\right)$,因为 $\lim\limits_{n \to +\infty}u_n = 0$ 且 $u_{n+1} < u_n$,由莱布尼茨判别法知级数收敛。

例 8 求幂级数 $\sum\limits_{n=1}^{\infty}\dfrac{3^n + 5^n}{n}x^n$ 的收敛区间。

答案:$\left(-\dfrac{1}{5}, \dfrac{1}{5}\right)$

解析 $\lim\limits_{n\to+\infty}\left|\dfrac{a_{n+1}}{a_n}\right|=\lim\limits_{n\to+\infty}\dfrac{n}{n+1}\cdot\dfrac{3^{n+1}+5^{n+1}}{3^n+5^n}=\lim\limits_{n\to+\infty}\dfrac{n}{n+1}\cdot\dfrac{3\left(\frac{3}{5}\right)^n+5}{\left(\frac{3}{5}\right)^n+1}=5$

故收敛半径 $R=\dfrac{1}{5}$，收敛区间为 $\left(-\dfrac{1}{5},\dfrac{1}{5}\right)$。

例 9 求幂级数 $\sum\limits_{n=0}^{\infty}\dfrac{x^n}{n!}$ 的和函数。

答案： $S(x)=e^x$

解析 易知级数的收敛半径 $R=+\infty$

由 $S(x)=\sum\limits_{n=0}^{\infty}\dfrac{x^n}{n!}$ 得，$S'(x)=\sum\limits_{n=1}^{\infty}\dfrac{x^{n-1}}{(n-1)!}=\sum\limits_{k=0}^{\infty}\dfrac{x^k}{k!}=S(x)$

解微分方程 $S'(x)=S(x)$，通解为 $S(x)=Ce^x$，由 $S(0)=1$ 得 $C=1$，即 $S(x)=e^x$。

例 10 将函数 $\ln\dfrac{x}{x+1}$ 在 $x_0=1$ 展开成幂级数，并指出收敛区域。

答案： $0<x\leqslant 2$

解析
$$\ln\dfrac{x}{x+1}=\ln x-\ln(x+1)=\ln[1+(x-1)]-\ln[2+(x-1)]$$
$$=\ln[1+(x-1)]-\ln 2-\ln\left[1+\dfrac{x-1}{2}\right]$$
$$=-\ln 2+\sum\limits_{n=1}^{\infty}(-1)^{n-1}\dfrac{(x-1)^n}{n}-\sum\limits_{n=1}^{\infty}(-1)^{n-1}\dfrac{(x-1)^n}{n\cdot 2^n}$$
$$=-\ln 2+\sum\limits_{n=1}^{\infty}\dfrac{(-1)^{n-1}}{n}\left(1-\dfrac{1}{2^n}\right)(x-1)^n$$

上式成立的区间可由 $\begin{cases}-1<x-1\leqslant 1\\ -1<\dfrac{x-1}{2}\leqslant 1\end{cases}$ 解得为 $0<x\leqslant 2$。

四、习题与解答

1. 写出下列级数的一般项。

(1) $1-\dfrac{1}{3}+\dfrac{1}{5}-\dfrac{1}{7}+\cdots$

解 $u_1=\dfrac{(-1)^{1-1}}{2\cdot 1-1},u_2=\dfrac{(-1)^{2-1}}{2\cdot 2-1},u_3=\dfrac{(-1)^{3-1}}{2\cdot 3-1},\cdots,u_n=\dfrac{(-1)^{n-1}}{2n-1}$ $(n=1,2\cdots)$

(2) $\dfrac{1}{\ln 2}+\dfrac{1}{2\ln 3}+\dfrac{1}{3\ln 4}+\cdots$

解 $u_1=\dfrac{1}{\ln(1+1)},u_2=\dfrac{1}{2\cdot\ln(2+1)},u_3=\dfrac{1}{3\ln(3+1)},\cdots,u_n=\dfrac{1}{n\ln(n+1)}$ $(n=1,2,\cdots)$

(3) $-1+0+\dfrac{1}{3}+\dfrac{2}{4}+\dfrac{3}{5}+\cdots$

解 $u_1=\dfrac{1-2}{1}, u_2=\dfrac{2-2}{2}, u_3=\dfrac{3-2}{3}, \cdots, u_n=\dfrac{n-2}{n}$ $(n=1,2,\cdots)$

(4) $\dfrac{1}{2\cdot 5}+\dfrac{1}{3\cdot 6}+\dfrac{1}{4\cdot 7}+\cdots$

解 $u_1=\dfrac{1}{(1+1)(1+4)}, u_2=\dfrac{1}{(2+1)(2+4)}, u_3=\dfrac{1}{(3+1)(3+4)}, \cdots, u_n=\dfrac{1}{(n+1)(n+4)}$

$(n=1,2,\cdots)$

(5) $-a^2+\dfrac{a^3}{2}-\dfrac{a^4}{6}+\dfrac{a^5}{24}-\cdots$

解 $u_1=\dfrac{(-1)^1 a^{1+1}}{1}, u_2=\dfrac{(-1)^2 a^{2+1}}{1\cdot 2}, u_3=\dfrac{(-1)^3 a^{3+1}}{1\cdot 2\cdot 3}, \cdots, u_n=\dfrac{(-1)^n a^{n+1}}{n!}$ $(n=1,2,\cdots)$

(6) $1+3x+\dfrac{3\cdot 4}{2}x^2+\dfrac{4\cdot 5}{2}x^3+\cdots.$

解 $u_1=\dfrac{2\cdot x^{1-1}}{2}, u_2=\dfrac{2\cdot 3x^{2-1}}{2}, u_3=\dfrac{3\cdot 4x^{3-1}}{2}, \cdots, u_n=\dfrac{n(n+1)x^{n-1}}{2}$ $(n=1,2,\cdots)$

2. 判别下列级数的敛散性。

(1) $\displaystyle\sum_{n=1}^{\infty}\dfrac{1}{\ln(n+1)}$

解 因为 $n>\ln(n+1)$，于是 $\dfrac{1}{n}<\dfrac{1}{\ln(n+1)}$。根据比较判别法，由调和级数 $\displaystyle\sum_{n=1}^{\infty}\dfrac{1}{n}$ 的发散，

可得级数 $\displaystyle\sum_{n=1}^{\infty}\dfrac{1}{\ln(n+1)}$ 发散。

(2) $\displaystyle\sum_{n=1}^{\infty}\dfrac{1}{\sqrt{n(n+1)}}$

解 因为 $u_n=\dfrac{1}{\sqrt{n(n+1)}}>\dfrac{1}{n+1}$，而级数 $\displaystyle\sum_{n=1}^{\infty}\dfrac{1}{n+1}$ 发散，由比较判别法知级数发散。

(3) $\displaystyle\sum_{n=1}^{\infty}\dfrac{1}{(n+1)(n+4)}$

解 由于 $u_n=\dfrac{1}{(n+1)(n+4)}<\dfrac{1}{n^2}$，而级数 $\displaystyle\sum_{n=1}^{\infty}\dfrac{1}{n^2}$ 收敛，由比较判别法知级数收敛。

(4) $\displaystyle\sum_{n=1}^{\infty}\dfrac{1+n}{1+n^2}$

解 因为 $u_n=\dfrac{1+n}{1+n^2}>\dfrac{1+n}{1+2n+n^2}=\dfrac{1}{n+1}$，由调和级数的发散性知级数发散。

(5) $\displaystyle\sum_{n=1}^{\infty}\dfrac{n+2}{2^n}$

解 由于 $\displaystyle\lim_{n\to+\infty}\dfrac{u_{n+1}}{u_n}=\lim_{n\to+\infty}\dfrac{\dfrac{n+3}{2^{n+1}}}{\dfrac{n+2}{2^n}}=\dfrac{1}{2}$，由比值判别法知级数收敛。

(6) $\displaystyle\sum_{n=1}^{\infty} \frac{n^2}{3^n}$

解 由于 $\displaystyle\lim_{n\to+\infty}\frac{u_{n+1}}{u_n}=\lim_{n\to+\infty}\frac{\dfrac{(n+1)^2}{3^{n+1}}}{\dfrac{n^2}{3^n}}=\lim_{n\to+\infty}\frac{(n+1)^2}{3n^2}=\frac{1}{3}$，由比值判别法知级数收敛。

(7) $\displaystyle\sum_{n=1}^{\infty} \frac{5^n}{n!}$

解 由于 $\displaystyle\lim_{n\to+\infty}\frac{u_{n+1}}{u_n}=\lim_{n\to+\infty}\frac{\dfrac{5^{n+1}}{(n+1)!}}{\dfrac{5^n}{n!}}=0$，由比值判别法知级数收敛。

(8) $\displaystyle\sum_{n=1}^{\infty} \frac{(n!)^2}{3n^2}$

解 由于 $\displaystyle\lim_{n\to+\infty}\frac{u_{n+1}}{u_n}=\lim_{n\to+\infty}\frac{\dfrac{[(n+1)!]^2}{3(n+1)^2}}{\dfrac{(n!)^2}{3n^2}}=\lim_{n\to+\infty}n^2=\infty$，由比值判别法知级数发散。

3. 判别下列级数是否收敛，如果是收敛的，是绝对收敛还是条件收敛？

(1) $1-\dfrac{1}{\sqrt{2}}+\dfrac{1}{\sqrt{3}}-\dfrac{1}{\sqrt{4}}+\cdots$

解 首先，对于级数 $\displaystyle\sum_{n=1}^{\infty}\left|\frac{(-1)^{n-1}}{\sqrt{n}}\right|=\sum_{n=1}^{\infty}\frac{1}{\sqrt{n}}$，由于 $\dfrac{1}{\sqrt{n}}\geqslant\dfrac{1}{n}$，由调和级数 $\displaystyle\sum_{n=1}^{\infty}\frac{1}{n}$ 的发散，可知级数 $\displaystyle\sum_{n=1}^{\infty}\frac{1}{\sqrt{n}}$ 发散。其次，$u_n=\dfrac{1}{\sqrt{n}}$，有 $u_n\geqslant u_{n+1}$；且 $\displaystyle\lim_{n\to+\infty}u_n=\lim_{n\to+\infty}\frac{1}{\sqrt{n}}=0$，满足莱布尼茨判别法中的条件，所以级数 $\displaystyle\sum_{n=1}^{\infty}\frac{(-1)^{n-1}}{\sqrt{n}}$ 收敛。从而级数 $\displaystyle\sum_{n=1}^{\infty}\frac{(-1)^{n-1}}{\sqrt{n}}$ 条件收敛。

(2) $\displaystyle\sum_{n=1}^{\infty}(-1)^{n-1}\frac{n}{3^{n-1}}$

解 由于

$$\lim_{n\to+\infty}\frac{|u_{n+1}|}{|u_n|}=\lim_{n\to+\infty}\frac{(n+1)3^{n-1}}{n\cdot3^n}=\frac{1}{3}<1$$

由比值判别法可知，级数 $\displaystyle\sum_{n=1}^{\infty}(-1)^{n-1}\frac{n}{3^{n-1}}$ 绝对收敛。

(3) $\displaystyle\sum_{n=1}^{\infty}(-1)^n\frac{n}{n+1}$

解 由于级数一般项不趋于零，即 $\displaystyle\lim_{n\to+\infty}u_n=\lim_{n\to+\infty}\frac{n}{n+1}=1\neq0$，所以级数 $\displaystyle\sum_{n=1}^{\infty}(-1)^n\frac{n}{n+1}$ 发散。

(4) $\sum\limits_{n=1}^{\infty} (-1)^n \dfrac{1+n}{n^2}$

解 由于级数 $\sum\limits_{n=1}^{\infty} (-1)^n \dfrac{1}{n^2}$ 绝对收敛,而级数 $\sum\limits_{n=1}^{\infty} (-1)^n \dfrac{1}{n}$ 条件收敛,由级数的性质,原级数条件收敛。

(5) $\sum\limits_{n=1}^{\infty} (-1)^{n-1} \dfrac{1}{n2^n}$

解 由于

$$\lim_{n\to+\infty} \frac{|u_{n+1}|}{|u_n|} = \lim_{n\to+\infty} \frac{\dfrac{1}{(n+1)2^{n+1}}}{\dfrac{1}{n2^n}} = \frac{1}{2} < 1$$

由比值判别法知,级数绝对收敛。

(6) $\sum\limits_{n=1}^{\infty} (-1)^{n-1} \dfrac{1}{\ln(n+1)}$

解 首先有 $u_n = \dfrac{1}{\ln(n+1)} > u_{n+1} = \dfrac{1}{\ln(n+2)}$;且 $\lim\limits_{n\to+\infty} u_n = \lim\limits_{n\to+\infty} \dfrac{1}{\ln(n+1)} = 0$。满足莱布尼茨判别法中的条件,所以级数 $\sum\limits_{n=1}^{\infty} (-1)^{n-1} \dfrac{1}{\ln(n+1)}$ 收敛。但 $\sum\limits_{n=1}^{\infty} \dfrac{1}{\ln(n+1)}$ 发散[见本部分2(1)小题],所以原级数条件收敛。

4. 求下列幂级数的收敛半径与收敛区域。

(1) $\sum\limits_{n=1}^{\infty} (-1)^n n^3 x^n$

解 因为 $a_n = (-1)^n n^3$,且 $\lim\limits_{n\to+\infty} \left| \dfrac{a_{n+1}}{a_n} \right| = \lim\limits_{n\to+\infty} \dfrac{(n+1)^3}{n^3} = 1 = \rho$,收敛半径 $R = \dfrac{1}{\rho} = 1$,当 $x = \pm 1$ 时,由于 $|(-1)^n n^2 (\pm 1)^n| = n^2 \to +\infty$,级数发散,级数收敛区域为 $(-1,1)$。

(2) $\sum\limits_{n=1}^{\infty} (-1)^{n-1} \dfrac{x^n}{n}$

解 由于

$$\lim_{n\to+\infty} \left| \frac{a_{n+1}}{a_n} \right| = \lim_{n\to+\infty} \frac{\dfrac{1}{n+1}}{\dfrac{1}{n}} = \lim_{n\to+\infty} \frac{n}{n+1} = 1 = \rho$$

当 $x = -1$ 时,级数 $\sum\limits_{n=1}^{\infty} (-1)^{2n-1} \dfrac{1}{n}$ 发散,当 $x = 1$ 时,交错级数 $\sum\limits_{n=1}^{\infty} (-1)^{n-1} \dfrac{1}{n}$ 收敛。所以级数的收敛半径为1,级数收敛区域为 $(-1,1]$。

(3) $\sum\limits_{n=1}^{\infty} \dfrac{2^n}{n^2+1} x^n$

解 因为 $a_n = \dfrac{2^n}{n^2+1}$,且

$$\lim_{n \to +\infty} \left| \frac{a_{n+1}}{a_n} \right| = \lim_{n \to +\infty} \frac{\dfrac{2^{n+1}}{(n+1)^2+1}}{\dfrac{2^n}{n^2+1}} = \lim_{n \to +\infty} \frac{2(n^2+1)}{(n+1)^2+1} = 2 = \rho$$

收敛半径 $R = \dfrac{1}{\rho} = \dfrac{1}{2}$，当 $x = \pm \dfrac{1}{2}$ 时，级数 $\displaystyle\sum_{n=1}^{\infty} \frac{(\pm 1)^n}{n^2+1}$ 收敛，所以幂级数的收敛区域为

$\left[-\dfrac{1}{2}, \dfrac{1}{2} \right]$。

(4) $\displaystyle\sum_{n=1}^{\infty} \frac{1}{3^n} (2x)^n$

解 因为 $a_n = \dfrac{2^n}{3^n}$，且 $\displaystyle\lim_{n \to +\infty} \left| \frac{a_{n+1}}{a_n} \right| = \lim_{n \to +\infty} \frac{\dfrac{2^{n+1}}{3^{n+1}}}{\dfrac{2^n}{3^n}} = \frac{2}{3} = \rho$，收敛半径 $R = \dfrac{1}{\rho} = \dfrac{3}{2}$，当 $x = \pm \dfrac{3}{2}$ 时，相

应级数发散，所以幂级数的收敛区域为 $\left(-\dfrac{3}{2}, \dfrac{3}{2} \right)$。

(5) $\displaystyle\sum_{n=1}^{\infty} \frac{n^2}{n!} x^n$

解 因为 $a_n = \dfrac{n^2}{n!}$，且 $\displaystyle\lim_{n \to +\infty} \left| \frac{a_{n+1}}{a_n} \right| = \lim_{n \to +\infty} \frac{\dfrac{(n+1)^2}{(n+1)!}}{\dfrac{n^2}{n!}} = \lim_{n \to +\infty} \frac{\left(1+\dfrac{1}{n}\right)^2}{n+1} = 0 = \rho$，收敛半径 $R = +\infty$。所

以幂级数的收敛区域为 $(-\infty, +\infty)$。

(6) $\displaystyle\sum_{n=1}^{\infty} \frac{2^n}{\sqrt{n}} (x+1)^n$

解 作变换，设 $t = x+1$，原幂级数变为 $\displaystyle\sum_{n=1}^{\infty} \frac{2^n}{\sqrt{n}} t^n$。由于

$$\lim_{n \to +\infty} \left| \frac{a_{n+1}}{a_n} \right| = \lim_{n \to +\infty} \frac{\dfrac{2^{n+1}}{\sqrt{n+1}}}{\dfrac{2^n}{\sqrt{n}}} = \lim_{n \to +\infty} \frac{2\sqrt{n}}{\sqrt{n+1}} = 2 = \rho$$

收敛半径为 $R = \dfrac{1}{\rho} = \dfrac{1}{2}$。当 $t = -\dfrac{1}{2}$ 时，交错级数 $\displaystyle\sum_{n=1}^{\infty} (-1)^n \frac{1}{\sqrt{n}}$ 收敛，当 $t = \dfrac{1}{2}$ 时，级数 $\displaystyle\sum_{n=1}^{\infty} \frac{1}{\sqrt{n}}$

发散，这样，t 的收敛区域为 $-\dfrac{1}{2} \leqslant t < \dfrac{1}{2}$，即 $-\dfrac{1}{2} \leqslant x+1 < \dfrac{1}{2}$，于是，原级数的收敛区域为

$\left[-\dfrac{3}{2}, -\dfrac{1}{2} \right]$。

5. 把下列级数展开成 x 的幂级数。

(1) $x\mathrm{e}^x$

解　$xe^x = x\sum_{n=0}^{\infty}\dfrac{x^n}{n!} = \sum_{n=0}^{\infty}\dfrac{x^{n+1}}{n!}(-\infty < x < +\infty)$

（2）$\dfrac{x}{x^2-2x-3}$

解　$\dfrac{x}{x^2-2x-3} = \dfrac{1}{4}\left(\dfrac{1}{1+x} - \dfrac{3}{3-x}\right) = \sum_{n=0}^{\infty}\dfrac{1}{4}\left[(-1)^n - \left(\dfrac{1}{3}\right)^n\right]x^n(-1 < x < 1)$

（3）$\cos^2 x$

解　$\cos^2 x = \dfrac{1+\cos 2x}{2} = \dfrac{1}{2} + \dfrac{1}{2}\sum_{n=0}^{\infty}(-1)^n\dfrac{(2x)^{2n}}{(2n)!} = 1 + \sum_{n=1}^{\infty}(-1)^n\dfrac{(2x)^{2n}}{2\cdot(2n)!}$

$(-\infty < x < +\infty)$

（4）a^x

解　$a^x = e^{x\ln a} = \sum_{n=0}^{\infty}\dfrac{1}{n!}(x\ln a)^n(-\infty < x < +\infty)$

（5）$\dfrac{1}{\sqrt{1-x^2}}$

解　$\dfrac{1}{\sqrt{1-x^2}} = (1-x^2)^{-\frac{1}{2}} = 1 + \sum_{n=1}^{\infty}\dfrac{(2n)!}{(n!)^2}\left(\dfrac{x}{2}\right)^{2n}(-1 < x < 1)$

（6）$\sin\dfrac{x}{2}$

解　$\sin\dfrac{x}{2} = \dfrac{x}{2} - \dfrac{x^3}{2^3 3!} + \dfrac{x^5}{2^5 5!} - \cdots + \dfrac{(-1)^{n-1}x^{2n-1}}{2^{2n-1}(2n-1)!} + \cdots(-\infty < x < +\infty)$

6. 把下列函数展开成 $(x-x_0)$ 幂级数。

（1）$f(x) = \dfrac{1}{x}$ 在 $x_0 = -2$

解　$f(x) = \dfrac{1}{x} = -\dfrac{1}{2-(x+2)} = -\dfrac{1}{2}\cdot\dfrac{1}{1-\dfrac{x+2}{2}} = -\dfrac{1}{2}\sum_{n=0}^{\infty}\dfrac{(x+2)^n}{2^n},(-4,0)$

（2）$f(x) = \lg x$ 在 $x_0 = 1$

解　$f(x) = \lg x = \dfrac{\ln x}{\ln 10} = \dfrac{\ln[1+(x-1)]}{\ln 10} = \dfrac{1}{\ln 10}\sum_{n=0}^{\infty}(-1)^n\dfrac{(x-1)^{n+1}}{n+1}(0 < x \leqslant 2)$

（3）$f(x) = \dfrac{1}{4-x}$ 在 $x_0 = 2$

解　$f(x) = \dfrac{1}{4-x} = \dfrac{1}{2-(x-2)} = \dfrac{1}{2}\cdot\sum_{n=0}^{\infty}\dfrac{(x-2)^n}{2^n},(0,4)$

（4）$f(x) = \cos x$ 在 $x_0 = -\dfrac{\pi}{3}$

解　$f(x) = \cos x = \cos\left[\left(x+\dfrac{\pi}{3}\right) - \dfrac{\pi}{3}\right] = \cos\dfrac{\pi}{3}\cos\left(x+\dfrac{\pi}{3}\right) + \sin\dfrac{\pi}{3}\sin\left(x+\dfrac{\pi}{3}\right)$

$= \dfrac{1}{2}\sum_{n=0}^{\infty}(-1)^n\left[\dfrac{\left(x+\dfrac{\pi}{3}\right)^{2n}}{(2n)!} + \dfrac{\sqrt{3}\left(x+\dfrac{\pi}{3}\right)^{2n+1}}{(2n+1)!}\right]\quad(-\infty, +\infty)$

7. 利用逐项求导或逐项积分方法求下列幂级数在收敛区间内的和函数。

(1) $\sum_{n=1}^{\infty} \dfrac{x^n}{n}, |x| < 1$

解 设所求幂级数的和函数为 $S(x)$,对级数逐项求导

$$S'(x) = \left(\sum_{n=1}^{\infty} \frac{x^n}{n}\right)' = \sum_{n=1}^{\infty}\left(\frac{x^n}{n}\right)' = \sum_{n=1}^{\infty} x^{n-1} = \frac{1}{1-x}, \quad |x| < 1$$

所以

$$S(x) = \int_0^x \frac{1}{1-x}dx = -\ln(1-x), \quad |x| < 1$$

(2) $\sum_{n=1}^{\infty} nx^{n-1}, |x| < 1$

解 设所求幂级数的和函数为 $S(x)$,对级数逐项积分

$$\int_0^x S(x)dx = \int_0^x\left(\sum_{n=1}^{\infty} nx^{n-1}\right)dx = \sum_{n=1}^{\infty}\int_0^x nx^{n-1}dx = \sum_{n=1}^{\infty} x^n = \frac{x}{1-x}, \quad |x| < 1$$

所以

$$S(x) = \left(\frac{x}{1-x}\right)' = \frac{1}{(1-x)^2}, \quad |x| < 1$$

(3) $\sum_{n=1}^{\infty} (-1)^n \dfrac{x^{2n+1}}{2n+1}, \quad |x| < 1$

解 设所求幂级数的和函数为 $S(x)$,对级数逐项求导

$$S'(x) = \left(\sum_{n=1}^{\infty} (-1)^n \frac{x^{2n+1}}{2n+1}\right)' = \sum_{n=1}^{\infty} (-1)^n \left(\frac{x^{2n+1}}{2n+1}\right)' = \sum_{n=1}^{\infty} (-1)^n x^{2n} = -\frac{x^2}{1+x^2}$$

$$S(x) = -\int_0^x \frac{x^2}{1+x^2}dx = \arctan x - x, \quad |x| < 1$$

(4) $\sum_{n=1}^{\infty} \dfrac{2n-1}{2^n}x^{2n-2}, \quad |x| < \sqrt{2}$

解 设所求幂级数的和函数为 $S(x)$,对级数逐项积分

$$\int_0^x S(x)dx = \int_0^x\left(\sum_{n=1}^{\infty} \frac{2n-1}{2^n}x^{2n-2}\right)dx = \sum_{n=1}^{\infty}\int_0^x \frac{2n-1}{2^n}x^{2n-2}dx = \sum_{n=1}^{\infty} \frac{x^{2n-1}}{2^n}$$

$$= \frac{\dfrac{x}{2}}{1-\dfrac{x^2}{2}} = \frac{x}{2-x^2}$$

所以

$$S(x) = \sum_{n=1}^{\infty} \frac{2n-1}{2^n}x^{2n-2} = \left(\frac{x}{2-x^2}\right)' = \frac{2+x^2}{(2-x^2)^2}$$

8. 利用函数的幂级数展开式,求下列函数的近似值。

(1) ln3 的近似值(精确到 0.000 1)

解 根据 $\ln(1+x)$ 与 $\ln(1-x)$ 的展开式,可得

$$\ln\frac{1+x}{1-x} = 2\left(x + \frac{x^3}{3} + \frac{x^5}{5} + \cdots + \frac{x^{2n-1}}{2n-1} + \cdots\right) \quad (-1 < x < 1)$$

令 $\dfrac{1+x}{1-x}=3$，解得 $x=\dfrac{1}{2}$，代入上式，得

$$\ln 3 = 2\left[\frac{1}{2}+\frac{1}{3}\left(\frac{1}{2}\right)^3+\frac{1}{5}\left(\frac{1}{2}\right)^5+\cdots+\frac{1}{2n-1}\left(\frac{1}{2}\right)^{2n-1}+\cdots\right]$$

取 $n=6$，则

$$\left|R_6\left(\frac{1}{2}\right)\right|<\frac{1}{3\cdot 13\cdot 2^{10}}=\frac{1}{39\,936}<\frac{1}{30\,000}<0.000\,1$$

因此

$$\ln 3 \approx 2\left[\frac{1}{2}+\frac{1}{3}\left(\frac{1}{2}\right)^3+\frac{1}{5}\left(\frac{1}{2}\right)^5+\frac{1}{7}\left(\frac{1}{2}\right)^7+\frac{1}{9}\left(\frac{1}{2}\right)^9+\frac{1}{11}\left(\frac{1}{2}\right)^{11}\right]$$

$$\approx 1+0.083\,333+0.012\,500+0.002\,232+0.000\,434+0.000\,088$$

$$\approx 1.098\,6$$

（2）$\dfrac{2}{\sqrt{\pi}}\displaystyle\int_0^{\frac{1}{2}}\mathrm{e}^{-x^2}\mathrm{d}x$（精确到 $0.000\,1$）

解 因为 $\mathrm{e}^x = 1+\dfrac{x}{1!}+\dfrac{x^2}{2!}+\cdots+\dfrac{x^n}{n!}+\cdots$ （$-\infty<x<\infty$）

所以

$$\mathrm{e}^{-x^2}=1+\frac{-x^2}{1!}+\frac{x^4}{2!}+\frac{-x^6}{3!}+\cdots=1-\frac{x^2}{1!}+\frac{x^4}{2!}-\frac{x^6}{3!}+\cdots$$

于是

$$\frac{2}{\sqrt{\pi}}\int_0^{\frac{1}{2}}\mathrm{e}^{-x^2}\mathrm{d}x=\frac{2}{\sqrt{\pi}}\int_0^{\frac{1}{2}}\left(1-\frac{x^2}{1!}+\frac{x^4}{2!}-\frac{x^6}{3!}+\cdots\right)\mathrm{d}x=\frac{2}{\sqrt{\pi}}\left(x-\frac{x^3}{3}+\frac{x^5}{5\cdot 2!}-\frac{x^7}{7\cdot 3!}+\cdots\right)\Bigg|_0^{\frac{1}{2}}$$

$$=\frac{1}{\sqrt{\pi}}\left(1-\frac{1}{2^2\cdot 3}+\frac{1}{2^4\cdot 5\cdot 2!}-\frac{1}{2^6\cdot 7\cdot 3!}+\cdots\right)$$

取前四项作为求定积分的近似值，其误差估计为

$$|R_4|\leqslant\frac{1}{\sqrt{\pi}}\cdot\frac{1}{2^8\cdot 9\cdot 4!}<\frac{1}{90\,000}<0.000\,1$$

故

$$\frac{2}{\sqrt{\pi}}\int_0^{\frac{1}{2}}\mathrm{e}^{-x^2}\mathrm{d}x\approx\frac{1}{\sqrt{\pi}}\left(1-\frac{1}{2^2\cdot 3}+\frac{1}{2^4\cdot 5\cdot 2!}-\frac{1}{2^6\cdot 7\cdot 3!}+\cdots\right)\approx 0.520\,5$$

五、经典考题

1. 单项选择题

（1）级数 $\dfrac{1}{1\cdot 2}+\dfrac{1}{2\cdot 3}+\dfrac{1}{3\cdot 4}+\cdots$ 的前 n 项和为（ ）

  A. $\dfrac{(-1)^n n}{n+1}$ B. $\dfrac{n}{n+1}$ C. $\dfrac{n+1}{n}$ D. $\dfrac{2n}{n+1}$

（2）正项级数 $\displaystyle\sum_{n=1}^{\infty}u_n$ 收敛的充要条件为（ ）

A. $\lim\limits_{n\to+\infty}u_n=0$

B. $\lim\limits_{n\to+\infty}\dfrac{u_{n+1}}{u_n}=\rho<1$

C. 部分和数列 $\{S_n\}$ 有界

D. $u_n<1$

（3）若级数 $\sum\limits_{n=1}^{\infty}u_n$ 和 $\sum\limits_{n=1}^{\infty}v_n$ 都发散，则（　　　）

A. $\sum\limits_{n=1}^{\infty}(u_n+v_n)$ 必发散

B. $\sum\limits_{n=1}^{\infty}u_nv_n$ 必发散

C. $\sum\limits_{n=1}^{\infty}(|u_n|+|v_n|)$ 必发散

D. $\sum\limits_{n=1}^{\infty}(u_n^2+v_n^2)$ 必发散

（4）级数 $\sum\limits_{n=1}^{\infty}\dfrac{\cos n\alpha}{n^2}$（$\alpha$ 为常数）（　　　）

A. 收敛性与 α 有关　　　B. 发散　　　C. 条件收敛　　　D. 绝对收敛

（5）若级数 $\dfrac{1}{1+x}+\dfrac{1}{1+x^2}+\dfrac{1}{1+x^3}+\cdots$ 收敛，则（　　　）

A. $x>1$ 或 $x<-1$　　　B. $x<-1$　　　C. $x\geq0$ 或 $x<-1$　　　D. $x<1$

（6）级数 $\sum\limits_{n=1}^{\infty}(-1)^n\dfrac{b+n}{n^2}$ 为（　　　）

A. 绝对收敛

B. 条件收敛

C. 收敛性与 b 取值有关

D. 发散

（7）级数 $\sum\limits_{n=1}^{\infty}\left(\dfrac{\sin ax}{n^2}-\dfrac{1}{\sqrt{n}}\right)$（$a$ 为常数）（　　　）

A. 绝对收敛

B. 发散

C. 条件收敛

D. 收敛性与 a 取值有关

（8）下列级数发散的是（　　　）

A. $\sum\limits_{n=1}^{\infty}\dfrac{(-1)^n n^2}{e^n}$　　　B. $\sum\limits_{n=1}^{\infty}\dfrac{2^{n-1}}{3^n}$　　　C. $\sum\limits_{n=1}^{\infty}\dfrac{(-1)^n}{\sqrt{n^3}}$　　　D. $\sum\limits_{n=1}^{\infty}\dfrac{n}{3n+1}$

（9）幂级数 $\sum\limits_{n=0}^{\infty}a_n(x-1)^n$ 的收敛区域是 $[-1,3]$，则 $\sum\limits_{n=0}^{\infty}a_nx^{2n}$ 的收敛区域是（　　　）

A. $(-1,3)$　　　B. $(-2,2)$　　　C. $(-\sqrt{2},\sqrt{2})$　　　D. $[-\sqrt{2},\sqrt{2}]$

（10）幂级数 $\sum\limits_{n=1}^{\infty}(-1)^{n-1}nx^{n-1}$ 在 $(-1,1)$ 内的和函数是（　　　）

A. $\dfrac{1}{1+x}$　　　B. $x-\ln(1+x)$　　　C. $\dfrac{1}{(1+x)^2}$　　　D. $1-\dfrac{1}{1+x}$

（11）已知 $\sum\limits_{n=1}^{\infty}(2n+1)x^{2n}$ 在 $(-1,1)$ 内收敛，则 $\sum\limits_{n=1}^{\infty}(2n+1)\dfrac{1}{2^n}=$（　　　）

A. $\sqrt{2}$　　　B. -4　　　C. 5　　　D. 3

（12）函数 $f(x)=\dfrac{1}{3-x}$ 在 $x=1$ 处的幂级数展开式为（　　　）

A. $\sum\limits_{n=1}^{\infty}(-2)^n(x-1)^n(-2<x<4)$　　　B. $\sum\limits_{n=0}^{\infty}\dfrac{1}{2^{n+1}}(x-1)^n(-1<x<3)$

C. $\displaystyle\sum_{n=0}^{\infty} 2^{n+1}(x-1)^n (-3 < x < 1)$ D. $\displaystyle\sum_{n=0}^{\infty} \left(-\frac{1}{2}\right)^n (x-1)^n (-1 < x < 1)$

(13) 函数 $f(x) = e^{-x^2}$ 展开 x 的幂级数为(　　　　)

A. $1 - x^2 + \dfrac{x^4}{2!} - \dfrac{x^6}{3!} + \cdots$ B. $1 + x^2 + \dfrac{x^4}{2!} + \dfrac{x^6}{3!} + \cdots$

C. $1 + x + \dfrac{x^2}{2!} + \dfrac{x^3}{3!} + \cdots$ D. $1 - x + \dfrac{x^2}{2!} - \dfrac{x^3}{3!} + \cdots$

(14) 幂级数 $\displaystyle\sum_{n=1}^{\infty} \frac{n}{2^n} x^{2n}$ 的收敛区间(　　　　)

     A. $(-1, 3)$ B. $(-2, 2)$ C. $(-\sqrt{2}, \sqrt{2})$ D. $[-\sqrt{2}, \sqrt{2}]$

(15) 幂级数 $\displaystyle\sum_{n=2}^{\infty} (-2)^{n-1} x^n (|x| < 2)$ 的和函数为(　　　　)

     A. $\dfrac{-2x^2}{1+2x}$ B. $\dfrac{2x^2}{1+2x}$ C. $\dfrac{x}{1+2x}$ D. $\dfrac{x}{1-2x}$

2. 填空题

(1) 已知级数 $-\dfrac{1}{2} + 0 + \dfrac{1}{4} + \dfrac{2}{5} + \dfrac{3}{6} + \cdots$，则 $u_n =$ _____。

(2) 已知级数 $\displaystyle\sum_{n=1}^{\infty} u_n$ 的前 n 项部分和 $S_n = \dfrac{2n}{n+1}$，则 $u_n =$ _____。

(3) $\dfrac{1}{3} - \dfrac{1}{9} + \dfrac{1}{27} + \cdots + \dfrac{(-1)^{n-1}}{3^n} + \cdots$ 的和等于 _____。

(4) 数项级数 $\displaystyle\sum_{n=1}^{\infty} \frac{1}{(2n-1)(2n+1)}$ 收敛和 _____。

(5) 级数 $\displaystyle\sum_{n=1}^{\infty} \frac{\sqrt{2n}}{n^\alpha}$ 收敛的充要条件是 α 满足不等式 _____。

(6) 级数 $\displaystyle\sum_{n=1}^{\infty} 3(\ln a)^n$ 收敛，则 a 满足 _____。

(7) 若级数 $\displaystyle\sum_{n=1}^{\infty} (-1)^n \frac{1}{n^{p-3}}$ 条件收敛，则 P 的取值范围为 _____。

(8) 级数 $\displaystyle\sum_{n=1}^{\infty} \frac{(2x+1)^n}{n}$ 的收敛区域为 _____。

(9) 若幂级数 $\displaystyle\sum_{n=1}^{\infty} a_n x^n$ 的收敛域为 $(-2, 2)$，则 $\displaystyle\sum_{n=1}^{\infty} \left(a_n + \frac{1}{n}\right) x^n$ 的收敛域为 _____。

(10) 若幂级数 $\displaystyle\sum_{n=0}^{\infty} a_n x^n$ 在 $x=1$ 处收敛，则它的收敛半径 R _____。

(11) 幂级数 $\displaystyle\sum_{n=0}^{\infty} a_n (x-1)^{2n}$ 在 $x=2$ 处条件收敛，则其收敛域为 _____。

(12) 函数 $f(x) = e^x$ 在 $x=1$ 处的泰勒级数为 _____。

(13) 函数 $f(x) = \dfrac{1}{x}$ 在 $x=-2$ 处展开成幂级数为 _____。

（14）设幂级数 $\sum\limits_{n=0}^{\infty} a_n x^n$ 的收敛区间 $(-3,3)$，则幂级数 $\sum\limits_{n=0}^{\infty} n a_n (x-1)^{n-1}$ 的收敛区间为_____。

（15）幂级数 $\sum\limits_{n=1}^{\infty} n(x-1)^n$ 在区间 $(0,2)$ 的和函数为_____。

3. 计算题

（1）设 $u_n = \int_0^{\frac{\pi}{4}} \tan^n x \, dx$，求 $\sum\limits_{n=1}^{\infty} \dfrac{1}{n}(u_n + u_{n+2})$ 的值。

（2）利用莱布尼茨判别法判断交错级数 $\sum\limits_{n=2}^{\infty} \dfrac{(-1)^n \sqrt{n}}{n-1}$ 的敛散性。

（3）判别级数 $\sum\limits_{n=1}^{\infty} (-1)^n(\sqrt{n+1} - \sqrt{n})$ 的敛散性，如果收敛，是绝对收敛还是条件收敛？

（4）求幂级数 $\sum\limits_{n=1}^{\infty} \dfrac{(2x)^n}{n^2+1}$ 的收敛区域。

（5）求幂级数 $\sum\limits_{n=1}^{\infty} \dfrac{(x-3)^n}{n \cdot 3^n}$ 的收敛区域。

（6）将函数 $\dfrac{1}{(2-x)^2}$ 展开成 x 的幂级数。

（7）求幂级数 $\sum\limits_{n=1}^{\infty} n(n+1)x^n$ 的和函数。

参 考 答 案

1. 单项选择题

（1）B （2）C （3）C 反证：假设 $\sum\limits_{n=1}^{\infty}(|u_n|+|v_n|)$ 收敛，则 $|u_n| \leqslant |u_n|+|v_n|$，$|v_n| \leqslant |u_n|+|v_n|$，那么 $\sum\limits_{n=1}^{\infty} u_n$ 和 $\sum\limits_{n=1}^{\infty} v_n$ 收敛，与题设矛盾。 （4）D （5）A （6）B

$\sum\limits_{n=1}^{\infty} \left|(-1)^n \dfrac{b+n}{n^2}\right| = \sum\limits_{n=1}^{\infty} \dfrac{b+n}{n^2} = \sum\limits_{n=1}^{\infty} \dfrac{b}{n^2} + \sum\limits_{n=1}^{\infty} \dfrac{1}{n}$ 是发散的。$\sum\limits_{n=1}^{\infty}(-1)^n \dfrac{b}{n^2}$ 收敛，

$\sum\limits_{n=1}^{\infty}(-1)^n \dfrac{n}{n^2} = \sum\limits_{n=1}^{\infty}(-1)^n \dfrac{1}{n}$ 交错调和级数也收敛，所以 $\sum\limits_{n=1}^{\infty}(-1)^n \dfrac{b+n}{n^2}$ 收敛，即条件收

敛。（7）B $\dfrac{\sin ax}{n^2} \leqslant \dfrac{1}{n^2}$，$\sum\limits_{n=1}^{\infty} \dfrac{1}{n^2}$ 收敛，$\sum\limits_{n=1}^{\infty} \dfrac{\sin ax}{n^2}$ 收敛，但 $\sum\limits_{n=1}^{\infty} \dfrac{1}{\sqrt{n}}$ 发散，所以 $\sum\limits_{n=1}^{\infty} \left(\dfrac{\sin ax}{n^2} - \dfrac{1}{\sqrt{n}}\right)$

发散。（8）D （9）D （10）C 因为 $s(x) = \sum\limits_{n=1}^{\infty}(-1)^{n-1} n x^{n-1} = \sum\limits_{n=1}^{\infty}(-1)^{n-1}(x^n)' =$

$\left(\sum\limits_{n=1}^{\infty}(-1)^{n-1} x^n\right)' = \left(\dfrac{x}{1+x}\right)' = \dfrac{1}{(1+x)^2}$ （11）C $\sum\limits_{n=1}^{\infty}(2n+1)x^{2n} = \sum\limits_{n=1}^{\infty}(x^{2n+1})' =$

$\left(\sum\limits_{n=1}^{\infty} x^{2n+1}\right)' = \left(\dfrac{x^3}{1-x^2}\right)' = \dfrac{3x^2 - x^4}{(1-x^2)^2}$，把 $x = \dfrac{1}{\sqrt{2}}$ 代入 $\dfrac{3x^2-x^4}{(1-x^2)^2} = \dfrac{\dfrac{3}{2}-\dfrac{1}{4}}{\left(1-\dfrac{1}{2}\right)^2} = 5$ （12）B

$$\frac{1}{3-x} = \frac{1}{2-(x-1)} = \frac{1}{2} \frac{1}{1-\frac{x-1}{2}} = \frac{1}{2^{n+1}} \sum_{n=0}^{\infty} (x-1)^n \quad (13)\ A \quad (14)\ C$$

$$\lim_{n \to +\infty} \left| \frac{\frac{n+1}{2^{n+1}} x^{2(n+1)}}{\frac{n}{2^n} x^{2n}} \right| = \frac{1}{2}|x^2| < 1\ \text{时,即}\ |x| < \sqrt{2}\ \text{时,级数收敛} \quad (15)\ A \quad \text{该级数是首项为}$$

$-2x^2$,公比为$-2x$ 的等比级数,所以和函数为$\dfrac{-2x^2}{1+2x}$。

2. 填空题

(1) $u_n = \dfrac{n-2}{1+n}$ (2) $\dfrac{2}{n(n+1)}$ $S_{n-1} = \dfrac{2(n-1)}{n}, u_n = S_n - S_{n-1} = \dfrac{2n}{n+1} - \dfrac{2(n-1)}{n} = \dfrac{2}{n(n+1)}$

(3) $\dfrac{1}{4}$ (4) $\dfrac{1}{2}$ (5) $\alpha > \dfrac{3}{2}$ $\displaystyle\sum_{n=1}^{\infty} \dfrac{\sqrt{2n}}{n^\alpha} = \sqrt{2} \sum_{n=1}^{\infty} \dfrac{1}{n^{\alpha-\frac{1}{2}}}$,根据 p 级数的敛散性,$\alpha - \dfrac{1}{2} > 1$ 即 $\alpha >$

$\dfrac{3}{2}$ 时收敛。(6) $\dfrac{1}{e} < a < e$ $\displaystyle\sum_{n=1}^{\infty} 3(\ln a)^n$ 是以 $\ln a$ 为公比的等比级数,则 $|\ln a| < 1$ 时,即 $\dfrac{1}{e} < a < e$

时级数收敛。 (7) $p > 3$ (8) $[-1,0)$ 令 $2x+1 = t$,则 $\displaystyle\sum_{n=1}^{\infty} \dfrac{(2x+1)^n}{n} = \sum_{n=1}^{\infty} \dfrac{t^n}{n}, R =$

$\displaystyle\lim_{n \to +\infty} \left| \dfrac{n+1}{n} \right| = 1$,即级数 $\displaystyle\sum_{n=1}^{\infty} \dfrac{t^n}{n}$ 收敛区间为 $-1 < t < 1$,当 $t = -1$ 时,级数 $\displaystyle\sum_{n=1}^{\infty} \dfrac{(-1)^n}{n}$ 收敛,当

$t = 1$ 时,级数 $\displaystyle\sum_{n=1}^{\infty} \dfrac{1}{n}$ 发散,即 $-1 \leqslant 2x+1 < 1$ 时收敛,得级数 $\displaystyle\sum_{n=1}^{\infty} \dfrac{(2x+1)^n}{n}$ 的收敛域为 $[-1,0)$。

(9) $[-1,1)$ 级数 $\displaystyle\sum_{n=1}^{\infty} \dfrac{1}{n} x^n$ 的收敛域为 $[-1,1)$,所以 $\displaystyle\sum_{n=1}^{\infty} \left(a_n + \dfrac{1}{n} \right) x^n$ 的收敛域为 $[-1,1)$。

(10) $R \geqslant 1$ (11) $[0,2]$ (12) $e + \dfrac{e}{1!}(x-1) + \dfrac{e}{2!}(x-1)^2 + \dfrac{e}{3!}(x-1)^3 + \cdots$ (13) $f(x) =$

$-\dfrac{1}{2} \displaystyle\sum_{n=0}^{\infty} \dfrac{(x+2)^n}{2^n}$ $\dfrac{1}{x} = \dfrac{1}{-2+(x+2)} = -\dfrac{1}{2} \dfrac{1}{1-\dfrac{x+2}{2}} = -\dfrac{1}{2} \sum_{n=0}^{\infty} \dfrac{(x+2)^n}{2^n}$ (14) $(-2,4)$

(15) $\dfrac{(x-1)^2}{2-x}$ $\displaystyle\sum_{n=1}^{\infty} n(x-1)^n = (x-1) \sum_{n=1}^{\infty} n(x-1)^{n-1} = (x-1) \left[\sum_{n=1}^{\infty} (x-1)^n \right]' = (x-1) \cdot$

$\dfrac{x-1}{1-(x-1)} = \dfrac{(x-1)^2}{2-x}$

3. 计算题

(1) $\dfrac{1}{n}(u_n + u_{n+2}) = \dfrac{1}{n} \displaystyle\int_0^{\frac{\pi}{4}} \tan^n x (1 + \tan^2 x)\,\mathrm{d}x = \dfrac{1}{n} \int_0^{\frac{\pi}{4}} \tan^n x \cdot \sec^2 x\,\mathrm{d}x$

$= \dfrac{1}{n} \displaystyle\int_0^{\frac{\pi}{4}} \tan^n x\,\mathrm{d}\tan x = \dfrac{1}{n} \cdot \dfrac{1}{n+1} \tan^{n+1} x \Big|_0^{\frac{\pi}{4}} = \dfrac{1}{n(n+1)} = \dfrac{1}{n} - \dfrac{1}{n+1}, S_n = 1 - \dfrac{1}{2} + \dfrac{1}{2} - \dfrac{1}{3} + \cdots - \dfrac{1}{n}$

$\dfrac{1}{n+1} = 1 - \dfrac{1}{n+1}$,故 $\displaystyle\sum_{n=1}^{\infty} \dfrac{1}{n}(u_n + u_{n+2}) = \lim_{n \to +\infty} S_n = \lim_{n \to +\infty} \left(1 - \dfrac{1}{n+1} \right) = 1$。

（2）$u_n = \dfrac{\sqrt{n}}{n-1}$，设 $f(x) = \dfrac{\sqrt{x}}{x-1}$ $(x \geqslant 2)$，则 $f'(x) = \dfrac{-1-x}{2\sqrt{x}(x-1)^2} < 0$ $(x \geqslant 2)$，所以函数

$f(x) = \dfrac{\sqrt{x}}{x-1}$ $(x \geqslant 2)$ 单调递减，$f(n) > f(n+1)$，即 $u_n > u_{n+1}$。

又 $\lim\limits_{n \to +\infty} u_n = \lim\limits_{n \to +\infty} \dfrac{\sqrt{n}}{n-1} = 0$，所给级数满足莱布尼茨判别法的条件，交错级数 $\sum\limits_{n=2}^{\infty} \dfrac{(-1)^n \sqrt{n}}{n-1}$

收敛。

（3）$\sum\limits_{n=1}^{\infty} \left| (-1)^n (\sqrt{n+1} - \sqrt{n}) \right| = \sum\limits_{n=1}^{\infty} (\sqrt{n+1} - \sqrt{n})$，

因为 $\sqrt{n+1} - \sqrt{n} = \dfrac{1}{\sqrt{n+1} + \sqrt{n}} > \dfrac{1}{2\sqrt{n+1}}$，而 $\sum\limits_{n=1}^{\infty} \dfrac{1}{2\sqrt{n+1}}$ 发散，故级数 $\sum\limits_{n=1}^{\infty} (\sqrt{n+1} - \sqrt{n})$ 发散。

又 $\lim\limits_{n \to +\infty} u_n = \lim\limits_{n \to +\infty} (\sqrt{n+1} - \sqrt{n}) = \lim\limits_{n \to +\infty} \dfrac{1}{\sqrt{n+1} + \sqrt{n}} = 0$，且

$u_n = \sqrt{n+1} - \sqrt{n} = \dfrac{1}{\sqrt{n+1} + \sqrt{n}} > \dfrac{1}{\sqrt{n+2} + \sqrt{n+1}} = \sqrt{n+2} - \sqrt{n+1} = u_{n+1}$，

根据莱布尼茨判别法级数 $\sum\limits_{n=1}^{\infty} (-1)^n (\sqrt{n+1} - \sqrt{n})$ 收敛，即该级数条件收敛。

（4）因为 $\lim\limits_{n \to +\infty} \dfrac{a_{n+1}}{a_n} = \lim\limits_{n \to +\infty} \dfrac{\dfrac{2^{n+1}}{(n+1)^2+1}}{\dfrac{2^n}{n^2+1}} = \lim\limits_{n \to +\infty} \dfrac{2(n^2+1)}{(n+1)^2+1} = 2$，所以收敛半径 $R = \dfrac{1}{2}$。

当 $x = \dfrac{1}{2}$ 时，得级数 $\sum\limits_{n=1}^{\infty} \dfrac{1}{n^2+1}$，由于 $\dfrac{1}{n^2+1} \leqslant \dfrac{1}{n^2}$，而级数 $\sum\limits_{n=1}^{\infty} \dfrac{1}{n^2}$ 收敛，由比较判别法知级数

$\sum\limits_{n=1}^{\infty} \dfrac{1}{n^2+1}$ 收敛。

当 $x = -\dfrac{1}{2}$ 时，得级数 $\sum\limits_{n=1}^{\infty} \dfrac{(-1)^n}{n^2+1}$，由上述讨论知，级数绝对收敛。

所以，幂级数 $\sum\limits_{n=1}^{\infty} \dfrac{(2x)^n}{n^2+1}$ 的收敛区域为 $\left[-\dfrac{1}{2}, \dfrac{1}{2} \right]$。

（5）令 $t = x - 3$，则

$$\lim\limits_{n \to +\infty} \dfrac{\dfrac{1}{(n+1) \cdot 3^{n+1}}}{\dfrac{1}{n \cdot 3^n}} = \lim\limits_{n \to +\infty} \dfrac{n}{3(n+1)} = \dfrac{1}{3},$$

于是幂级数 $\sum\limits_{n=1}^{\infty} \dfrac{t^n}{n \cdot 3^n}$ 的收敛半径为 3，从而幂级数 $\sum\limits_{n=1}^{\infty} \dfrac{(x-3)^n}{n \cdot 3^n}$ 的收敛半径为 3。将 $x = 6$

代入原级数得级数 $\sum\limits_{n=1}^{\infty} \dfrac{1}{n}$，级数 $\sum\limits_{n=1}^{\infty} \dfrac{1}{n}$ 发散。将 $x = 0$ 代入原级数得 $\sum\limits_{n=1}^{\infty} \dfrac{(-3)^n}{n \cdot 3^n}$，级数

$\sum\limits_{n=1}^{\infty} \dfrac{(-1)^n}{n}$ 收敛，所以，原幂级数 $\sum\limits_{n=1}^{\infty} \dfrac{(x-3)^n}{n \cdot 3^n}$ 的收敛域为 $[0, 6)$。

(6) $\dfrac{1}{(2-x)^2}=\left(\dfrac{1}{2-x}\right)',x\neq 2$，而

$$\dfrac{1}{2-x}=\dfrac{1}{2}\cdot\dfrac{1}{1-\dfrac{x}{2}}=\dfrac{1}{2}\sum_{n=0}^{\infty}\left(\dfrac{x}{2}\right)^n=\sum_{n=0}^{\infty}\dfrac{x^n}{2^{n+1}},x\in(-2,2),$$

$$\dfrac{1}{(2-x)^2}=\left(\dfrac{1}{2-x}\right)'=\left(\sum_{n=0}^{\infty}\dfrac{x^n}{2^{n+1}}\right)'=\left(\dfrac{1}{2}+\sum_{n=1}^{\infty}\dfrac{x^n}{2^{n+1}}\right)'=\sum_{n=1}^{\infty}\dfrac{n}{2^{n+1}}x^{n-1},x\in(-2,2)。$$

(7) 收敛半径 $R=\lim\limits_{n\to+\infty}\left|\dfrac{a_n}{a_{n+1}}\right|=\lim\limits_{n\to+\infty}\dfrac{n(n+1)}{(n+1)(n+2)}=1$，当 $x=-1$ 时级数

$\sum\limits_{n=1}^{\infty}n(n+1)(-1)^n$ 发散，当 $x=1$ 时级数 $\sum\limits_{n=1}^{\infty}n(n+1)$ 发散，所以级数的收敛域为

$(-1,1)$，设 $S(x)=\sum\limits_{n=1}^{\infty}n(n+1)x^n\Rightarrow S(0)=0$，则

$$\int_0^x S(x)\mathrm{d}x=\int_0^x\sum_{n=1}^{\infty}n(n+1)x^n\mathrm{d}x=\sum_{n=1}^{\infty}n(n+1)\int_0^x x^n\mathrm{d}x=\sum_{n=1}^{\infty}nx^{n+1}=x^2\sum_{n=1}^{\infty}nx^{n-1}=x^2\left(\sum_{n=1}^{\infty}x^n\right)'$$

$$=x^2\left(\dfrac{x}{1-x}\right)'=\dfrac{x^2}{(1-x)^2}$$

故 $S(x)=\left(\dfrac{x^2}{(1-x)^2}\right)'=\dfrac{2x}{(1-x)^3}$ $(|x|<1)$。

（董寒晖　白丽霞）

◇◇◇ 附 录 ◇◇◇
常 用 公 式

1. 三角函数常用公式

（1）两角和的三角函数

$$\sin(\alpha\pm\beta)=\sin\alpha\cos\beta\pm\cos\alpha\sin\beta$$

$$\cos(\alpha\pm\beta)=\cos\alpha\cos\beta\mp\sin\alpha\sin\beta$$

$$\tan(\alpha\pm\beta)=\frac{\tan\alpha\pm\tan\beta}{1\mp\tan\alpha\tan\beta}$$

$$\cot(\alpha\pm\beta)=\frac{\cot\alpha\cot\beta\mp1}{\cot\beta\pm\cot\alpha}$$

（2）倍角的三角函数

$$\sin2\alpha=2\sin\alpha\cos\alpha$$

$$\cos2\alpha=\cos^2\alpha-\sin^2\alpha=1-2\sin^2\alpha=2\cos^2\alpha-1$$

$$\sin2\alpha=2\sin\alpha\cos\alpha$$

$$\sin^2\alpha=\frac{1}{2}(1-\cos2\alpha)$$

$$\cos^2\alpha=\frac{1}{2}(1+\cos2\alpha)$$

$$\sin3\alpha=3\sin\alpha-4\sin^3\alpha$$

（3）半角的三角函数

$$\sin\frac{\alpha}{2}=\pm\sqrt{\frac{1-\cos\alpha}{2}}$$

$$\cos\frac{\alpha}{2}=\pm\sqrt{\frac{1+\cos\alpha}{2}}$$

$$\sin\alpha=\frac{2\tan\dfrac{\alpha}{2}}{1+\tan^2\dfrac{\alpha}{2}}$$

$$\cos\alpha=\frac{1-\tan^2\dfrac{\alpha}{2}}{1+\tan^2\dfrac{\alpha}{2}}$$

$$\tan\frac{\alpha}{2}=\frac{1+\cos\alpha}{\sin\alpha}=\frac{\sin\alpha}{1-\cos\alpha}$$

（4）三角函数和差与积的关系

$$2\sin\alpha\cos\beta=\sin(\alpha+\beta)+\sin(\alpha-\beta)$$

$2\cos\alpha\sin\beta = \sin(\alpha+\beta) - \sin(\alpha-\beta)$

$2\cos\alpha\cos\beta = \cos(\alpha+\beta) + \cos(\alpha-\beta)$

$-2\sin\alpha\sin\beta = \cos(\alpha+\beta) - \cos(\alpha-\beta)$

（5）三角函数基本关系

$\sin\alpha \cdot \csc\alpha = 1$ $\qquad\qquad$ $\cos\alpha \cdot \sec\alpha = 1$

$\tan\alpha \cdot \cot\alpha = 1$ $\qquad\qquad$ $\sin^2\alpha + \cos^2\alpha = 1$

$1+\tan^2\alpha = \sec^2\alpha$ $\qquad\qquad$ $1+\cot^2\alpha = \csc^2\alpha$

2. 对数函数的运算性质

$\log_a mn = \log_a m + \log_a n$ $\qquad\qquad$ $\log_a \dfrac{m}{n} = \log_a m - \log_a n$

$\log_a n^m = m\log_a n$ $\qquad\qquad$ $m = e^{\ln m} = a^{\log_a m}$

3. 二项式公式

$$(a+b)^n = a^n + na^{n-1}b + \frac{n(n-1)}{2!}a^{n-2}b^2 + \frac{n(n-1)(n-2)}{3!}a^{n-3}b^3 + \cdots$$

$$+ \frac{n(n-1)(n-2)[n-(k-1)]}{k!}a^{n-k}b^k + \cdots + b^n$$